TRAITÉ

DU

CALCUL DES INTÉRÊTS

SIMPLES ET COMPOSÉS.

IMPRIMERIE ET LITHOGRAPHIE DE MIGNÉ.

TRAITÉ

GÉNÉRAL ET COMPLET, THÉORIQUE ET PRATIQUE

DU

CALCUL DES INTÉRÊTS COMPOSÉS,

DES PLACEMENTS UNIQUES ET PÉRIODIQUES, DES ANNUITÉS OU PAIEMENTS PÉRIODIQUES,
DES EMPRUNTS DE L'ÉTAT, DES RENTES SUR L'ÉTAT, DES ACTIONS DE TOUTE NATURE,
DES CAISSES D'ÉPARGNE ET DE PRÉVOYANCE, DES TONTINES, DES ASSURANCES
SUR LA VIE, DES RENTES VIAGÈRES DE TOUTE ESPÈCE, etc., etc.,

DU

CALCUL DES INTÉRÊTS SIMPLES,

DES COMPTES PAR ÉCHELETTE, DES COMPTES-COURANTS, DES COMMISSIONS, DES ÉCHÉANCES
COMMUNES, etc., etc.

OUVRAGE MIS A LA PORTÉE DE TOUT LE MONDE.

Par L. MOULIN-COLLIN,

ANCIEN CHEF D'INSTITUTION ET PROFESSEUR DE MATHÉMATIQUES ET DE COMPTABILITÉ.

A PARIS,

Chez L'AUTEUR, rue du Four-Saint-Germain, 40,

A CHATEAUROUX,

Chez MIGNE, Imprimeur et Lithographe.

1846.

———

Aucun dépôt de cet ouvrage ne sera fait chez les libraires auxquels on peut cependant s'adresser pour se le procurer.

PRÉFACE.

A mesure que les siècles se civilisent, ne dirait-on pas que loin de se simplifier, l'art du calcul se complique? A l'origine, dans les temps d'ignorance et de simplicité, la société présentant l'image de la famille, les hommes semblent avoir mis tout en commun : ils ne prêtent pas, ils donnent, ils échangent. Plus tard, et lorsque l'idée d'emprunt s'est établie dans les relations sociales, la restitution est comme facultative, tant elle est peu assujettie à des règles fixes, à des termes rigoureux, tant elle est dépourvue du caractère d'obligation stricte et de toute sanction pénale. *Prenez, et vous me rendrez quand vous pourrez :* tel est le langage que tenait le prêteur dans les premiers siècles du christianisme, dans ces temps que l'on ne comprend plus aujourd'hui, et que, pour cela même, on serait presque tenté de regarder comme fabuleux. L'Évangile avait proscrit le prêt usuraire, il avait recommandé aux hommes de s'aimer entr'eux, il avait propagé l'esprit de charité et de fraternité ; alors l'hospitalité s'exerçait moins par devoir que par inclination ; alors l'esprit d'envahissement et d'usurpation sommeillait au fond des cœurs, et la science de l'art d'acquérir, qui est presque toujours celle de calculer, était peu pratiquée et, par conséquent, peu en honneur.

Cet âge d'or s'est écoulé bien vite et les nations chrétiennes n'ont pas conservé longtemps, sous ce rapport, leurs belles et nobles traditions ; les instincts de l'homme ont prévalu sur les idées religieuses ; le principe du *moi* s'est établi, et dès-lors les divisions et les limites de la propriété se sont trouvées partout et sous toutes les formes ; on ne s'est plus senti enclin à donner, non pas même à prêter au hasard et sans de bonnes garanties. Ce n'était pas tout encore : on en est venu à ne vouloir plus prêter gratuitement ;

a.

l'argent s'est fait marchandise. On avait commencé par louer son champ, sa vigne, son cheval; on en est venu à louer son or et son argent, et ce genre de bail s'est appelé l'*intérêt*, comme s'il résumait en effet tout ce qu'il y a de vie, de force et de puissance dans ce sentiment qui exerce généralement son empire sur le cœur des hommes.

La morale religieuse, vaincue sur ce point, a dû fléchir sous le joug de la loi humaine qui, assimilant l'argent à un fonds productif, a appelé *fruits civils* les produits du prêt, les arrérages et les redevances de toute nature, et, ne condamnant que l'abus et l'excès dans le prêt usuraire, a admis un taux légal pour les transactions civiles et un taux légal pour les transactions commerciales.

Depuis cette époque, la science arithmétique a fait d'immenses progrès dans ce monde; il a été reconnu qu'avant tout, pour réussir et faire son chemin, il fallait savoir compter. Il fut même un temps où l'on pensait que ce genre de talent pouvait tenir lieu de tous les autres, comme l'attestent ces fameux vers de Boileau : *cent francs au denier vingt, combien font-ils? Vingt livres, etc., etc.*

De nos jours, le père de famille qui parlerait ainsi se tromperait étrangement; il ne suffit plus de savoir calculer l'intérêt de cent francs et même bien au-delà pour être à la hauteur des exigences de l'époque; les comptes d'intérêt, ceux surtout que l'on nomme comptes-courants, les opérations de l'escompte, demandent qu'on ait donné un certain développement à ses connaissances en mathématiques.

Que sera-ce donc si l'on ne se borne plus à calculer l'intérêt d'une somme prêtée, et si avec un débiteur retardataire qui ne solde ni le capital ni les arrérages, on est obligé de compter encore les intérêts des intérêts, c'est-à-dire de capitaliser ces intérêts ou de les composer?

Telles sont les abstractions qui dérivent de ce second mode d'intérêt, que l'art de chiffrer lui-même est insuffisant pour conduire aux solutions, et qu'il a fallu, pour approfondir les théories et résoudre les problèmes, emprunter les secours de l'algèbre, de cette science qui représente les nombres par de nouveaux signes de convention, par des lettres, et qui, procédant par induction et par hypothèse plutôt que par opérations arithmétiques, conduit au but avec plus de précision et de netteté.

Cela même explique pourquoi jusqu'ici le calcul des intérêts composés et particulièrement celui des annuités, n'ont été à la portée que d'un très petit nombre de personnes; voilà aussi pourquoi un économiste, s'étonnant que certaines tontines aient pu être autorisées par le Gouvernement, en vient à reconnaître que cela tient à ce que beaucoup d'employés d'administration ne peuvent ou ne veulent pas prendre la peine de vérifier les nombreux calculs qui servent de base à ces tontines, et qui s'appliquent aux accumulations de l'intérêt, aux annuités, aux opérations de progression logarithmique.

La vérité est que l'arithmétique et l'algèbre, telles qu'on les enseigne dans les principaux traités sur ces deux sciences, ne fournissent pas de moyens prompts et faciles pour la solution de toutes les questions qui se rattachent au système des intérêts composés. Sans doute avec du temps et de la persévérance, on finit par se retrouver au milieu de l'immense dédale qu'on est obligé de parcourir; mais ce qui est possible au théoricien qui consacre tous ses instants à l'étude, ne l'est pas au praticien, à l'employé, au fonctionnaire, qui ne peuvent s'absorber dans l'examen d'une seule question et qui ont besoin de passer vite d'une affaire à une autre.

C'est à de tels hommes que j'adresse mon livre, et j'ai lieu d'espérer qu'il leur sera d'une très grande utilité. Je ne me suis pas borné, en effet, comme un auteur qui a entrepris de frayer une route à travers ces régions ardues et difficiles, à fournir le moyen de résoudre quelques questions principales (1), je me suis proposé, au contraire, de rendre mon travail aussi complet qu'il pouvait l'être et de fournir une méthode au moyen de laquelle on put sans peine trouver le terme inconnu de tous les problèmes dans

---

(1) Dans cet ouvrage, assez connu, on trouve près de 300 propositions qui ne diffèrent les unes des autres que par leur énoncé, et dont les neuf dixièmes ne sauraient recevoir leur application dans la pratique, et plus de dix-huit tables qui se résument à quatre.

l'élément desquels entrent soit des intérêts composés tous les ans ou tous les six mois, soit des calculs praticables avec l'aide des tables de mortalité, etc.

Après plusieurs années d'un travail persévérant, j'ai eu la satisfaction de parvenir à réaliser le plan que je m'étais tracé et qui obtiendra, je l'espère, l'approbation et les suffrages des personnes éclairées.

J'ai défini et fait l'application des vingt-huit propositions principales concernant les placements uniques, les placements périodiques et les annuités; ces propositions sont les seules que l'on puisse déduire de la science des nombres sur le calcul des intérêts composés, des annuités, etc.

J'ai également posé une série de questions qui ne sont que des corollaires des propositions générales et qui s'appliquent:

1° Aux placements périodiques approximatifs et aux annuités approximatives;

2° Aux conséquences du non-paiement des annuités dans les tontines;

3° Au rapport qui existe entre les taux des intérêts par semestre avec les taux annuels, et réciproquement;

4° Aux taux déguisés dans les obligations notariées, dans les actes sous seings privés, etc.;

5° Aux emprunts de l'état et à leur amortissement;

6° Aux rentes sur l'état, avec définition;

7° Aux placements et aux annuités concernant les tontines, les caisses d'assurances sur la vie, enfin aux rentes pour lesquelles interviennent également les tables de mortalité; les tables sont suivies d'une instruction complète sur leur composition et leur usage.

Les questions principales et celles qui en sont les corollaires sont toutes résolues, selon le cas, au moyen

D'une simple Multiplication ou d'une simple Division.

OPINIONS

Extraites des lettres que M. MOULIN-COLLIN a reçues des personnes auxquelles il a pensé devoir communiquer son ouvrage avant de le livrer à l'impression.

Opinion de M. LEROY, *maître des requêtes, préfet du département de l'Indre, consulté comme amateur des sciences.*

Je regrette infiniment que mes occupations ne m'aient pas permis d'examiner avec tout le soin qu'il mérite, le manuscrit de votre *Traité théorique et pratique du calcul des intérêts composés, etc.* Vous trouverez dans les services que cet ouvrage rendra à vos concitoyens une juste récompense de vos veilles. Si votre ouvrage est livré un jour à la publicité, j'appellerai, d'une manière toute spéciale, l'attention des maires de mon département sur la partie très remarquable de votre livre qui traite des emprunts de l'État, des départements et des communes. Dans tous les cas, je vous prie de me compter au nombre de vos souscripteurs.

Opinion de M. ANSELIN, *inspecteur-divisionnaire des ponts et chaussées en retraite, et secrétaire de la Société d'agriculture.*

Suivant vos désirs, j'ai examiné l'ouvrage que vous vous proposez de publier, et trouvé qu'il remplissait parfaitement les conditions d'utilité sociale actuelle que vous avez énoncé avec autant de vérité que de clarté dans la préface de ce même ouvrage.

Comme traité d'arithmétique, il m'a paru d'ailleurs clair, précis, méthodique, c'est-à-dire, remplir les conditions exigibles d'un travail de cette nature : il n'y a donc, dans mon sentiment, aucun doute quelconque sur l'utilité *publique* de la publication que vous vous proposez, etc., etc. Je vous prie de m'inscrire en première ligne sur votre liste de souscription.

Opinion de M. LE PÈRE, *ingénieur en chef des ponts et chaussées du département de l'Indre.*

J'ai parcouru le manuscrit de votre *Traité théorique et pratique des intérêts composés, placements uniques et périodiques, etc.*, et je ne puis que dire, avec les personnes que

X

vous avez déjà consultées, que vous avez fait, Monsieur, un ouvrage fort utile à une classe de la société qui devient de jour en jour plus nombreuse.

Je fais, Monsieur, des vœux bien sincères pour que vous trouviez, dans la vente de votre livre, une juste indemnité pour la peine que vous avez prise, et je vous prie de vouloir bien m'inscrire au nombre de vos souscripteurs.

———

Opinion de M. PLANCHAT, *ingénieur des ponts et chaussées et du chemin de fer de Vierzon à Châteauroux.*

J'ai parcouru avec intérêt votre ouvrage sur les annuités, et l'idée que j'ai gardé de cette lecture c'est qu'il peut être fort utile à consulter dans beaucoup de cas. Les questions sur les annuités, les tontines, les assurances, etc., reçoivent chaque jour de nouvelles applications, et cependant peu de personnes savent exécuter les calculs laborieux qui mènent à la solution. Vous les avez mises, Monsieur, à la portée de tout le monde en les réduisant à l'application des règles élémentaires de l'arithmétique, et à l'aide des tableaux que vous avez calculés, il n'est personne qui ne puisse les résoudre sans recourir à de plus habiles que soi. Je souhaite sincèrement, Monsieur, que vous trouviez dans la vente de votre ouvrage la juste rénumération du temps que vous y avez consacré, et je m'inscris un des premiers parmi vos souscripteurs.

———

Opinion de M. COLSON, *géomètre en chef du cadastre de l'Indre.*

Quoique je n'aie possédé votre ouvrage que quelques instants, ils m'ont suffi pour comprendre sa portée et en saisir tout l'esprit. Nul doute qu'il soit appelé à rendre un grand service à toutes les classes de la société, car il est utile à tout le monde. Aux uns, qui connaissent les savantes formules qui vous ont servi de règle pour abréger leur temps, toujours si précieux, et aux autres pour exécuter de difficiles opérations d'un usage journalier et qui ne s'apprennent que par le fait de longues études.

Je pense donc, Monsieur, que votre but est parfaitement atteint, et que vos travaux recevront leur récompense par le nombre de souscriptions que vous êtes appelé à recueillir, et sur la liste desquelles je tiens à figurer en première ligne.

———

Opinion de M. PICHOT, *inspecteur des écoles primaires du département de l'Indre.*

En jetant sur votre ouvrage un rapide coup-d'œil, je n'ai pas eu de peine à reconnaître qu'il est le fruit d'un long et persévérant travail, et qu'il peut être d'une grande utilité pour la pratique du calcul des intérêts composés. Introduit dans les écoles normales et dans les écoles supérieures, il servirait, sans aucun doute, à tempérer ce qu'il y a de trop abstrait et de trop obscur dans de certains traités théoriques, et fournirait aux élèves le moyen d'éclaircir promptement, par l'application, les difficultés qui parfois les arrêtent et les découragent. Je fais donc des vœux pour que votre *manuel*, qui sera bientôt dans les mains de tous les comptables, soit agréé par le conseil royal de l'instruction publique, et puisse, revêtu de cette approbation, être recommandé aux instituteurs du premier degré. Pour ce qui me concerne personnellement, j'apprécie le zèle et les intentions honorables qui vous ont dirigés, et je vous prie de vouloir bien me compter au nombre de vos souscripteurs.

———

Opinion de M. DÉLIBÉRÉ-DURET, *agent comptable de la caisse d'épargne, à Châteauroux.*

Selon votre désir, j'ai parcouru l'ouvrage que vous avez bien voulu me faire l'honneur de me communiquer. Dans la crainte de vous faire attendre plus longtemps, j'ai cru devoir borner mon examen plus spécialement à la partie relative aux caisses d'épargne. Les bases de vos calculs m'ont paru fort exactes, et à l'aide de vos tables tout déposant peut facilement faire lui-même le calcul de ses intérêts.

———

Opinion de M. LE GÉNÉRAL CONSTANTIN, *membre du conseil général du département de l'Indre.*

J'ai pu apprécier la bonté de la composition et de l'utilité dont votre ouvrage peut être pour les personnes qui s'occupent de spéculations d'intérêts et d'annuités. Il sera surtout avantageux aux personnes qui s'engagent avec les compagnies d'assurances sur la vie, pour préjuger avec certitude des avantages plus ou moins grands qu'ils peuvent attendre. Je vous prie de me réserver un exemplaire.

———

Opinion de M. BERTRAND DE BOISLARGE, *frère du général Bertrand.*

L'ouvrage que vous avez bien voulu me communiquer est d'une utilité incontestable, et on doit vous savoir bon gré du temps que vous lui avez consacré. Je ne doute pas de l'exactitude de vos calculs, mais la correction des épreuves devra être faite avec la plus scrupuleuse, la plus minutieuse exactitude. Je vous prie de me compter au nombre de vos souscripteurs.

———

Opinion de MM. PATUREAU FILS AÎNÉ ET COMPAGNIE, *banquiers à Châteauroux.*

Quoiqu'il ne nous ait pas été possible de consacrer beaucoup de temps à l'examen du manuscrit de l'ouvrage que vous vous proposez de publier sur les intérêts composés, etc., nous n'en avons pas moins été à même d'apprécier quelle pouvait en être l'utilité.

XII

Les questions sur les placements uniques et périodiques sont traitées avec une parfaite lucidité. Celles sur les annuités ou paiements périodiques nous ont semblé non moins claires; aussi n'hésitons-nous pas à vous dire qu'elles ne nous ont rien laissé à désirer.

Au moyen de vos tableaux indiquant les taux d'intérêts auxquels les capitaux doivent être placés en intérêts composés, pour doubler, tripler, etc., tout calcul devient inutile, et l'homme le plus familiarisé avec la science des chiffres, y trouvera une économie de temps qu'il lui sera loisible d'économiser.

Nous désirons bien vivement, Monsieur, que le produit de la vente de votre ouvrage vous mette non-seulement à même de rentrer dans les avances que vous allez être obligé de faire, mais encore d'y trouver la juste rénumération des nombreux moments qu'il vous a fallu y consacrer.

Veuillez être assez bon pour nous compter au nombre de vos souscripteurs et recevoir, etc.

———

Délibération du Conseil général du département de l'Indre, séance du 26 août 1845.

M. MOULIN-COLLIN, auteur d'un ouvrage intitulé : *Traité général et complet, théorique et pratique du calcul des intérêts composés, etc.,* adresse à M. le Président le manuscrit de ce travail pour lequel il sollicite la souscription de MM. les Membres du Conseil général : il offre à cette assemblée l'hommage de deux exemplaires de cette publication qui est actuellement sous presse.

Le travail de M. Moulin est recommandé, pour son mérite, par un Membre du Conseil, compétant en cette matière.

Le Conseil délibère qu'il sera fait mention au procès-verbal de cette recommandation, et qu'une liste de souscription restera déposée sur le bureau pendant la durée de la session.

PREMIÈRE PARTIE.

―――――

Chapitre Ier.

―――――

§ 1er. DE L'INTÉRÊT EN GÉNÉRAL.

―――――

L'intérêt est un bénéfice, ou un revenu ou une rente que se fait celui qui prête son argent pour un temps déterminé, soit par simples promesses, soit par billets à ordre, soit par actes notariés, etc., etc.

L'intérêt est encore un dédommagement ou une indemnité qu'obtient ou exige un créancier de son débiteur qui ne s'est pas libéré à une époque convenue.

L'intérêt est *simple* ou *composé*.

L'intérêt simple est celui qui ne produit pas de nouveaux intérêts.

L'intérêt est dit composé lorsqu'il est converti en capital à des époques déterminées, pour produire de nouveaux intérêts, conversion qu'on appelle *anatocisme*.

Tous les calculs que l'on emploie pour déterminer l'intérêt que doit produire un capital, ont, en général, pour bases :

Le *temps* pour lequel l'intérêt est dû.

La taxe ou le *taux* d'après laquelle l'intérêt doit être perçu sur 100 francs ou sur un franc, et selon une *unité de temps* déterminée.

L'Unité de temps est arbitraire. Cependant, dans les transactions civiles et commerciales, elle est de 360, ou de 365 ou de 366 jours.

L'Unité de 360 jours est assez généralement employée dans les banques. Le Gouvernement en fait même usage pour quelques cas particuliers, tels

A.

que pour les placements qui lui sont faits par les caisses d'épargne, etc.
Sans doute, parce que ses vingt-quatre diviseurs facilitent le calcul; ces
diviseurs sont :

$$1 \quad, \quad 2 \quad, \quad 4 \quad, \quad 8$$
$$3 \quad, \quad 6 \quad, \quad 12 \quad, \quad 24$$
$$5 \quad, \quad 10 \quad, \quad 20 \quad, \quad 40$$
$$9 \quad, \quad 18 \quad, \quad 36 \quad, \quad 72$$
$$15 \quad, \quad 30 \quad, \quad 60 \quad, \quad 120$$
$$45 \quad, \quad 90 \quad, \quad 180 \quad, \quad 360$$

L'Unité de 365 ou de 366 jours (selon que l'année est commune ou bissextile), est adoptée par le Gouvernement pour les décomptes d'intérêts de
ses comptes-courants avec les Receveurs généraux et autres comptables, et
par les Notaires pour le calcul des intérêts résultant d'obligations.

L'Unité 360 était devenue légale en vertu de la loi du 18 frimaire an III;
mais cette loi ne saurait, il nous semble, être invoquée pour justifier l'usage
de cette unité, puisqu'elle admettait qu'un créancier n'avait pas le droit de
réclamer des intérêts de son débiteur, pendant les cinq ou six jours de
l'année, auxquels on avait donné la dénomination de *sans-culotides* (1).

La loi du 3 septembre 1807, dont il va être question, en fixant le taux
de l'intérêt, a nécessairement entendu que le débiteur paierait proportion-
nellement à son créancier 5 ou 6 fr. par 100 fr. et par chaque période de 365
ou 366 jours. Donc si l'on désigne par *n* une fraction d'année, on doit avoir
l'une de ces deux proportions, selon que l'année est commune ou bissextile :

365 : *n* :: 5 ou 6 : l'intérêt cherché pour *n*.
366 : *n* :: 5 ou 6 : l'intérêt cherché pour *n*.

D'où il suit que dans la supputation du temps pour lequel on veut déterminer l'intérêt que doit produire un capital quelconque, on doit compter les
mois pour le nombre de jours attribué à chacun, par le calendrier Grégo-
rien, et que si dans ces proportions on substituait toute autre unité de
temps, inférieure à 365 ou 366, par exemple 360, on ne se conformerait

---

(1) L'intérêt annuel des capitaux sera compté pour et par 360 jours seulement. Il n'aura point
de cours pendant les *sans-culotides.*

(*Bulletin des Lois*, N° 101, 3ᵉ trimestre de l'an III.)

pas à l'esprit de la loi du 3 septembre 1807, qui, selon nous, abroge nécessairement celle du 18 frimaire an III. Toutefois, nous croyons que cette sub-
stitution ne pourrait être considérée comme illicite, parce qu'elle est en
quelque sorte consacrée par l'usage qui fait souvent loi dans un très grand
nombre de cas.

Nos tables d'intérêts composés ont toutes pour base l'unité de temps de
365 jours.

De même que l'unité de temps, le taux est arbitraire dans le calcul des
intérêts. Cependant ce taux est dit *usuraire* lorsqu'il dépasse les limites fixées
par la loi.

LOI DU 3 SEPTEMBRE 1807.

Art. 1er.— L'intérêt conventionnel ne pourra excéder, en matière civile, 5 p. 0/0, ni
en matière commerciale, 6 p. 0/0; le tout sans retenue.

Art. 2.— L'intérêt légal sera, en matière civile, de 5 p. 0/0, et, en matière de commerce, de 6 p. 0/0, aussi sans retenue.

Le calcul des intérêts simples devant faire l'objet d'un chapitre spécial,
nous passons immédiatement aux calculs des intérêts composés.

§ 2. DES INTÉRÊTS COMPOSÉS.

Intérêts des intérêts,
Intérêts sur intérêts,
Intérêts cumulés,
Intérêts capitalisés,
Intérêts composés,

sont des expressions identiques qui ont toutes pour objet d'indiquer que les
intérêts ont été ajoutés, tous les ans ou tous les six mois, etc., au capital pour
produire de nouveaux intérêts.

RÈGLE GÉNÉRALE.

1° A la fin de la 1re année (ou du 1er semestre) on ajoute au capital emprunté, les intérêts qu'il a produits pendant cette période;

2° A ce premier total ou première capitalisation on ajoute les intérêts qu'il
a produits pendant le cours de la 2e année (ou du 2e semestre);

3° A cette deuxième capitalisation on ajoute les intérêts qu'elle a produit pendant la 3ᵉ année (ou le 3ᵉ semestre) ;

Et ainsi de suite jusqu'à l'époque du remboursement.

Le dernier total exprime le montant du capital emprunté, augmenté de ses intérêts composés, en d'autres termes, *la valeur du capital à l'époque du remboursement.*

1ᵉʳ Exemple.

Une personne veut emprunter 30000 francs, à la condition de les rembourser dans neuf ans, avec les intérêts composés tous les ans et calculés au taux de 5 p. 0/0 par an ;

On demande quel sera pour le prêteur le produit de son placement, ou pour l'emprunteur le montant de sa dette, à la fin de l'opération?

Réponse................. 46539 fr. 85 c.

OPÉRATIONS DU CALCUL :

Capital emprunté.................................... 30000,000
Intérêts au bout de la 1ʳᵉ année........... 1500,000

Valeur des 30000 fr. au bout de la 1ʳᵉ année........... 31500,000
Intérêts au bout de la 2ᵉ année........... 1575,000

Valeur des 30000 fr. au bout de la 2ᵉ année........... 33075,000
Intérêts au bout de la 3ᵉ année........... 1653,750

Valeur des 30000 fr. au bout de la 3ᵉ année........... 34728,750
Intérêts au bout de la 4ᵉ année........... 1736,438

Valeur des 30000 fr. au bout de la 4ᵉ année........... 36465,188
Intérêts au bout de la 5ᵉ année........... 1823,259

Valeur des 30000 fr. au bout de la 5ᵉ année........... 38288,447
Intérêts au bout de la 6ᵉ année........... 1914,422

Valeur des 30000 fr. au bout de la 6ᵉ année........... 40202,869
Intérêts au bout de la 7ᵉ année........... 2010,143

Valeur des 30000 fr. au bout de la 7ᵉ année........... 42213,012
Intérêts au bout de la 8ᵉ année........... 2110,651

Valeur des 30000 fr. au bout de la 8ᵉ année........... 44323,663
Intérêts au bout de la 9ᵉ année........... 2216,183

Résultat cherché ou valeur des 30000 fr. au bout de 9 ans, terme de l'opération............................. 46539,846

On arriverait encore au même résultat, en faisant usage d'un *facteur constant* qui se composerait de l'unité augmentée de l'intérêt annuel ou semestriel, selon que les intérêts doivent être capitalisés tous les ans ou tous les six mois.

L'intérêt étant de 5 fr. pour 100 francs.

L'intérêt de 1 franc est de 0,05 centimes.

Donc le facteur constant, en question, est pour le taux de 5 p. 0/0, de 1,05.

On a donc :

1°	30000	.	1,05 = 31500,	pour valeur des 30000 fr.	au bout d'un an.
2°	31500	.	1,05 = 33075,	idem.	au bout de 2 ans.
3°	33075	.	1,05 = 34728,75	idem.	au bout de 3 ans.
4°	34728,75	.	1,05 = 36465,188	idem.	au bout de 4 ans.
5°	36465,188	.	1,05 = 38288,447	idem.	au bout de 5 ans.
6°	38288,447	.	1,05 = 40202,869	idem.	au bout de 6 ans.
7°	40202,869	.	1,05 = 42213,012	idem.	au bout de 7 ans.
8°	42213,012	.	1,05 = 44323,663	idem.	au bout de 8 ans.
9°	44323,663	.	1,05 = 46539,846	idem.	au bout de 9 ans.

Le point . signifie *multiplié par.*

Et les deux parallèles = veulent dire *donnent au produit.*

On satisfera à la question, au moyen d'une simple opération, en faisant usage de la règle N° 1, concernant les placements uniques.

2ᵉ Exemple.

1° *On demande ce qu'une créance de 46539 fr. 85 c., payable dans neuf ans, sans intérêts, vaut actuellement, en ayant égard aux intérêts composés tous les ans, à 5 p. 0/0 par an?*

2° Ou bien, *combien faut-il placer actuellement en intérêts composés tous les ans, à 5 p. 0/0 par an, pour recevoir 46539 fr. 85 c. au bout de neuf ans?*

Réponse, pour l'une et l'autre question, ... 30000 fr.

Les calculs qu'il faut faire pour la solution de ces deux questions étant inverses de ceux indiqués pour la solution de la proposition qui fait l'objet de 1ᵉʳ exemple, on a :

46539,850 : 1,05 = 44323,666 pour valeur des 30000 fr. au bout de 8 ans.
44323,666 : 1,05 = 42213,015 idem. au bout de 7 ans.

42213,015 : 1,05 = 40202,871   pour valeur des 30000 fr. au bout de 6 ans.
40202,871 : 1,05 = 38288,449   *idem.*   au bout de 5 ans.
38288,449 : 1,05 = 36465,189   *idem.*   au bout de 4 ans.
36465,189 : 1,05 = 34728,751   *idem.*   au bout de 3 ans.
34728,751 : 1,05 = 33075,005   *idem.*   au bout de 2 ans.
33075,005 : 1,05 = 31500,000   *idem.*   au bout de 1 an.
31500,000 : 1,05 = 30000,000   pour valeur actuelle des 30000 fr.

Les deux points : signifient *étant divisés par.*

Et les deux parallèles = veulent dire *donnent au quotient.*

On satisfera aux deux questions, au moyen d'une simple opération, en faisant usage de la règle N° 2, concernant les placements uniques.

3ᵉ Exemple.

1° *On veut placer tous les ans 4220 fr. 70 c. pendant neuf fois, en intérêts composés tous les ans, à 5 p. 0/0 par an;*

On demande quel sera le produit de tous ces placements à la fin de l'opération, c'est-à-dire un an après que le dernier placement aura été effectué?

Réponse.. .... 48866 fr. 81 c.

2° *Ou bien quel est le produit de neuf annuités de 4220 fr. 70 c. payables à la fin d'année, en ayant égard aux intérêts composés tous les ans, au taux de 5 p. 0/0 par an, faisant remarquer que la fin de l'opération, pour les paiements par annuités, a lieu lors du paiement de la dernière?*

Réponse................ 46539 fr. 82 c.

OPÉRATIONS DU CALCUL :

1ᵉʳ placement, ou 1ᵉʳ annuité.......................... 4220,700
    Intérêts au bout d'un an................. 211,035
2ᵉ placement, ou 2ᵉ annuité....................... . 4220,700
                                             8652,435
    Intérêts d'un an........................ 432,622
3ᵉ placement, ou 3ᵉ annuité.......................... 4220,700
                                             13305,757
    Intérêts d'un an....................... 665,288
4ᵉ placement, ou 4ᵉ annuité.......................... 4220,700

           A reporter............... 18191,745

Report..............	18191,745
Intérêts d'un an........................	909,587
5ᵉ placement, ou 5ᵉ annuité.........................	4220,700
	23322,032
Intérêts d'un an.	1166,102
6ᵉ placement, ou 6ᵉ annuité.........	4220,700
	28708,834
Intérêts d'un an............................	1435,442
7ᵉ placement, ou 7ᵉ annuité.........................	4220,700
	34364,976
Intérêts d'un an.................	1718,249
8ᵉ placement, ou 8ᵉ annuité.........................	4220,700
	40303,925
Intérêts d'un an........................	2015,196
9ᵉ placement, ou 9ᵉ annuité.........................	4220,700

Total qui exprime la valeur des neuf annuités en question, lors du paiement de la dernière. (2ᵉ énoncé)............ **46539,821**

Intérêts d'un an........................ 2326,991

Total qui exprime la valeur des neuf placements en question, à la fin de l'opération. (1ᵉʳ énoncé)............... **48866,812**

On satisfera au premier énoncé, au moyen d'une simple opération, en faisant usage de la règle Nº 5, concernant les placements périodiques.

Et au deuxième énoncé, en employant la règle nº 18, concernant les annuités.

4ᵉ Exemple.

Une personne a placé tous les ans, pendant quatre ans, en intérêts composés tous les ans, à 5 p. 0/0 par an, savoir :

1º *Au commencement de la* 1ʳᵉ *année*......................... 3540

2º *Au commencement de la* 2ᵉ *année*......................... 4000

3º *Au commencement de la* 3ᵉ *année*......................... 2775

4º *Au commencement de la* 4ᵉ *année*......................... 1200

On demande quel est le produit de tous ces placements à la fin de l'opération?

Réponse...................... 13252 fr. 83 c.

OPÉRATION DU CALCUL :

1er placement..................................	3540,000
Intérêts d'un an........................	177,000
2e placement..................................	4000,000
	7717,000
Intérêts d'un an........................	385,850
3e placement..................................	2775,000
	10877,850
Intérêts d'un an........................	543,893
4e placement..................................	1200,000
	12621,743
Intérêts d'un an........................	631,087
Total, ou résultat cherché.....................	13252,830

5e Exemple.

On veut emprunter 30000 francs, en intérêts composés tous les ans, à 5 p. 0/0 par an, à la condition de les rembourser en annuités, chacune de 4220,70, payables d'année en année, à partir de la fin de la 1re année;
On demande au bout de combien de temps on se sera libéré?

Réponse.................. Au bout de neuf ans.

(Nous verrons plus loin ce qu'on entend par annuités).

OPÉRATION DU CALCUL :

Capital emprunté..............................	30000,000
Intérêts au bout d'un an...............	1500,000
Total..................	31500,000
1re annuité payée.............................	4220,700
Reste dû au bout de la 1re année.........	27279,300
Intérêts d'un an........................	1363,965
Total..................	28643,265
2e annuité payée.............................	4220,700
Reste dû au bout de la 2e année.........	24422,565
Intérêts d'un an........................	1221,128
Total à reporter.........	25643,693

Report...................	25643,693
3e annuité payée......................................	4220,700
Reste dû au bout de la 3e année..........	21422,993
Intérêts au bout d'un an..................	1071,150
Total...................	22494,143
4e annuité payée......................................	4220,700
Reste dû au bout de la 4e année...........	18273,443
Intérêts d'un an.........................	913,672
Total..................	19187,115
5e annuité payée......................................	4220,700
Reste dû au bout de la 5e année..........	14966,415
Intérêts d'un an..................	748,322
Total...................	15714,737
6e annuité payée......................................	4220,700
Reste dû au bout de la 6e année...........	11494,037
Intérêts d'un an.........................	574,702
Total..................	12068,739
7e annuité payée......................................	4220,700
Reste dû au bout de la 7e année..........	7848,039
Intérêts d'un an.........................	392,402
Total.................	8240,441
8e annuité payée......................................	4220,700
Reste dû au bout de la 8e année.........	4019,741
Intérêts d'un an.........................	200,987
Total..................	4220,728
9e annuité payée......................................	4220,700
Différence inévitable de peu d'importance........	0,028

Donc c'est au bout de la neuvième année qu'on se sera libéré.

On satisfera à la question, au moyen d'une simple opération, en faisant usage de la règle n° 23, concernant les annuités.

B.

6e Exemple.

Sur 30000 *fr. que l'on doit, à partir du* 15 *mars* 1844, *pour le prix d'une propriété, ou pour toute autre cause, on a payé :*

1º *Le* 31 *août* 1844..................................	3000 *fr.*
2º *Le* 17 *mars* 1845..................................	5000
3º *Le* 15 *juillet* 1845..................................	4000

On demande de combien on est resté débiteur lors du dernier paiement effectué, en ayant égard aux intérêts composés, à 5 *p.* 0/0 *par an, (l'unité de temps étant de* 365 *jours)?*

Réponse......................... 19831 fr. 11 c.

OPÉRATION DU CALCUL :

Principal de la dette.................................	30000, »
Intérêts pour 169 jours, du 15 mars 1844 au 31 août 1844.	694,52
	30694,52
1ᵉʳ paiement...	3000, »
	27694,52
Intérêts pour 198 jours, du 31 août 1844 au 17 mars 1845.	751,18
	28445,70
2ᵉ paiement...	5000, »
	23445,70
Intérêts pour 120 jours, du 17 mars 1845 au 15 juillet 1845.	385,41
	23831,11
3ᵉ paiement...	4000 »
Reste, ou résultat cherché.................	19831,11

Les propositions, sur le calcul des intérêts composés, que nous venons de donner pour exemples, sont les seules susceptibles d'être résolues par l'arithmétique. Cependant, une des deux espèces de comptes par échelette et une des deux espèces de comptes courants, dont il sera question plus loin, sont encore une des applications de ces calculs.

Chapitre II.

DES PLACEMENTS UNIQUES.

On nomme PLACEMENT UNIQUE un capital qui doit rester placé en intérêts composés, pendant un certain temps, sans autre augmentation que des intérêts cumulés.

Nous ne nous occuperons que des placements dont les intérêts sont cumulés tous les ans ou tous les six mois.

Le commencement de l'opération est le jour dans lequel le capital a été placé.

La fin de l'opération est le jour dans lequel le capital et ses intérêts cumulés ont été remboursés.

Dans toutes les questions que l'on peut faire sur les placements uniques, il y entre toujours *quatre quantités*, savoir : trois de connues et une quatrième qu'il s'agit de déterminer; ces quantités sont :

1° Le capital placé, que nous désignerons par.............. a *ou* A.

2° Le taux annuel ou semestriel de l'intérêt, *idem par*........ r *ou* R.

3° Le nombre d'années ou de semestres pendant lequel le capital est resté placé, *idem par*.................................. n *ou* N.

4° Enfin le produit du placement à la fin de l'opération, *idem par.* s *ou* S.

Ces quatre quantités étant combinées trois à trois, produisent quatre *combinaisons* ou questions principales. D'un autre côté les placements uniques donnent lieu à deux modes ou manières de s'effectuer.

Pour le 1ᵉʳ *mode*, qui est relatif aux intérêts composés tous les ans, on emploiera la. . . . . *Table N° 1ʳ*.

Pour le 2ᵉ *mode*, concernant les intérêts composés tous les six mois , on emploiera la. . . . . *Table N° 2*.

Tableau des quatre questions principales sur les placements uniques.

ÉTANT DONNÉS.	ON DEMANDE.	MODES des PLACEMENTS UNIQUES.		NUMÉROS DES QUESTIONS et de leurs énoncés.	NUMÉROS DES RÈGLES.	NUMÉROS des TABLES à employer pour les solutions.	NUMÉROS DES FORMULES algébriques.
		N°ˢ	ESPÈCES.				
a le capital.	S ou le produit du placement.	1ᵉʳ.	Intérêt annuel.	1ʳᵉ quest. — 1ᵉʳ énon.	1ᵉʳ.	1ᵉʳ.	1ᵉʳ.
r le taux.		2ᵉ.	*Id.* semestriel.	1ʳᵉ quest. — 2ᵉ énon.	1ᵉʳ.	2ᵉ.	1ᵉʳ.
n le temps.							
s le produit du placem.ᵗ	A ou le capital.	1ᵉʳ.	Intérêt annuel.	2ᵉ quest. — 1ᵉʳ énon.	2ᵉ.	1ᵉʳ.	2ᵉ.
r le taux.		2ᵉ.	*Id.* semestriel.	2ᵉ quest. — 2ᵉ énon.	2ᵉ.	2ᵉ.	2ᵉ.
n le temps.							
a le capital.	N ou le temps.	1ᵉʳ.	Intérêt annuel.	3ᵉ quest. — 1ᵉʳ énon.	3ᵉ.	1ᵉʳ.	3ᵉ.
s le produit du placem.ᵗ		2ᵉ.	*Id.* semestriel.	3ᵉ quest. — 2ᵉ énon.	3ᵉ.	2ᵉ.	3ᵉ.
r le taux.							
a le capital.	R ou le taux de l'intérêt.	1ᵉʳ.	Intérêt annuel.	4ᵉ quest. — 1ᵉʳ énon.	4ᵉ.	1ᵉʳ.	4ᵉ.
s le produit du placem.ᵗ		2ᵉ.	*Id.* semestriel.	4ᵉ quest. — 2ᵉ énon.	4ᵉ.	2ᵉ.	4ᵉ.
n le temps.							

Nota. Chaque question a un énoncé correspondant à chaque mode.

1ʳ QUESTION PRINCIPALE.

—

1ᵉʳ MODE. — TABLE N° 1.	2ᵉ MODE. — TABLE N° 2.
On veut placer 30000 fr. en intérêts composés tous les ans, à 5 p. 0/0 par an, pendant 9 ans;	On veut placer 30000 fr. en intérêts composés tous les six mois, à 2 1/2 p. 0/0 par semestre, pendant 18 semestres;
On demande quel sera le produit du placement, à la fin de l'opération?.................... S.	On demande quel sera le produit du placement à la fin de l'opération?.................... S.
Réponse...... 46539 fr. 85 c.	Réponse...... 46789 fr. 76 c.

Dans chacun de ces énoncés, on connaît :

a	Le capital placé........	30000 fr.		a	Le capital placé........	30000 fr.
r	Le taux annuel........	5 p. 0/0.		r	Le taux semestriel.......	2 1/2 p. 0/0.
n	Le temps............	9 ans.		n	Le temps.............	18 semest².

Règle générale, N° 1ᵉʳ.

On multipliera le capital placé par le nombre qui, dans la table relative au mode, répond au taux et au temps ; le produit satisfera à la question.

On a donc :

Pour le 1ᵉʳ mode. — 30000 à multiplier par 1,5513282 = 46539 fr. 85 c. (*Table N° 1ᵉʳ.*)
Pour le 2ᵉ mode. — 30000 à multiplier par 1,5596587 = 46789 fr. 76 c. (*Table N° 2.*)

Nota. Pour la vérification de ces résultats, on opèrera comme il est indiqué pour la solution de la question qui fait l'objet du premier exemple du calcul des intérêts composés, page 4.

2ᵉ QUESTION PRINCIPALE.

1ᵉʳ MODE. — TABLE Nᵒ 1.

Un capital ayant été placé en intérêts composés tous les ans à 5 p. 0/0 par an, a produit au bout de 9 ans.............. 46539 fr. 85 c.

On demande quel est le montant de ce capital?.............. A.

Réponse............. 30000 fr.

2ᵉ MODE. — TABLE Nᵒ 2.

Un capital ayant été placé en intérêts composés tous les six mois, à 2 1/2 p. 0/0 par semestre, a produit au bout de 18 semestres 46789 f. 76 c.

On demande quel est le montant de ce capital?.............. A.

Réponse............ 30000 fr.

Dans chacun de ces énoncés, on connaît :

s	Le produit du placement.	46539ᶠ.85ᶜ.
r	Le taux annuel.........	5 p. 0/0.
n	Le temps..............	9 ans.

s	Le produit du placement.	46789ᶠ.76ᶜ.
r	Le taux semestriel......	2 1/2 p. 0/0.
n	Le temps..............	18 semest.

Règle générale, Nᵒ 2.

On divisera le produit du placement par le nombre qui, dans la table relative au mode, répond au taux et au temps; le quotient satisfera à la question.

On a donc :

Pour le 1ᵉʳ mode. — 46539,85 à diviser par 1,5513282 = 30000 fr. (*Table Nᵒ 1.*)
Pour le 2ᵉ mode. — 46789,76 à diviser par 1,5596587 = 30000 fr. (*Table Nᵒ 2.*)

Nota. Pour la vérification de ces résultats, on opèrera comme il est indiqué pour la solution de la question qui fait l'objet du deuxième exemple du calcul des intérêts composés, page 5.

3ᵉ QUESTION PRINCIPALE.

1ᵉʳ MODE. — TABLE Nᵒ 1.	2ᵉ MODE. — TABLE Nᵒ 2.
Une somme de 30000 fr. qui avait été placée en intérêts composés tous les ans, à 5 p. 0/0 par an, a produit.............. 46539ᶠ. 85ᶜ.	Une somme de 30000 fr. qui avait été placée en intérêts composés tous les six mois, à 2 1/2 p. 0/0 par semestre, a produit... 46789ᶠ. 76ᶜ.
On demande quel est le nombre d'années pendant lequel cette somme est restée placée?.......... N.	On demande quel est le nombre de semestres pendant lequel cette somme est restée placée?.... N.
Réponse............ 9 ans.	Réponse....... 18 semestres.

Dans chacun de ces énoncés, on connaît :

a	Le capital placé.......	30000 fr.	a	Le capital placé.......	30000 fr.
s	Le produit du placement.	46539,85	s	Le produit du placement.	46789,76
r	Le taux annuel........	5 p. 0/0.	r	Le taux semestriel......	2 1/2 p. 0/0

Règle générale, Nᵒ 3.

On divisera le produit du placement par le capital placé ; le quotient devra se trouver dans la table relative au mode et dans la colonne qui a pour titre le taux, précisément sur la ligne cotée du temps demandé.

Cependant, si ce quotient se trouvait compris entre deux nombres consécutifs, on opèrerait comme il est indiqué par l'appendice Nᵒ 1 des règles.

On a donc :

Pour le 1ᵉʳ mode. — 46539,85 à diviser par 30000 = 1,5513282 (*Tableau Nᵒ 1.*)
Pour le 2ᵉ mode. — 46789,76 à diviser par 30000 = 1,5596587 (*Tableau Nᵒ 2.*)

Quotients qui se trouvent chacun dans leur table respective, dans la colonne qui a pour titre le taux et sur la ligne du temps cherché.

Même notation que celle mise à la suite de la question Nᵒ 1 ou 2.

4ᵉ QUESTION PRINCIPALE.

1ᵉʳ MODE. — TABLE Nº 1.

Une somme de 30000 fr. qui avait été placée en intérêts composés tous les ans, a produit au bout de 9 ans.............. 46539ᶠ. 85ᶜ.

On demande à quel taux annuel, ce placement a été effectué?.. R.

Réponse...... 5 p. 0/0 par an.

2ᵉ MODE. — TABLE Nº 2.

Une somme de 30000 fr. qui avait été placée en intérêts composés tous les six mois, a produit au bout de 18 semestres...... 46789ᶠ. 76ᶜ.

On demande à quel taux semestriel, ce placement a été effectué?. R.

Réponse. 2 1/2 p. 0/0 par semest.

Dans chacun de ces énoncés, on connaît :

a	Le capital placé........	30000 fr.		a	Le capital placé........	30000 fr.
s	Le produit du placement.	46539,85		s	Le produit du placement.	46789,76
n	Le temps.............	9 ans.		n	Le temps.............	18 semestʳ.

Règle générale, Nº 4.

On divisera le produit du placement par le capital placé; le quotient devra se trouver dans la table relative au mode, et sur la ligne cotée du temps, précisément dans la colonne qui aura pour titre le taux de l'intérêt demandé.

Cependant, si ce quotient se trouvait compris entre deux nombres consécutifs, on opèrerait comme il est indiqué par l'appendice Nº 2 des règles.

On a donc :

Pour le 1ᵉʳ mode. — 46539,85 à diviser par 30000 = 1,5513282 (*Table Nº 1.*)
Pour le 2ᵉ mode. — 46789,76 à diviser par 30000 = 1,5596587 (*Table Nº 2.*)

Quotients qui se trouvent chacun dans leur table respective, sur la ligne cotée du temps et dans la colonne qui a pour titre le taux cherché.

Même notation que celle mise à la suite de la question Nº 1 ou 2.

Chapitre III.

DES PLACEMENTS PÉRIODIQUES.

On appelle PLACEMENTS PÉRIODIQUES ceux qui sont égaux entre eux et faits à intervalles de temps égaux.

Nous ne nous occuperons que des placements faits tous les ans ou tous les semestres.

Le commencement de l'opération est le jour dans lequel le premier placement a été effectué.

La fin de l'opération est un an ou six mois après que le dernier placement a été fait.

Dans toutes les questions que l'on peut faire sur les placements périodiques, il y entre toujours *quatre quantités,* savoir : trois de connues et une quatrième qu'il s'agit de déterminer ; ces quantités sont :

1° Le capital placé au commencement d'année ou de semestre, que nous désignerons par..................................... b *ou* B.

2° Le taux, annuel ou semestriel, de l'intérêt, *idem par.....* r *ou* R.

3° Le nombre des placements, *idem par.................* n *ou* N.

4° Enfin le produit de tous les placements, un an ou six mois après le dernier, *idem par.............................* s *ou* S.

Ces quatre quantités étant combinées trois à trois, produisent quatre *combinaisons* ou questions principales. D'un autre côté ces placements donnent lieu à trois modes ou manières de s'effectuer.

c.

Pour le 1ᵉʳ *mode*, qui est relatif aux placements faits au commencement d'année, avec intérêts composés tous les ans, on emploiera la *Table N° 16*.

Pour le 2ᵉ *mode*, concernant les placements faits au commencement de semestre, intérêts composés tous les six mois, on emploiera la *Table N° 17*.

Pour le 3ᵉ *mode*, qui a rapport aux placements faits au commencement d'année, intérêts composés tous les six mois, on emploiera la *Table N° 18*.

Tableau des quatre questions principales sur les placements périodiques.

ÉTANT DONNÉS.		ON DEMANDE.	MODES des PLACEMENTS PÉRIODIQUES.		NUMÉROS DES QUESTIONS et de leurs énoncés.	NUMÉROS DES RÈGLES.	NUMÉROS des TABLES à employer pour les solutions.	NUM ÉROS DES FORMULES algébriques.
			N°ˢ	ESPÈCES.				
b	le placement périodᵉ.	S ou le produit des placements.	1ᵉʳ.	Intérêt annuel.	5ᵉ quest.—1ᵉʳ énoncé.	5ᵉ.	16ᵉ.	5ᵉ.
n	le nombre des placᵗˢ.		2ᵉ.	*Id.* semestriel.	5ᵉ quest.—2ᵉ énoncé.	5ᵉ.	17ᵉ.	5ᵉ.
r	le taux.		3ᵉ.	*Id.* id.	5ᵉ quest.—3ᵉ énoncé.	5ᵉ.	18ᵉ.	5ᵉ.
s	le produit des placᵗˢ.	B ou le montant du placemᵗ périodique.	1ᵉʳ.	Intérêt annuel.	6ᵉ quest.—1ᵉʳ énoncé.	6ᵉ.	16ᵉ.	6ᵉ.
r	le taux.		2ᵉ.	*Id.* semestriel.	6ᵉ quest.—2ᵉ énoncé.	6ᵉ.	17ᵉ.	6ᵉ.
n	le nombre des placᵗˢ.		3ᵉ.	*Id.* id.	6ᵉ quest.—3ᵉ énoncé.	6ᵉ.	18ᵉ.	6ᵉ.
b	le placement périodᵉ.	N ou le nombre des placemᵗˢ périodiques.	1ᵉʳ.	Intérêt annuel.	7ᵉ quest.—1ᵉʳ énoncé.	7ᵉ.	16ᵉ.	7ᵉ.
r	le taux.		2ᵉ.	*Id.* semestriel.	7ᵉ quest.—2ᵉ énoncé.	7ᵉ.	17ᵉ.	7ᵉ.
s	le produit des placᵗˢ.		3ᵉ.	*Id.* id.	7ᵉ quest.—3ᵉ énoncé.	7ᵉ.	18ᵉ.	7ᵉ.
b	le placement périodᵉ.	R ou le taux de l'intérêt.	1ᵉʳ.	Intérêt annuel.	8ᵉ quest.—1ᵉʳ énoncé.	8ᵉ.	16ᵉ.	8ᵉ.
n	le nombre des placᵗˢ.		2ᵉ.	*Id.* semestriel.	8ᵉ quest.—2ᵉ énoncé.	8ᵉ.	17ᵉ.	8ᵉ.
s	le produit des placᵗˢ.		3ᵉ.	*Id.* id.	8ᵉ quest.—3ᵉ énoncé.	8ᵉ.	18ᵉ.	8ᵉ.

Nota. Chaque question a un énoncé correspondant à chaque mode.

QUESTIONS ET RÈGLES

SUR LES PLACEMENTS PÉRIODIQUES.

5ᵉ QUESTION PRINCIPALE.

—

1ᵉʳ MODE. — TABLE Nº 16.

On a placé tous les ans 4220 fr. 70 c., pendant 9 fois, en intérêts composés tous les ans, à 5 p. 0/0 par an ;

On demande quel sera le produit de tous ces placements, un an après que le dernier aura été effectué ? S.

Réponse...... 48866 fr. 81 c.

2ᵉ MODE. — TABLE Nº 17.

On a placé tous les six mois 2090 fr. 10 c., pendant 18 fois, en intérêts composés tous les six mois, à 2 1/2 p. 0/0 par semestre ;

On demande quel sera le produit de tous ces placements, six mois après que le dernier aura été effectué ? S.

Réponse..... 47959 fr. 45 c.

Dans chacun de ces énoncés, on connaît :

b	Le placement annuel.....	4220ᶠ.70ᶜ.
n	Le nombre des placements.	9.
r	Le taux annuel.........	5 p. 0/0.

b	Le placement semestriel..	2090ᶠ.10ᶜ.
n	Le nombre des placements.	18.
r	Le taux semestriel......	2 1/2 p. 0/0.

3ᵉ MODE. — TABLE Nº 18.

On a placé tous les ans 4232 fr. 46 c., pendant 9 fois, en intérêts composés tous les six mois, à 2 1/2 p. 0/0 par semestre ;

On demande quel sera le produit de tous ces placements, un an après que le dernier aura été effectué ? S.

Réponse....... 49158 fr. 52 c.

Dans cet énoncé, on connaît :

b	Le placement annuel.....	4232ᶠ.46ᶜ.
n	Le nombre des placements.	9.
r	Le taux semestriel......	2 1/2 p. 0/0.

Règle générale, N° 5.

On multipliera le montant du placement périodique par le nombre qui, dans la table relative au mode, répond au taux et au nombre des placements; le produit satisfera à la question.

On a donc :

Pour le 1ᵉʳ mode, 4220,70 à multiplier par 11,5778925 ═ 48866,81 (*Table N° 16.*).
Pour le 2ᵉ mode, 2090,10 à multiplier par 22,9460074 ═ 47959,45 (*Table N° 17.*).
Pour le 3ᵉ mode, 4232,46 à multiplier par 11,6146456 ═ 49158,52 (*Table N° 18.*).

Nota. On vérifiera ces résultats, en opérant comme il est indiqué pour la solution de la question qui fait l'objet du troisième exemple du calcul des intérêts composés, page 6.

─◦─❦─◦─

6ᵉ QUESTION PRINCIPALE.

1ᵉʳ MODE.— TABLE N° 16.

On avait placé tous les ans et pendant 9 fois, une même somme, en intérêts composés tous les ans, à 5 p. 0/0 par an; au bout de l'année qui a suivi le dernier placement, on est devenu créancier de. 48866 fr. 81 c.

On demande quel était le montant du placement annuel?....... B.

Réponse........ 4220 fr. 70 c.

2ᵉ MODE.— TABLE N° 17.

On avait placé tous les semestres et pendant 18 fois, une même somme, en intérêts composés tous les six mois, à 2 1/2 p. 0/0 par semestre; au bout du semestre qui a suivi le dernier placement, on est devenu créancier de.... .... 47959 fr. 45 c.

On demande quel était le montant du placement semestriel?..... B.

Réponse........ 2090 fr. 10 c.

Dans chacun de ces deux énoncés, on connaît :

s	Le produit des placements. 48866ᶠ.81ᶜ.		s	Le produit des placements. 47959ᶠ.45ᶜ.	
r	Le taux annuel........ 5 p. 0/0.		r	Le taux semestriel...... 2 1/2 p. 0/0.	
n	Le nombre des placements. 9.		n	Le nombre des placements. 18.	

3ᵉ MODE. — TABLE N° 18.

On avait placé tous les ans et pendant 9 fois, une même somme, en intérêts composés tous les six mois, à 2 1/2 p. 0/0 par semestre; au bout de l'année qui a suivi le dernier placement, on est devenu créancier de............. 49158 fr. 52 c.

On demande quel était le montant du placement annuel?... B.

Réponse........ 4232 fr. 46 c.

Dans cet énoncé, on connaît :

s	Le produit du placement. 49158ᶠ.52ᶜ.
r	Le taux semestriel..... 2 1/2 p. 0/0.
n	Le nombre des placements. 9.

Règle générale, N° 6.

On divisera le produit des placements par le nombre qui, dans la table relative au mode, répond au taux et au nombre des placements; le quotient satisfera à la question.

On a donc :

Pour le 1er mode, 48866,81 à diviser par 11,5778925 = 4220,70 (*Table N° 16*).
Pour le 2e mode, 47959,45 à diviser par 22,9460074 = 2090,10 (*Table N° 17*).
Pour le 3e mode, 49158,52 à diviser par 11,6146456 = 4232,46 (*Table N° 18*).

Même notation que celle mise à la suite de la question principale N° 5, page 20.

7ᵉ QUESTION PRINCIPALE.

1ᵉʳ MODE. — TABLE N° 16.	2ᵉ MODE. — TABLE N° 17.
On avait placé tous les ans, une somme de 4220 fr. 70 c., en intérêts composés tous les ans, à 5 p. 0/0 par an ; au bout de l'année qui a suivi le dernier placement, on est devenu créancier de...... 48866 fr. 81 c.	On avait placé tous les six mois, une somme de 2090 fr. 10 c. en intérêts composés tous les semestres, à 2 1/2 p. 0/0 par semestre ; au bout du semestre qui a suivi le dernier placement, on est devenu créancier de............. 47959 fr. 45 c.
On demande quel était le nombre des placements?........... N.	On demande quel était le nombre des placements............ N.
Réponse........ 9 placements.	Réponse...... 18 placements.

Dans chacun de ces énoncés, on connaît :

b	Le placement annuel....	4220ᶠ.70ᶜ.	b	Le placement semestriel.	2090ᶠ.10ᶜ.
r	Le taux annuel........	5 p. 0/0.	r	Le taux annuel.........	2 1/2 p. 0/0.
s	Le produit des placements.	48866ᶠ.81ᶜ.	s	Le produit des placements.	47959ᶠ.45ᶜ.

3ᵉ MODE. — TABLE N° 18.

On avait placé tous les ans, une somme de 4232 fr. 46 c. en intérêts composés tous les six mois, à 2 1/2 p. 0/0 par semestre ; au bout de l'année qui a suivi le dernier placement, on est devenu créancier de. 49158fr.52c.

On demande quel était le nombre des placements............ N.

Réponse........ 9 placements.

Dans cet énoncé, on connaît :

b	Le placement annuel....	4232ᶠ.46ᶜ.
r	Le taux semestriel......	2 1/2 p. 0/0.
s	Le produit des placements.	49158ᶠ.52ᶜ.

Règle générale, N° 7.

On divisera le produit des placements, par le placement périodique ; le quotient devra se trouver dans la table relative au mode et dans la colonne qui a pour titre le taux de l'intérêt, précisément sur la ligne cotée du nombre demandé des placements.

On a donc :

Pour le 1ᵉʳ mode, 48866,81 à diviser par 4220,70 = 11,5778925 (*Table N° 16*).
Pour le 2ᵉ mode, 47959,45 à diviser par 2090,10 = 22,9460074 (*Table N° 17*).
Pour le 3ᵉ mode, 49158,52 à diviser par 4232,46 = 11,6146456 (*Table N° 18*).

Quotients qui se trouvent, chacun dans leur table respective, comme il est dit dans la règle.

Même notation que celle mise à la suite de la question principale N° 5, page 20.

D.

8ᵉ QUESTION PRINCIPALE.

On a placé tous les ans une somme de 4220 fr. 70 c. pendant 9 fois, en intérêts composés tous les ans ; à la fin de l'année qui a suivi le dernier placement, on est devenu créancier de............. 48866 fr. 81 c.

On demande à quel taux annuel ces placements ont été effectués ? R.

Réponse..... 5 p. 0/0 par an.

On a placé tous les six mois une somme de 2090 fr. 10 c. pendant 18 fois, en intérêts composés tous les six mois ; à la fin du semestre qui a suivi le dernier placement, on est devenu créancier de. 47959 fr. 45 c.

On demande à quel taux semestriel ces placements ont été effectués ?.................... R.

Réponse.. 2 1/2 p. 0/0 par sem.

Dans chacun de ces deux énoncés, on connaît :

b	Le montant du placement.	4220ᶠ.70ᶜ.
n	Le nombre des placements.	9.
s	Le produit des placements.	48866ᶠ.81ᶜ.

b	Le montant du placement.	2090ᶠ.10ᶜ.
n	Le nombre des placements.	18.
s	Le produit des placements.	47959ᶠ.45ᶜ.

On a placé tous les ans une somme de 4232 fr. 46 c. pendant 9 fois, en intérêts composés tous les six mois ; à la fin de l'année qui a suivi le dernier placement, on est devenu créancier de 49158 fr. 52 c.

On demande à quel taux semestriel ces placements ont été effectués ?.................... R.

Réponse.. 2 1/2 p. 0/0 par sem.

Dans cet énoncé on connaît :

b	Le montant du placement.	4232ᶠ.46ᶜ.
n	Le nombre des placements.	9.
s	Le produit des placements.	49158ᶠ.52ᶜ.

Règle générale N° 8.

On divisera le produit des placements, par le placement périodique; le quotient devra se trouver dans la table relative au mode et sur la ligne cotée du nombre des placements, précisément dans la colonne qui a pour titre le taux demandé.

On a donc :

Pour le 1ᵉʳ mode, 48866,81 à diviser par 4220,70 ⸺ 11,5778925 (*Table N°* 16).
Pour le 2ᵉ mode, 47959,45 à diviser par 2090,10 ⸺ 22,9460074 (*Table N°* 17).
Pour le 3ᵉ mode, 49158,52 à diviser par 4232,46 ⸺ 11,6146456 (*Table N°* 18).

Quotients qui se trouvent, chacun dans leur table respective, comme il est dit dans la règle.

Même notation que celle mise à la suite de la question N° 5, page 20.

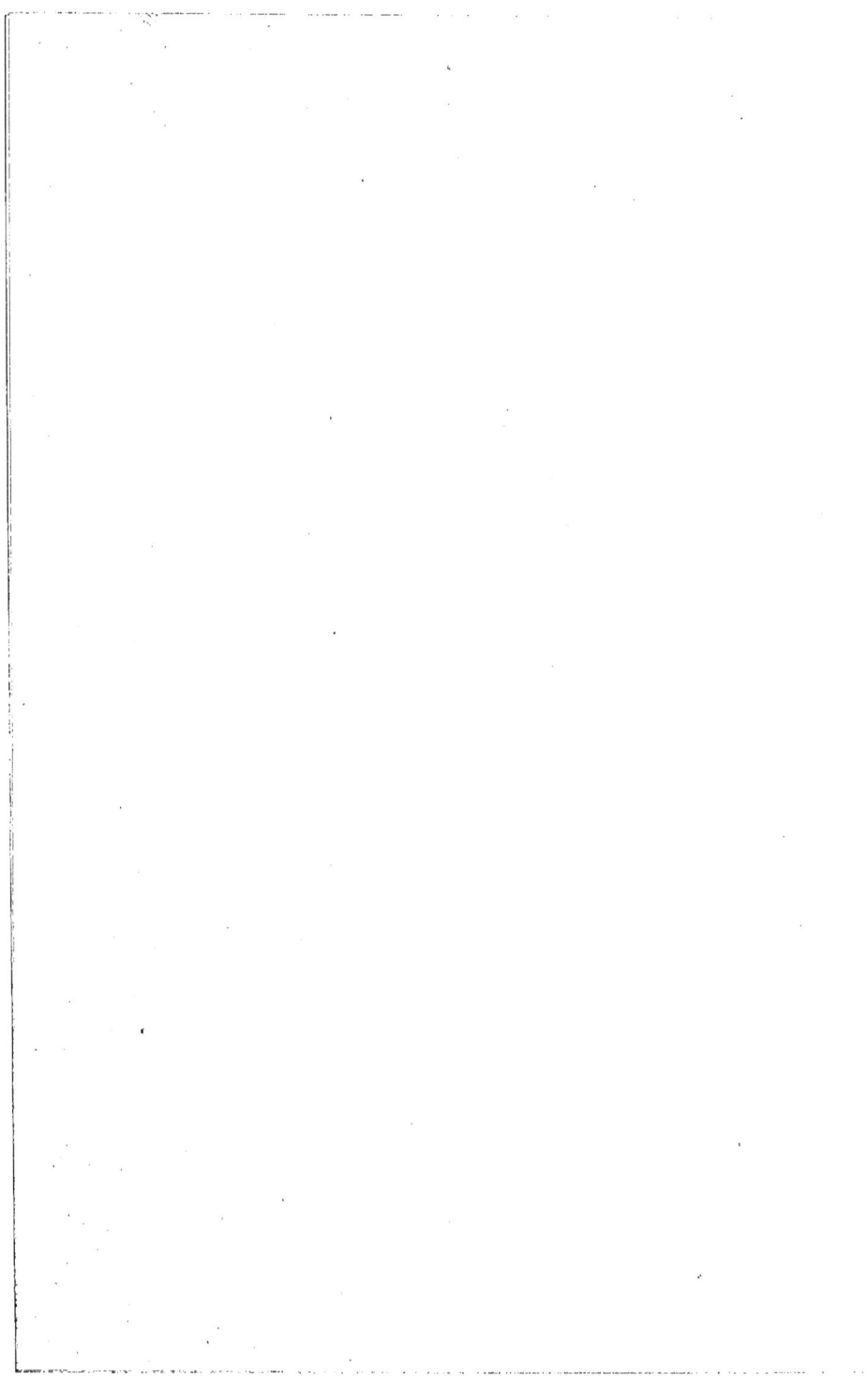

Chapitre IV.

DES ANNUITÉS OU PAIEMENTS PÉRIODIQUES.

On appelle ANNUITÉS les paiements égaux et faits à intervalles de temps égaux, de manière que la valeur de tous les paiements, lors du dernier effectué, soit égale à celle qu'aurait à cette époque la dette qu'il s'agit d'éteindre.

Nous ne nous occuperons que des annuités payées à la fin ou au commencement d'année ou de semestre.

Le commencement de l'opération est le jour dans lequel la dette a été contractée.

La fin de l'opération est le jour dans lequel la dernière annuité a été payée.

Dans toutes les questions que l'on peut faire sur les annuités, il y entre toujours *cinq quantités*, savoir : trois de connues, dont une cependant peut être sous-entendue et deux autres qu'il s'agit de déterminer; ces quantités sont :

1° La dette à éteindre ou le capital placé ou à placer, avec la condition que le remboursement s'en fera par annuités, quantité que nous désignerons par.. a ou A.

2° Le montant de l'annuité, *idem* par.................. b ou B.

3° Le nombre des annuités, *idem* par.................. n ou N.

4° Le taux annuel ou semestriel de l'intérêt *idem* par..... r ou R.

5° Enfin la valeur de la dette, ou le produit du placement, ou la valeur des annuités, après le paiement de la dernière annuité, *idem* par.................................... s ou S.

Ces cinq quantités étant combinées trois à trois, fournissent dix *combinaisons* ou questions principales qui donnent lieu à vingt solutions (chacune deux); d'un autre côté les annuités donnent également lieu à six modes : trois pour le cas où elles sont payées à la fin d'année **ou** de semestre, et trois pour le cas où elles sont payées au commencement d'année ou de semestre.

DES ANNUITÉS

Payées à la fin d'année ou de semestre.

1er Mode. $\left\{ \begin{array}{l} \text{Annuités payées à la fin d'année.} \\ \text{Intérêts composés tous les ans.} \end{array} \right.$

2e Mode. $\left\{ \begin{array}{l} \text{Annuités payées à la fin de semestre.} \\ \text{Intérêts composés tous les semestres.} \end{array} \right.$

3e Mode. $\left\{ \begin{array}{l} \text{Annuités payées à la fin d'année.} \\ \text{Intérêts composés tous les semestres.} \end{array} \right.$

DES ANNUITÉS

Payées au commencement d'année ou de semestre.

4e Mode. $\left\{ \begin{array}{l} \text{Annuités payées au commencement d'année.} \\ \text{Intérêts composés tous les ans.} \end{array} \right.$

5e Mode. $\left\{ \begin{array}{l} \text{Annuités payées au commencement de semestre.} \\ \text{Intérêts composés tous les semestres.} \end{array} \right.$

6e Mode. $\left\{ \begin{array}{l} \text{Annuités payées au commencement d'année.} \\ \text{Intérêts composés tous les semestres.} \end{array} \right.$

Nota. Il ne faut que trois quantités connues, dont une, avons-nous dit, peut être sous-entendue, pour résoudre une question sur les annuités. Cependant, si de la question on déduisait quatre quantités, on devra n'en considérer que trois prises à volonté.

TABLEAU

DES DIX QUESTIONS PRINCIPALES

SUR

LES ANNUITÉS OU PAIEMENTS PÉRIODIQUES.

———

Nota. Chaque question a trois énoncés et chaque énoncé quatre solutions.

ÉTANT DONNÉS.	ON DEMANDE.	N°s.	ESPÈCES.	NUMÉROS DES QUESTIONS et de leurs énoncés.	NUMÉROS DES RÈGLES.	NUMÉROS des TABLES à employer pour les solutions.	NUMÉROS DES FORMULES algébriques.
a Le capital.	L'annuité. Le produit des annuités.	1er.	Fin d'année. Intér. annuel.	9e quest.—1er énoncé.	Pour B. — Règle 9e.	B 10. S 1.	Pour B, N° 9.
r Le taux.		2e.	— de semest. — semest¹.	9e quest.—2e énoncé.	Pour S. — Règle 10e.	—11.—2.	Pour S, N° 10.
n Le nomb. des annuités.		3e.	— d'année. — id.	9e quest.—3e énoncé.		—12.—3.	
		4e.	Com¹ d'année. Intér. annuel.	9e quest.—1er énoncé.		—13.—4.	
		5e.	— de semest. — semest¹.	9e quest.—2e énoncé.		—14.—5.	
B ou S		6e.	— d'année. — id.	9e quest.—3e énoncé.		—15.—6.	
r Le taux.	Le capital. L'annuité.	1er.	Fin d'année. Intér. annuel.	10e quest.—1er énonc.	Pour A. — Règle 11e.	A 1. B 7.	Pour A, N° 11.
n Le nomb. des annuités.		2e.	— de semest. — semest¹.	10e quest.—2e énonc.	Pour B. — Règle 12e.	—2.—8.	Pour B, N° 12.
s Le prod¹ des annuités.		3e.	— d'année. — id.	10e quest.—3e énonc.		—3.—9.	
		4e.	Com¹ d'année. Intér. annuel.	10e quest.—1er énonc.		—4.—7.	
		5e.	— de semest. — semest¹.	10e quest.—2e énonc.		—5.—8.	
A ou B		6e.	— d'année. — id.	10e quest.—3e énonc.		—6.—9.	
a Le capital.	Le nombre des annuités. L'annuité.	1er.	Fin d'année. Intér. annuel.	11e quest.—1er énonc.	Pour N. — Règle 13e.	N 1. B	Pour N, N° 13.
r Le taux.		2e.	— de semest. — semest¹.	11e quest.—2e énonc.	Pour B. — Règle 14.	—2.—	Pour B, N° 14.
s Le prod¹ des annuités.		3e.	— d'année. — id.	11e quest.—3e énonc.		—3.—	
		4e.	Com¹ d'année. Intér. annuel.	11e quest.—1er énonc.		—4.—	
		5e.	— de semest. — semest¹.	11e quest.—2e énonc.		—5.—	
N ou B		6e.	— d'année. — id.	11e quest.—3e énonc.		—6.— (Solutions indirectes.)	
a Le capital.	Le taux. L'annuité.	1er.	Fin d'année. Intér. annuel.	12e quest.—1er énonc.	Pour R. — Règle 15e.	R 1. B	Pour R, N° 15.
n Le nomb. des annuités.		2e.	— de semest. — semest¹.	12e quest.—2e énonc.	Pour B. — Règle 16e.	—2.—	Pour B, N° 16.
s Le prod¹ des annuités.		3e.	— d'année. — id.	12e quest.—3e énonc.		—3.—	
		4e.	Com¹ d'année. Intér. annuel.	12e quest.—1er énonc.		—4.—	
		5e.	— de semest. — semest¹.	12e quest.—2e énonc.		—5.—	
R ou B		6e.	— d'année. — id.	12e quest.—3e énonc.		—6.— (Solutions indirectes.)	
r Le taux.	Le capital. Le produit des annuités.	1er.	Fin d'année. Intér. annuel.	13e quest.—1er énonc.	Pour A. — Règle 17e.	A 10. S 7.	Pour A, N° 17.
n Le nomb. des annuités		2e.	— de semest. — semest¹.	13e quest.—2e énonc.	Pour S. — Règle 18e.	—11.—8.	Pour S, N° 18.
b L'annuité.		3e.	— d'année. — id.	13e quest.—3e énonc.		—12.—9.	
		4e.	Com¹ d'année. Intér. annuel.	13e quest.—1er énonc.		—13.—7.	
		5e.	— de semest. — semest¹.	13e quest.—2e énonc.		—14.—8.	
A ou S		6e.	— d'année. — id.	13e quest.—3e énonc.		—15.—9.	

ÉTANT DONNÉS.	ON DEMANDE.	N°ˢ.	ESPÈCES.	NUMÉROS DES QUESTIONS et de leurs énoncés.	NUMÉROS DES RÈGLES.	NUMÉROS des TABLES à employer pour les solutions.	NUMÉROS DES FORMULES algébriques.
b L'annuité. r Le taux. s Le prod¹ des annuités.	Le nombre des annuités. Le capital. N ou A	1ᵉʳ. 2ᵉ. 3ᵉ. 4ᵉ. 5ᵉ. 6ᵉ.	Fin d'année. Intér. annuel. — de semest. — semest¹. — d'année. — id. Com¹ d'année. Intér. annuel. — de semest. — semest¹. — d'année. — id.	14ᵉ quest.—1ᵉʳ énonc. 14ᵉ quest.— 2ᵉ énonc. 14ᵉ quest.—3ᵉ énonc. 14ᵉ quest.—1ᵉʳ énonc. 14ᵉ quest.— 2ᵉ énonc. 14ᵉ quest.— 3ᵉ énonc.	Règle 19ᵉ. Règle 20ᵉ. Pour N. | Pour A.	N 7. A —8.— —9.— —7.— —8.— —9.— Pour N. | Pour A. Solutions indirectes.	Pour N, N° 19. Pour A, N° 20.
n Le nomb. des annuités b L'annuité. s Le prod¹ des annuités.	Le taux. Le capital. R ou A	1ᵉʳ. 2ᵉ. 3ᵉ. 4ᵉ. 5ᵉ. 6ᵉ.	Fin d'année. Intér. annuel. — de semest. — semest¹. — d'année. — id. Com¹ d'année. Intér. annuel. — de semest. — semest¹. — d'année. — id.	15ᵉ quest.—1ᵉʳ énonc. 15ᵉ quest.— 2ᵉ énonc. 15ᵉ quest.— 3ᵉ énonc. 15ᵉ quest.—1ᵉʳ énonc. 15ᵉ quest.— 2ᵉ énonc. 15ᵉ quest.— 3ᵉ énonc.	Règle 21ᵉ. Règle 22ᵉ. Pour R. | Pour A.	R 7. A —8.— —9.— —7.— —8.— —9.— Pour R. | Pour A. Solutions indirectes.	Pour R, N° 21. Pour S, N° 22.
a Le capital. b L'annuité. r Le taux.	Le nomb. des annuités. Le produit des annuités. N ou S	1ᵉʳ. 2ᵉ. 3ᵉ. 4ᵉ. 5ᵉ. 6ᵉ.	Fin d'année. Intér. annuel. — de semest. — semest¹. — d'année. — id. Com¹ d'année. Intér. annuel. — de semest. — semest¹. — d'année. — id.	16ᵉ quest.—1ᵉʳ énonc. 16ᵉ quest.— 2ᵉ énonc. 16ᵉ quest.— 3ᵉ énonc. 16ᵉ quest.—1ᵉʳ énonc. 16ᵉ quest.— 2ᵉ énonc. 16ᵉ quest.— 3ᵉ énonc.	Règle 23ᵉ. Règle 24ᵉ. Pour N. | Pour S.	N 10. S —11.— —12.— —13.— —14.— —15.— Pour N. | Pour S. Solutions indirectes.	Pour N, N° 23. Pour S, N° 24.
a Le capital. n Le nomb. des annuités b L'annuité.	Le taux. Le produit des annuités. R ou S	1ᵉʳ. 2ᵉ. 3ᵉ. 4ᵉ. 5ᵉ. 6ᵉ.	Fin d'année. Intér. annuel. — de semest. — semest¹. — d'année. — id. Com¹ d'année. Intér. annuel. — de semest. — semest¹. — d'année. — id.	17ᵉ quest.—1ᵉʳ énonc. 17ᵉ quest.— 2ᵉ énonc. 17ᵉ quest.— 3ᵉ énonc. 17ᵉ quest.—1ᵉʳ énonc. 17ᵉ quest.— 2ᵉ énonc. 17ᵉ quest.— 3ᵉ énonc.	Règle 25ᵉ. Règle 26ᵉ. Pour R. | Pour S.	R 10. S —11.— —12.— —13.— —14.— —15.— Pour R. | Pour S. Solutions indirectes.	Pour R, N° 25. Pour S, N° 26.
a Le capital. b L'annuité. s Le prod¹ des annuités.	Le nomb. des annuités. Le taux. N ou R	1ᵉʳ. 2ᵉ. 3ᵉ. 4ᵉ. 5ᵉ. 6ᵉ.	Fin d'année. Intér. annuel. — de semest. — semest¹. — d'année. — id. Com¹ d'année. Intér. annuel. — de semest. — semest¹. — d'année. — id.	18ᵉ quest.—1ᵉʳ énonc. 18ᵉ quest.— 2ᵉ énonc. 18ᵉ quest.— 3ᵉ énonc. 18ᵉ quest.—1ᵉʳ énonc. 18ᵉ quest.— 2ᵉ énonc. 18ᵉ quest.— 3ᵉ énonc.	Règle 27ᵉ. Règle 28ᵉ. Pour N. | Pour R.	N | R Solutions indirectes. Solutions algébriques. Pour N. | Pour R.	Pour N, N° 27. Pour R, N° 28.

E.

9ᵉ QUESTION PRINCIPALE.

RÈGLES Nᵒˢ 9 ET 10.

PREMIER ÉNONCÉ.

—

On veut emprunter 30000 fr. *en intérêts composés tous les ans, à* 5 p. 0/0 *par an, avec condition de les rembourser en neuf annuités payées d'année en année;*

On demande :

Quel sera le montant de l'annuité à payer?....... .... B.	Ou bien quel sera, pour le prêteur, le produit à la fin de l'opération?..................... S.

Réponses :

Selon le 1ᵉʳ mode. — Annuité payée à la fin d'année..... 4220ᶠ. 70ᶜ.	Selon le 1ᵉʳ mode. — Annuité payée à la fin d'année.... 46539ᶠ. 85ᶜ.
Selon le 4ᵉ mode. — Annuité payée au commencᵗ d'année. 4019ᶠ. 72ᶜ.	Selon le 4ᵉ mode. — Annuité payée au commencᵗ d'année. 44323ᶠ. 66ᶜ.

Dans cet énoncé on connaît :

a	Le capital emprunté....................	30000 fr.
r	Le taux annuel........................	5 p. 0/0.
n	Le nombre des annuités...............	9.

Donc il faut faire l'application des Règles :

Nᵒ 9.	Nᵒ 10.
30000 divisés par..... 7,1078217. Table Nᵒ 10.—Quotient. 4220,70.	30000 multipliés par 1,5513282. Table Nᵒ 1.— Produit. 46539,85.
30000 divisés par..... 7,4632128. Table Nᵒ 13.—Quotient. 4019,72.	30000 multipliés par 1,4774554. Table Nᵒ 4.— Produit. 44323,66.

DEUXIÈME ÉNONCÉ.

—

On veut emprunter 30000 fr. *en intérêts composés tous les six mois, à* 2 1/2 p. 0/0 *par semestre, avec condition de les rembourser en dix-huit annuités payées de semestre en semestre;*

On demande :

Quel sera le montant de l'annuité à payer?................. B.	Ou bien quel sera, pour le prêteur, le produit à la fin de l'opération?................... S.

Réponses :

Selon le 2ᵉ mode.—Annuité payée à la fin de semestre... 2090ᶠ. 10ᶜ.	Selon le 2ᵉ mode.—Annuité payée à la fin de semestre.. 46789ᶠ. 76ᶜ.
Selon le 5ᵉ mode.—Annuité payée au commenc' de semest. 2039ᶠ. 12ᶜ.	Selon le 5ᵉ mode.—Annuité payée au commenc' de semest. 45648ᶠ. 55ᶜ.

Dans cet énoncé on connaît :

a	Le capital emprunté......	30000 fr.
r	Le taux semestriel.....................	2 1/2 p. 0/0.
n	Le nombre des annuités...............	18.

Donc il faut faire l'application des règles :

Nº 9.	Nº 10.
30000 divisés par.... 14,3533636.	30000 multipliés par.. 1,5596587.
Table Nº 11.—Quotient. 2090,10.	Table Nº 2.—Produit.. 46789,76.
30000 divisés par.... 14,7121977.	30000 multipliés par.. 1,5216183.
Table Nº 14.—Quotient. 2039,12.	Table Nº 5.—Produit.. 45648,55.

TROISIÈME ÉNONCÉ.

_____

On veut emprunter 30000 fr. *en intérêts composés tous les six mois, à* 2 1/2 p. 0/0 *par semestre, avec condition de les rembourser en neuf annuités payées d'année en année;*

On demande :

Quel sera le montant de l'annuité à payer ?. . . : . . . . B.	Ou bien quel sera, pour le prêteur, le produit à la fin de l'opération ?. . . . . S.

Réponses :

Selon le 3ᵉ mode. —Annuité payée à la fin d'année. . . . . . 4232ᶠ. 46ᶜ.	Selon le 3ᵉ mode. —Annuité payée à la fin d'année. . . . . . 46789ᶠ. 76ᶜ.
Selon le 6ᵉ mode. — Annuité payée au commenc' d'année. 4028ᶠ. 51ᶜ.	Selon le 6ᵉ mode. —Annuité payée au commenc' d'année. 44535ᶠ. 17ᶜ.

Dans cet énoncé on connaît :

a	Le capital emprunté	30000 fr.
r	Le taux semestriel.	2 1/2 p. 0/0.
n	Le nombre des annuités.	9.

Donc il faut faire l'application des règles :

Nᵒ 9.	Nᵒ 10.
30000 divisés par. . . . . 7,0880808.	30000 multipliés par. 1,5596587.
Table Nᵒ 12. —Quotient. 4232,46.	Table Nᵒ 3. —Produit. 46789,76.
30000 divisés par. . . . . 7,4469149.	30000 multipliés par. . 1,4845056.
Table Nᵒ 15. —Quotient. 4028,51.	Table Nᵒ 6. — Produit. 44535,17

10e QUESTION PRINCIPALE.

RÈGLES Nᵒˢ 11 ET 12.

PREMIER ÉNONCÉ.

Un certain capital avait été placé en intérêts composés tous les ans, à 5 p. 0/0 par an ; le remboursement qui en a été fait en neuf annuités, a produit :

Selon le 1ᵉʳ mode . . . . 46539 fr. 85 c.
Selon le 4ᵉ mode . . . . 44323. 66.

On demande :

Quel était le montant de ce capital ? . . . . A.

Ou bien quel était le montant de l'annuité payée ? . . . . B.

Réponses :

Selon le 1ᵉʳ mode. — Annuité payée à la fin d'année . . . . 30000 fr.

Selon le 4ᵉ mode. — Annuité payée au commenc' d'année . . . 30000 fr.

Selon le 1ᵉʳ mode. — Annuité payée à la fin d'année . . . . . . 4220ᶠ. 70ᶜ.

Selon le 4ᵉ mode. — Annuité payée au commenc' d'année. 4019ᶠ. 72ᶜ.

Dans cet énoncé on connait :

r | Le taux annuel . . . . 5 p. 0/0.
n | Le nombre des annuités payées . . . . 9.
s | Le produit du placement, selon le 1ᵉʳ mode. 46539 fr. 85 c.
Id. selon le 4ᵉ mode. 44323. 66.

Donc il faut faire l'application des règles :

Nᵒ 11.

46539,85 divisés par . . 1,5513282.
Table Nᵒ 1. — Quotient. 30000 fr.

44323,66 divisés par . . 1,4774554.
Table Nᵒ 4. — Quotient. 30000 fr.

Nᵒ 12.

46539,85 divisés par. 11,0265643.
Table Nᵒ 7. — Quotient. 4220,70.

44323,66 divisés par. 11,0265643.
Table Nᵒ 7. — Quotient. 4019,72.

DEUXIÈME ÉNONCÉ.

---

*Un certain capital avait été placé en intérêts composés tous les six mois, à
2 1/2 p. 0/0 par semestre; le remboursement qui en a été fait en dix-huit annuités,
a produit :*

Selon le 2ᵉ mode............ 46789 fr. 76 c.

Selon le 5ᵉ mode............ 45648. 55.

On demande :

Quel était le montant de ce capi-   Ou bien quel était le montant de
tal?...................... A. | l'annuité payée?............ B.

Réponses :

Selon le 2ᵉ mode.— Annuité payée   Selon le 2ᵉ mode.— Annuité payée
à la fin de semestre.... 30000 fr. | à la fin de semestre... 2090ᶠ. 10ᶜ.

Selon le 5ᵉ mode.— Annuité payée   Selon le 5ᵉ mode.— Annuité payée
au commenc' de semestre. 30000 fr. | au commenc' de semestre. 2039ᶠ. 12ᶜ.

Dans cet énoncé on connaît :

r	Le taux semestriel........................	2 1/2 p. 0/0.
n	Le nombre des annuités payées............	18.
s	Le produit du placement selon le 2ᵉ mode....	46789 fr. 76 c.
	Id. selon le 5ᵉ mode....	45648. 55.

Donc il faut faire l'application des règles :

Nᵒ 11.   Nᵒ 12.

46789,76 divisés par.. 1,5596587.   46789,76 divisés par. 22,3863487.

Table Nᵒ 2.—Quotient.   30000 fr.   Table Nᵒ 8.—Quotient.   2090,10.

45648,55 divisés par.. 1,5216183.   45648,55 divisés par. 22,3863487.

Table Nᵒ 5.—Quotient.   30000 fr.   Table Nᵒ 8.—Quotient.   2039,12.

TROISIÈME ÉNONCÉ.

Un certain capital avait été placé en intérêts composés tous les six mois, à 2 1/2 p, 0/0 par semestre ; le remboursement qui en a été fait en neuf annuités, a produit :

Selon le 3ᵉ mode..............   46789 fr. 76 c.

Selon le 6ᵉ mode..............   44535   17.

On demande :

Quel était le montant de ce capital?..................... A.	Ou bien quel était le montant de l'annuité payée?........... B.

Réponses :

Selon le 3ᵉ mode.— Annuité payée à la fin d'année....... 30000 fr.	Selon le 3ᵉ mode.— Annuité payée à la fin d'année...... 4232ᶠ. 46ᶜ.
Selon le 6ᵉ mode.— Annuité payée au commenc' d'année... 30000 fr.	Selon le 6ᵉ mode.— Annuité payée au commenc' d'année. 4028ᶠ. 51ᶜ.

Dans cet énoncé on connaît :

r	Le taux semestriel........................	2 1/2 p. 0/0.
n	Le nombre des annuités payées...........	9.
s	Le produit du placement, selon le 3ᵉ mode..	46789 fr. 76 c.
	Id. selon le 6ᵉ mode..	44535 17.

Donc il faut faire l'application des règles :

Nᵒ 11.	Nᵒ 12.
46789,76 divisés par.. 1,5596587.	46789,76 divisés par.. 11,0549870.
Table Nᵒ 3.—Quotient. 30000 fr.	Table Nᵒ 9.—Quotient. 4232,46.
44535,17 divisés par.. 1,4845056.	44535,17 divisés par.. 11,0549870.
Table Nᵒ 6.—Quotient. 30000 fr.	Table Nᵒ 9.—Quotient. 4028,51.

11ᵉ QUESTION PRINCIPALE.

RÈGLES Nᵒˢ 13 ET 14.

PREMIER ÉNONCÉ.

On avait placé 30000 *fr. en intérêts composés tous les ans, à* 5 *p.* 0/0 *par an ; le remboursement qui en a été fait par annuités, a produit lors du paiement de la dernière, comprise :*

Selon le 1ᵉʳ mode.............. 46539 fr. 85 c.

Selon le 4ᵉ mode.............. 44323.   66

On demande :

Quel était le nombre des annuités payées?................... N.	Ou bien quel était le montant de l'annuité payée?........... B.

Réponses :

Selon le 1ᵉʳ mode. — Annuité payée à la fin d'année....... 9 annuités.	Selon le 1ᵉʳ mode. — Annuité payée à la fin d'année....... 4220ᶠ. 70ᶜ.
Selon le 4ᵉ mode. — Annuité payée au commenc' d'année. 9 annuités.	Selon le 4ᵉ mode. — Annuité payée au commenc' d'année.. 4019ᶠ. 72ᶜ.

Dans cet énoncé on connaît :

a   Le capital placé......................... 30000 fr.

r   Le taux annuel.......................... 5 p. 0/0.

s   Le produit du placement, selon le 1ᵉʳ mode... 46539 fr. 85 c.

         Id.   selon le 4ᵉ mode.... 44323.   66.

Donc il faut faire l'application des règles :

Nᵒ 13.	Nᵒ 14.
46539,85 divisés par 30000. — Quotient 1,5513282 qui se trouve dans la table Nᵒ 1ᵉʳ, colonne 5 p. 0/0, ligne................... 9.	
44323,66 divisés par 30000. — Quotient 1,4774554 qui se trouve dans la table Nᵒ 4, colonne 5 p. 0/0, ligne................... 9.	Pour déterminer l'annuité, on suivra la marche indiquée par la règle Nᵒ 14.

DEUXIÈME ÉNONCÉ.

On avait placé 30000 fr. en intérêts composés tous les six mois, à 2 1/2 p. 0/0 par semestre; le remboursement qui en a été fait par annuités, a produit lors du paiement de la dernière comprise :

Selon le 2ᵉ mode......... .. ... 46789 fr. 76 c.
Selon le 5ᵉ mode............. .. . 45648   55.

On demande :

| Quel était le nombre des annuités payées?.... .... N. | Ou bien quel était le montant de l'annuité payée?........... B. |

Réponses :

| Selon le 2ᵉ mode.— Annuité payée à la fin de semestre........ 18. | Selon le 2ᵉ mode. — Annuité payée à la fin de semestre..... 2090ᶠ. 10ᶜ. |
| Selon le 5ᵉ mode.—Annuité payée au commenc¹ de semestre.... 18. | Selon le 5ᵉ mode. — Annuité payée au commenc¹ de semest. 2039ᶠ. 12ᶜ. |

Dans cet énoncé on connaît :

a	Le capital placé........................	30000 fr.
r	Le taux semestriel......................	2 1/2 p. 0/0.
s	Le produit du placement, selon le 1ᵉʳ mode...	46789 fr. 76 c.
	Id. selon le 2ᵉ mode...	45648. 55.

Donc il faut faire l'application des règles :

| Nᵒ 13. | Nᵒ 14. |

46789,76 divisés par 30000.— Quotient 1,5596587 qui se trouve dans la table Nᵒ 2, colonne 2 1/2 p. 0/0, ligne cotée............. 18.

45648,55 divisés par 30000. — Quotient 1,5216183 qui se trouve dans la table Nᵒ 5, colonne 2 1/2 p. 0/0, ligne cotée.............. 18.

Pour déterminer l'annuité, on suivra la marche indiquée par la règle Nᵒ 14.

F.

TROISIÈME ÉNONCÉ.

On avait placé 30000 *fr. en intérêts composés tous les six mois, à* 2 1/2 *p.* 0/0 *par semestre; le remboursement qui en a été fait par annuités, a produit lors du paiement de la dernière comprise :*

Selon le 3ᵉ mode...................... 46789 fr. 76 c.

Selon le 6ᵉ mode...................... 44555.   17.

On demande :

Quel était le nombre des annuités payées................... N.	Ou bien quel était le montant de l'annuité payée?........... B.

Réponses :

Selon le 3ᵉ mode.— Annuité payée à la fin d'année.... .... 9.	Selon le 3ᵉ mode.— Annuité payée à la fin d'année...... 4232ᶠ. 46ᶜ.
Selon le 6ᵉ mode.—Annuité payée au commencement d'année... 9.	Selon le 6ᵉ mode.— Annuité payée au commenc' d'année. 4028ᶠ.51ᶜ.

Dans cet énoncé on connaît :

a	Le capital placé..........................	30000 fr.
r	Le taux semestriel.......................	2 1/2 p. 0/0.
s	Le produit du placement, selon le 3ᵉ mode....	46789 fr. 76 c.
	Id. selon le 6ᵉ mode....	44535. 17.

Donc il faut faire l'application des règles :

Nº 13.	Nº 14.
46789,76 divisés par 30000.— Quotient 1,5596587 qui se trouve dans la table Nº 3, colonne 2 1/2 p. 0/0, ligne cotée.............. 9.	Pour déterminer l'annuité, on suivra la marche indiquée par la règle Nº 14.
44535,17 divisés par 30000.— Quotient 1,4845056 qui se trouve dans la table Nº 6, colonne 2 1/2 p. 0/0, ligne cotée.............. 9.	

12ᵉ QUESTION PRINCIPALE.

RÈGLES Nᵒˢ 15 ET 16.

PREMIER ÉNONCÉ.

Un capital de 30000 fr. avait été placé en intérêts composés tous les ans ; le remboursement qui en a été fait en neuf annuités, a produit :

       Selon le 1ᵉʳ *mode.* . . . .   46539 fr. 85 c.

       Selon le 4ᵉ *mode.* . . . .   44323.   66.

On demande :

A quel taux d'intérêt le placement a été effectué?. . . . . R.	Ou bien quel était le montant de l'annuité?. . . . . B.

Réponses :

Selon le 1ᵉʳ mode. — Annuité payée à la fin d'année. . . . . . . 5 p. 0/0.	Selon le 1ᵉʳ mode. — Annuité payée à la fin d'année. . . . . . . 4220ᶠ. 70ᶜ.
Selon le 4ᵉ mode. — Annuité payée au commenc' d'année. . . 5 p. 0/0.	Selon le 4ᵉ mode. — Annuité payée au commenc' d'année. . 4019ᶠ. 72ᶜ.

Dans cet énoncé on connaît :

a	Le capital placé.	30000 fr.
n	Le nombre des annuités.	9.
s	Le produit du placement, selon le 1ᵉʳ mode. . . .	46539 fr. 85c.
	Id. selon le 2ᵉ mode. . . .	45323. 86.

Donc il faut faire l'application des règles :

Nᵒ 15.	Nᵒ 16.
46539,85 divisés par 30000. — Quotient 1,5513282, qui se trouve dans la table Nᵒ 1, ligne 9, colonne. . . . . 5 p. 0/0.	Pour déterminer l'annuité, on suivra la marche indiquée par la règle Nᵒ 16.
44323,66 divisés par 30000. — Quotient 1,4774554 qui se trouve dans la table Nᵒ 4, ligne 9, colonne. . . . . 5 p. 0/0.	

DEUXIÈME ÉNONCÉ.

Un capital de **30000** *fr. avait été placé en intérêts composés tous les six mois; le remboursement qui en a été fait en dix-huit annuités, a produit :*

Selon le 2ᵉ mode. . . . .   46789 fr. 76 c.

Selon le 5ᵉ mode.   45648. 55.

On demande :

A quel taux d'intérêt le placement a été effectué?. . . . . R.

Ou bien quel était le montant de l'annuité?. . . . . B.

Réponses :

Selon le 2ᵉ mode. — Annuité payée à la fin de semestre. . . 2 1/2 p. 0/0.

Selon le 2ᵉ mode. — Annuité payée à la fin de semestre . . . 2090ᶠ. 10ᶜ.

Selon le 5ᵉ mode. — Annuité payée au commenc' de semest. 2 1/2 p. 0/0.

Selon le 5ᵉ mode. — Annuité payée au commenc' de semest. 2039ᶠ. 12ᶜ.

Dans cet énoncé on connaît :

a	Le capital placé.	30000 fr.
n	Le nombre des annuités.	18.
s	Le produit du placement, selon le 2ᵉ mode. . .	46789 fr. 76 c.
	Id. selon le 5ᵉ mode. . .	45648. 55.

Donc il faut faire l'application des règles :

Nᵒ 15.

Nᵒ 16.

46789,76 divisés par 30000. — Quotient **1,5596587** qui se trouve dans la table Nᵒ 2, ligne 18, colonne. . . . . 2 1/2 p. 0/0.

45648,55 divisés par 30000. — Quotient **1,5216183** qui se trouve dans la table Nᵒ 5, ligne 18, colonne. . . . . 2 1/2 p. 0/0.

Pour déterminer l'annuité, on suivra la marche indiquée par la règle Nᵒ 16.

TROISIÈME ÉNONGÉ.

Un capital de 30000 fr. avait été placé en intérêts composés tous les six mois ; le remboursement qui en a été fait en neuf annuités, a produit :

Selon le 3ᵉ mode..................... 46789 fr. 76 c.

Selon le 6ᵉ mode..................... 44535   17.

On demande :

A quel taux d'intérêt le placement a été effectué?.............. R.

Ou bien quel était le montant de l'annuité?.................. B.

Réponses :

Selon le 3ᵉ mode. — Annuité payée à la fin d'année...... 2 1/2 p. 0/0.

Selon le 3ᵉ mode. — Annuité payée à la fin d'année....... 4232ᶠ. 46ᶜ.

Selon le 6ᵉ mode. — Annuité payée au commenc! d'année. 2 1/2 p. 0/0.

Selon le 6ᵉ mode. — Annuité payée au commenc! d'année. . 4028ᶠ. 51ᶜ.

Dans cet énoncé on connaît :

a	Le capital placé....................... .	30000 fr.	
n	Le nombre des annuités...................	9.	
s	Le produit du placement, selon le 3ᵉ mode....	46789 fr. 76 c.	
	Id. selon le 6ᵉ mode....	44535. 17.	

Donc il faut faire l'application des règles :

N° 15.

46789,76 divisés par 30000. — Quotient 1,5596587 qui se trouve dans la table N° 3, ligne 9, colonne.......... 2 1/2 p. 0/0.

44535,17 divisés par 30000. — Quotient 1,4845056 qui se trouve dans la table N° 6, ligne 9, colonne........... 2 1/2 p. 0/0.

N° 16.

Pour déterminer l'annuité, on suivra la marche indiquée par la règle N° 16.

13e QUESTION PRINCIPALE.

RÉGLES Nᵒˢ 17 ET 18.

PREMIER ÉNONCÉ.

Une certaine somme qui avait été placée en intérêts composés tous les ans,
à 5 p. 0/0 par an, a été remboursée en neuf annuités, chacune de :

        Selon le 1ᵉʳ mode.................. 4220 fr. 70 c.
        Selon le 4ᵉ mode.................. 4019. 72.

On demande :

Quel était le montant du capital placé?...... .... A.	Ou bien quel était le produit du placemᵗ ou des annuités payées?. S.

Réponses :

Selon le 1ᵉʳ mode.—Annuité payée à la fin d'année........ 30000 fr.	Selon le 1ᵉʳ mode.—Annuité payée à la fin d'année..... 46539ᶠ. 85ᶜ.
Selon le 4ᵉ mode.—Annuité payée au commencemᵗ d'année.. 30000 fr.	Selon le 4ᵉ mode.— Annuité payée au commencemᵗ d'année. 44323ᶠ.66ᶜ.

Dans cet énoncé on connaît :

r	Le taux de l'intérêt...............	5 p. 0/0 par an.
n	Le nombre des annuités.................	9.
b	Le montant de l'annuité, selon le 1ᵉʳ mode...	4220 fr. 70 c.
	Id. selon le 4ᵉ mode...	4019. 72.

Donc il faut faire l'application des règles :

Nᵒ 17.	Nᵒ 18.
4220,70 multipliés par 7,1078217. Table Nᵒ 10.—Quotient... 30000 fr.	4220,70 multipliés par 11,0265643. Table Nᵒ 7.—Quotient... 46539,85.
4019,72 multipliés par 7,4632128. Table Nᵒ 13.—Quotient... 30000 fr.	4019,72 multipliés par 11,0265643. Table Nᵒ 7.—Quotient... 44323,86.

DEUXIÈME ÉNONCÉ.

—

*Une certaine somme qui avait été placée en intérêts composés tous les six mois,
à 2 1/2 p. 0/0 par semestre, a été remboursée en dix-huit annuités, chacune de :*
Selon le 2ᵉ mode..................... 2090 fr. 10 c.
Selon le 5ᵉ mode................... . 2039.   12.

On demande :

Quel était le montant du capital placé?.................... A.	Quel était le produit du placement ou le montant des annuités?.. S.

Réponses :

Selon le 2ᵉ mode.— Annuité payée à la fin de semestre..... 30000 fr.	Selon le 2ᵉ mode. — Annuité payée à la fin de semestre.... 46789ᶠ. 76ᶜ.
Selon le 5ᵉ mode.— Annuité payée au commenc' de semestre. 30000 fr.	Selon le 5ᵉ mode.— Annuité payée au commenc' de semest. 45648ᶠ. 55ᶜ.

Dans cet énoncé on connaît :

r	Le taux de l'intérêt	2 1/2 p. 0/0 par semestre.
n	Le nombre des annuités....................	18.
b	Le montant de l'annuité, selon le 2ᵉ mode.....	2090 fr. 10 c.
	Id. selon le 5ᵉ mode......	2039. 12.

Donc il faut faire l'application des règles :

N° 17.	N° 18.
2090,10 multipliés par 14,3533636. Table N° 11.— Quotient.. 30000 fr.	2090,10 multipliés par 22,3863487. Table N° 8.— Quotient... 46789,76.
2039,12 multipliés par 14,7121977. Table N° 14.— Quotient.. 30000 fr.	2039,12 multipliés par 22,3863487. Table N° 8.— Quotient... 45648,55.

TROISIÈME ÉNONCÉ.

—

*Une certaine somme qui avait été placée en intérêts composés tous les six mois,
à 2 1/2 p. 0/0 par semestre, a été remboursée en neuf annuités, chacune de :*
    Selon le 3ᵉ mode. . . . .   4232 fr. 46 c.
    Selon le 6ᵉ mode. . . . . `.` . . . .   4028. 51.

On demande :

Quel était le montant du capital placé?. A.	Ou bien quel était le produit du placement ou le montant des annuités payées?. . . . . S.

Réponses :

Selon le 3ᵉ mode. — Annuité payée à la fin d'année. . . . . . . 30000 fr.	Selon le 3ᵉ mode. — Annuité payée à la fin d'année. . . . . . 46789ᶠ. 76ᶜ.
Selon le 6ᵉ mode. — Annuité payée au commenc' d'année. . 30000 fr.	Selon le 6ᵉ mode. — Annuité payée au commenc' d'année. 44535ᶠ. 17ᶜ.

Dans cet énoncé on connaît :

r	Le taux d'intérêt.	2 1/2 p. 0/0.
n	Le nombre des annuités.	9.
b	Le montant de l'annuité, selon le 3ᵉ mode. . .	4232 fr. 46 c.
	Id. selon le 6ᵉ mode. . .	4028. 51.

Donc il faut faire l'application des règles :

Nº 17.	Nº 18.
4232,46 multipliés par 7,0880808.	4232,46 multipliés par 11,0549870.
Table Nº 12. — Quotient. 30000 fr.	Table Nº 9. — Quotient. . . 46789,76.
4028,51 multipliés par 7,4469149.	4028,51 multipliés par 11,0549870.
Table Nº 15. — Quotient. 30000 fr.	Table Nº 9. — Quotient. . . 44535,17.

14e QUESTION PRINCIPALE.

RÈGLES Nᵒˢ 19 ET 20.

PREMIER ÉNONCÉ.

Une certaine somme qui avait été placée en intérêts composés tous les ans, à 5 p. 0/0 par an, a été remboursée en annuités de:

4220 fr. 70 c., 1ᵉʳ mode, } *et a produit* { *selon le* 1ᵉʳ *mode..* 46539 fr. 85 c.
4019. 72. 4ᵉ mode, } { *selon le* 4ᵉ *mode..* 44323. 66.

On demande :

| Quel était le nombre des annuités payées ?................ N. | Ou bien quel était le montant du capital placé ?............. A. |

Réponses :

| Selon le 1ᵉʳ mode.—Annuité payée à la fin d'année............ 9. | Selon le 1ᵉʳ mode.— Annuité payée à la fin d'année....... 30000 fr. |
| Selon le 4ᵉ mode.—Annuité payée au commencement d'année... 9. | Selon le 4ᵉ mode.— Annuité payée au commenc' d'année... 30000 fr. |

Dans cet énoncé on connaît :

b	Le montant de l'annuité	{ selon le 1ᵉʳ mode.. 4220 fr. 70 c. / selon le 4ᵉ mode.. 4019. 72.
r	Le taux de l'intérêt...................... 5 p. 0/0.
s	Le produit du placement	{ selon le 1ᵉʳ mode.. 46539 fr. 85 c. / selon le 4ᵉ mode.. 44323. 66.

Donc il faut faire l'application des Règles :

Nᵒ 19.

46539,85 divisés par 4220,70. — Quotient 11,0265643 qui se trouve dans la table Nᵒ 7, colonne 5 p. 0/0, ligne.................. 9.

44323,66 divisés par 4019,72. — Quotient 11,0265643 qui se trouve dans la table Nᵒ 7, colonne 5 p. 0/0, ligne.................. 9.

Nᵒ 20.

Pour déterminer le capital placé, on suivra la marche indiquée par la règle Nᵒ 20.

G.

DEUXIÈME ÉNONCÉ.

*Une certaine somme qui avait été placée en intérêts composés tous les six mois,
à 2 1/2 p. 0/0 par semestre, a été remboursée en annuités de :*

2090 fr. 10 c., 2ᵉ *mode,* ⎫ *et a produit* ⎧ *selon le* 2ᵉ *mode..*   46789 fr. 76 c.
2039.   12.   5ᵉ *mode,* ⎭   ⎩ *selon le* 5ᵉ *mode..*   45648.   55.

On demande :

Quel était le nombre des annuités payées?.................... N.	Ou bien quel était le montant du capital placé?............. A.

Réponses :

Selon le 2ᵉ mode.— Annuité payée à la fin de semestre......... 18.	Selon le 2ᵉ mode.— Annuité payée à la fin de semestre.... 30000 fr.
Selon le 5ᵉ mode.— Annuité payée au commenc' de semestre.... 18.	Selon le 5ᵉ mode.— Annuité payée au commenc' de semestre. 30000 fr.

Dans cet énoncé on connaît :

b	Le montant de l'annuité	{ selon le 2ᵉ mode.. 2090 fr. 10 c. { selon le 5ᵉ mode.. 2039. 12.
r	Le taux de l'intérêt......................	2 1/2 p. 0/0.
s	Le produit du placement	{ selon le 2ᵉ mode.. 46789 fr. 76 c. { selon le 5ᵉ mode.. 45648. 55.

Donc il faut faire l'application des règles :

Nᵒ 19.	Nᵒ 20.
46789,76 divisés par 2090,10. — Quotient 22,3863487 qui se trouve dans la table Nᵒ 8, colonne 2 1/2 p. 0/0, ligne............ 18. <hr> 45648,55 divisés par 2039,12. — Quotient 22,3863487 qui se trouve dans la table Nᵒ 8, colonne 2 1/2 p. 0/0, ligne............ 18.	Pour déterminer le capital placé, on suivra la marche indiquée par la règle Nᵒ 20.

TROISIÈME ÉNONCÉ.

Une certaine somme qui avait été placée en intérêts composés tous les six mois, à 2 1/2 p. 0/0 par semestre, a été remboursée en annuités de:

4232 fr. 46 c., 3ᵉ mode, } *et a produit* { *selon le* 3ᵉ *mode.*. 46789 fr. 76 c.
4028 fr. 51 c., 6ᵉ mode, } { *selon le* 6ᵉ *mode.*. 45535. 17.

On demande :

Quel était le nombre des annuités payées?.................... N.	Ou bien quel était le montant du capital placé?.............. A.

Réponses :

Selon le 3ᵉ mode.— Annuité payée à la fin d'année............ 9.	Selon le 3ᵉ mode. — Annuité payée à la fin d'année...... 30000 fr.
Selon le 6ᵉ mode.—Annuité payée au commencement d'année.... 9.	Selon le 6ᵉ mode.— Annuité payée au commenc' d'année.. 30000 fr.

Dans cet énoncé on connaît :

b | Le montant de l'annuité { selon le 3ᵉ mode.. 4232 fr. 46 c.
  | { selon le 6ᵉ mode.. 4028. 51.
r | Le taux de l'intérêt, par semestre......... 2 1/2 p. 0/0.
s | Le produit du placement { selon le 3ᵉ mode.. 46789 fr. 76 c.
  | { selon le 6ᵉ mode.. 45535. 17.

Donc il faut faire l'application des règles :

Nº 19.	Nº 20.
46789,76 divisés par 4232,46. — Quotient 11,0549870 qui se trouve dans la table Nº 9, colonne 2 1/2 p. 0/0, ligne............. 9.	
45535,17 divisés par 4028,51. — Quotient 11,0549870 qui se trouve dans la table Nº 9, colonne 2 1/2 p. 0/0, ligne............. 9.	Pour déterminer le capital placé, on suivra la marche indiquée par la règle Nº 20.

15ᵉ QUESTION PRINCIPALE.
RÈGLES Nᵒˢ 21 ET 22.

PREMIER ÉNONCÉ.

Une certaine somme qui avait été placée en intérêts composés au taux annuel, a été remboursée en neuf annuités de :

4220 fr. 70 c. , 1ᵉʳ mode, ⎫
4019.   72.   4ᵉ mode, ⎬ *et a produit* ⎰ *selon le* 1ᵉʳ *mode*. . 46539 fr. 85 c.
                                ⎱ *selon le* 4ᵉ *mode*. . 44323. 66.

On demande :

Quel était le taux de l'intérêt? R. | Ou bien quel était le montant du capital placé?. . . . . A.

Réponses :

Selon le 1ᵉʳ mode. — Annuité payée à la fin d'année. . . . . . . 5 p. 0/0. | Selon le 1ᵉʳ mode. — Annuité payée à la fin d'année. . . . . 30000 fr.

Selon le 4ᵉ mode. — Annuité payée au commenc' d'année. . 5 p. 0/0. | Selon le 4ᵉ mode. — Annuité payée au commenc' d'année. . . 30000 fr.

Dans cet énoncé on connaît :

n | Le nombre des annuités.

b | Le montant de l'annuité ⎰ selon le 1ᵉʳ mode. . 4220 fr. 70 c. ⎱ selon le 4ᵉ mode. . 4019. 72.

s | Le produit du placement ⎰ selon le 1ᵉʳ mode. . 46539 fr. 85 c. ⎱ selon le 4ᵉ mode. . 44323. 66.

Donc il faut faire l'application des règles :

Nᵒ 21.

46539,85 divisés par 4220,70. — Quotient 11,0265643 qui se trouve dans la table Nᵒ 7, ligne 9, colonne. . . . . 5 p. 0/0.

44323,86 divisés par 4019,72. — Quotient 11,0265643 qui se trouve dans la table Nᵒ 7, ligne 9, colonne. . . . . 5 p. 0/0.

Nᵒ 22.

Pour déterminer le capital placé, on suivra la marche indiquée par la règle Nᵒ 22.

DEUXIÈME ÉNONCÉ.

—

Une certaine somme qui avait été placée en intérêts composés au taux semestriel, a été remboursée en dix-huit annuités de :

2090 fr. 10 c., 2ᵉ *mode,* } *et a produit* { *selon le* 2ᵉ *mode.*. 46789 fr. 76 c.
2039. 12. 5ᵉ *mode,* } *et a produit* { *selon le* 5ᵉ *mode.*. 45648. 55.

On demande :

Quel était le taux de l'intérêt? R.	Ou bien quel était le montant du capital placé?............. A.

Réponses :

| Selon le 2ᵉ mode.—Annuité payée à la fin de semestre.. 2 1/2 p. 0/0. | Selon le 2ᵉ mode.—Annuité payée à la fin de semestre.... 30000 fr. |
| Selon le 5ᵉ mode.—Annuité payée au commenc' de semest. 2 1/2 p. 0/0. | Selon le 5ᵉ mode.—Annuité payée au commenc' de semest.. 30000 fr. |

Dans cet énoncé on connaît :

n	Le nombre des annuités..................	18.
b	Le montant de l'annuité { selon le 2ᵉ mode.. / selon le 5ᵉ mode..	2090 fr. 10 c. / 2039. 12.
s	Le produit du placement { selon le 2ᵉ mode.. / selon le 5ᵉ mode..	46789. 76. / 45648. 55.

Donc il faut faire l'application des règles :

N° 21.	N° 22.
46789,76 divisés par 2090,10. — Quotient 22,3863487 qui se trouve dans la table N° 8, ligne 18, colonne... 2 1/2 p. 0/0 par semest.	Pour déterminer le capital placé, on suivra la marche indiquée par la règle N° 22.
45648,55 divisés par 2039,12. — Quotient 22,3863487 qui se trouve dans la table N° 8, ligne 18, colonne.... 2 1/2 p. 0/0 par semest.	

TROISIÈME ÉNONCÉ.

———

Une certaine somme qui avait était placée en intérêts composés au taux semestriel, a été remboursée en neuf annuités de :

4232 fr. 46 c., 3ᵉ *mode,* } *et a produit* { *selon le* 3ᵉ *mode.* . 46789 fr. 76 c.
4028. 51. 6ᵉ *mode,* } { *selon le* 6ᵉ *mode.* . 45535. 17.

On demande :

Quel était le taux de l'intérêt? R. | Ou bien quel était le capital
                                     | placé ?.................... A.

Réponses :

Selon le 3ᵉ mode. — Annuité payée | Selon le 3ᵉ mode. — Annuité payée
à la fin d'année. , . . . 2 1/2 p. 0/0. | à la fin d'année. . . . . . . 30000 fr.

Selon le 6ᵉ mode. — Annuité payée | Selon le 6ᵉ mode. — Annuité payée
au commenc' d'année. 2 1/2 p. 0/0. | au commenc' d'année. . . 30000 fr.

Dans cet énoncé on connaît :

n | Le nombre des annuités. . . . . 9.

b | Le montant de l'annuité { selon le 3ᵉ mode. . 4232 fr. 46 c.
  | { selon le 6ᵉ mode. . 4028. 51.

s | Le produit du placement { selon le 3ᵉ mode. . 46789. 76.
  | { selon le 6ᵉ mode. . 45535. 17.

Donc il faut faire l'application des règles :

Nᵒ 21.

46789,76 divisés par 4232,46. —
Quotient 11,0549870 qui se trouve
dans la table Nᵒ 9, ligne 9, colonne. . . . . 2 1/2 p. 0/0.

———

45535,17 divisés par 4028,51. —
Quotient 11,0549870 qui se trouve
dans la table Nᵒ 9, ligne 9, colonne. . . . , ... 2 1/2 p. 0/0.

Nᵒ 22.

Pour déterminer le capital placé,
on suivra la marche indiquée par la
règle Nᵒ 22.

16ᵉ QUESTION PRINCIPALE.

RÈGLES Nᵒˢ 23 ET 24.

PREMIER ÉNONCÉ.

On doit prêter **30000** *fr. en intérêts composés tous les ans, à* **5** *p.* 0/0 *par an ;
le tout remboursable en annuités de :*

    Selon le 1ᵉʳ *mode*.............. 4220 fr. 70 c.

    Selon le 4ᵉ *mode*.............. 4019. 72.

On demande :

Quel sera le nombre des annuités payées ?.................. **N.**	Ou bien quel sera le produit du placement ?................ **S.**

Réponses :

Selon le 1ᵉʳ mode. — Annuité payée à la fin d'année............ **9.**	Selon le 1ᵉʳ mode. — Annuité payée à la fin d'année..... 46539ᶠ. 85ᶜ.
Selon le 4ᵉ mode. — Annuité payée au commencement d'année.... **9.**	Selon le 4ᵉ mode. — Annuité payée au commencʲ d'année. 44323ᶠ. 86ᶜ.

Dans cet énoncé on connaît :

a	Le capital placé........................	30000 fr.
b	L'annuité......... { Selon le 1ᵉʳ mode.....	4220 fr. 70 c.
	{ Selon le 4ᵉ mode......	4019. 72.
r	Le taux de l'intérêt....................	5 p. 0/0.

Donc il faut faire l'application des règles :

RÈGLE Nᵒ 23.	RÈGLE Nᵒ 24.
30000 divisés par 4220,70. — Quotient 7,1078217 qui se trouve table Nᵒ 10, colonne 5 p. 0/0, ligne.................. **9.**	
—	Pour déterminer le produit du placement, on suivra la marche indiquée par la règle Nᵒ 24.
30000 divisés par 4019,72. — Quotient 7,4632128 qui se trouve table Nᵒ 13, colonne 5 p. 0/0, ligne.................. **9.**	

DEUXIÈME ÉNONCÉ.

————

On doit prêter 30000 fr. *en intérêts composés tous les six mois,* à 2 1/2 p. 0/0 *par semestre, le tout remboursable en annuités de :*

Selon le 2ᵉ mode................... 2090 fr. 10 c.

Selon le 5ᵉ mode...... .... 2039. 12.

On demande :

Quel sera le nombre des annuités payées ?................. N.

Ou bien quel sera le produit du placement ?............... S.

Réponses :

Selon le 2ᵉ mode. — Annuité payée à la fin de semestre........ 18.

Selon le 2ᵉ mode. — Annuité payée à la fin de semestre.... 46789ᶠ. 76ᶜ.

Selon le 5ᵉ mode. — Annuité payée au commenc' de semestre. ... 18.

Selon le 5ᵉ mode. — Annuité payée au commenc' de semest. 45648ᶠ. 55ᶜ.

Dans cet énoncé on connaît :

a | Le capital placé .... 30000 fr.

b | L'annuité......{ Selon le 2ᵉ mode...... 2090 fr. 10 c.
{ Selon le 5ᵉ mode...... 2039. 12.

r | Le taux de l'intérêt.................. 2 1/2 p. 0/0.

Donc il faut faire l'application des règles :

RÈGLE N° 23.

30000 divisés par 2090,10. — Quotient 14,3533636 , qui se trouve table N° 11, colonne 2 1/2 p. 0/0, ligne.................. 9.

————

30000 divisés par 2039,12. — Quotient 14,7121977 qui se trouve table N° 14, colonne 2 1/2 p. 0/0, ligne.................. 9.

RÈGLE N° 24.

Pour déterminer le produit du placement, on suivra la marche indiquée par la règle N° 24.

TROISIÈME ÉNONCÉ.

—

On doit prêter 30000 *fr. en intérêts composés tous les six mois, à* 2 1/2 *p.* 0/0
par semestre ; le tout remboursable en annuités de :

Selon le 3ᵉ mode......................   4232 fr. 46 c.
Selon le 6ᵉ mode......................   4028.   51.

On demande :

Quel sera le nombre des annuités payées ?.................. N.	Ou bien quel sera le produit du placement?................ S.

Réponses :

Selon le 3ᵉ mode. — Annuité payée à la fin d'année.... .... 9.	Selon le 3ᵉ mode. — Annuité payée à la fin d'année...... 46789ᶠ. 76ᶜ.
Selon le 6ᵉ mode. —Annuité payée au commencement d'année... 9.	Selon le 6ᵉ mode. — Annuité payée au commencᵗ d'année. 44535ᶠ.17ᶜ.

Dans cet énoncé on connaît :

a | Le capital placé........................ 30000 fr.
r | Le montant du produit { selon le 3ᵉ mode.. 4232 fr. 46 c.
  | { selon le 6ᵉ mode.. 4028.   51.
s | Le taux de l'intérêt.................... 2 1/2 p. 0/0.

Donc il faut faire l'application des règles :

Nº 23.	Nº 24.
30000 divisés par 4232,46.— Quotient 7,0880808 qui se trouve dans la table Nº 12, colonne 2 1/2 p. 0/0, ligne cotée.............. 9.	
—	Pour déterminer le produit du placement, on suivra la marche indiquée par la règle Nº 24.
30000 divisés par 4028,51.— Quotient 7,4469149 qui se trouve dans la table Nº 15, colonne 2 1/2 p. 0/0, ligne cotée.............. 9.	

H.

17e QUESTION PRINCIPALE.

RÈGLES Nᵒˢ 25 ET 26.

PREMIER ÉNONCÉ.

Une somme de 30000 fr. *avait été placée en intérêts composés tous les ans;*
le remboursement en ayant été fait en neuf annuités de :

Selon le 1ᵉʳ *mode*................. 4220 fr. 70 c.
Selon le 4ᵉ *mode*.................. 4019.   72.

On demande :

A quel taux d'intérêt le placement a été effectué?...... ..... R.	Ou bien quel a été, pour le prêteur, le produit du placement?. S.

Réponses :

Selon le 1ᵉʳ mode.—Annuité payée à la fin d'année........ 5 p. 0/0.	Selon le 1ᵉʳ mode.—Annuité payée à la fin d'année..... 46539ᶠ. 85ᶜ.
Selon le 4ᵉ mode.— Annuité payée au commencemᵗ d'année.. 5 p. 0/0.	Selon le 4ᵉ mode.— Annuité payée au commencemᵗ d'année. 44323ᶠ.66ᶜ.

Dans cet énoncé on connaît :

a	Le capital placé...............	30000 fr.
n	Le nombre des annuités....................	9.
b	Le montant de l'annuité, selon le 1ᵉʳ mode...	4220 fr. 70 c.
	Id. selon le 4ᵉ mode...	4019. 72.

Donc il faut faire l'application des règles :

Nᵒ 25.	Nᵒ 26.
30000 divisés par 4220,70.— Quotient **7,1078217** qui se trouve table Nᵒ 10, colonne........ 5 p. 0/0.	
———	Pour déterminer le produit du placement, on suivra la marche indiquée par la règle Nᵒ 26.
30000 divisés par 4019,72.— Quotient **7,4632128** qui se trouve table Nᵒ 13, ligne 9, colonne. 5 p. 0/0.	

DEUXIÈME ÉNONCÉ.

—

Une somme de 30000 fr. *avait été placée en intérêts composés tous les semestres; le remboursement en ayant été fait en dix-huit annuités de :*

    Selon le 2ᵉ mode.......... .. ...   2090 fr. 10 c.
    Selon le 5ᵉ mode..............   2039.   12.

On demande :

A quel taux d'intérêt ce placement a été effectué?.............. R.

Ou bien quel a été, pour le prêteur, le produit du placement?. S.

Réponses :

Selon le 2ᵉ mode.— Annuité payée à la fin de semestre... 2 1/2 p. 0/0.

Selon le 2ᵉ mode. — Annuité payée à la fin de semestre.... 46789ᶠ. 76ᶜ.

Selon le 5ᵉ mode.—Annuité payée au commenc' de semest. 2 1/2 p. 0/0.

Selon le 5ᵉ mode.— Annuité payée au commenc' de semest. 45648ᶠ. 55ᶜ.

Dans cet énoncé on connaît :

a   Le capital placé................. ....   30000 fr.
n   Le nombre des annuités..................   18.
b   Le montant de l'annuité, selon le 2ᵉ mode...   2090 fr. 10 c.
    Id.   selon le 5ᵉ mode...   2039.   12.

Donc il faut faire l'application des règles :

Nᵒ 25.

30000 divisés par 2090,10.— Quotient 14,3533636 qui se trouve dans la table Nᵒ 11, ligne 18, colonne............ 2 1/2 p. 0/0.

30000 divisés par 2039,12. — Quotient 14,7121977 qui se trouve dans la table Nᵒ 14, ligne 18, colonne.......... 2 1/2 p. 0/0.

Nᵒ 26.

Pour déterminer le produit du placement, il faut opérer comme il est indiqué règle Nᵒ 26.

TROISIÈME ÉNONCÉ.

Une somme de 30000 fr. *avait été placée en intérêts composés tous les six mois;*
le remboursement en ayant été fait en neuf annuités de :

Selon le 3e mode...................... 4232 fr. 46 c.
Selon le 6e mode 4028   51.

On demande :

A quel taux d'intérêt le placement a été effectué?.............. R. | Ou bien quel a été, pour le prêteur, le produit du placement?. S.

Réponses :

Selon le 3e mode. — Annuité payée à la fin d'année...... 2 1/2 p. 0/0. | Selon le 3e mode. — Annuité payée à la fin d'année...... 46789f. 76c.

Selon le 6e mode. — Annuité payée au commenc' d'année. 2 1/2 p. 0/0. | Selon le 6e mode. — Annuité payée au commenc' d'année. 44535f. 17c.

Dans cet énoncé on connaît :

a	Le capital placé.........................	30000 fr.
n	Le nombre des annuités...................	9.
b	Le montant de l'annuité, selon le 3e mode....	4232 fr. 46 c.
	Id. selon le 6e mode....	4028. 51.

Donc il faut faire l'application des règles :

N° 25.   N° 26.

30000 divisés par 4232,46. — Quotient 7,0880808 qui se trouve dans la table N° 12, ligne 9, colonne........... 2 1/2 p. 0/0.

30000 divisés par 4028,51. — Quotient 7,4469149 qui se trouve dans la table N° 15, ligne 9, colonne.......... 2 1/2 p. 0/0.

Pour déterminer le produit du placement, on suivra la marche prescrite par la règle N° 26.

18° QUESTION PRINCIPALE.

RÈGLES N°⁵ 27 ET 28.

———

PREMIER ÉNONCÉ.

———

On avait placé 30000 fr. *en intérêts composés tous les ans; le remboursement qui en a été fait en neuf annuités de :*

4220 fr. 70 c., 1ᵉʳ *mode*, ⎫ *et a produit* ⎧ *selon le* 1ᵉʳ *mode.*. 46539 fr. 85 c.
4019. 72. 4° *mode*, ⎭ ⎩ *selon le* 4° *mode.*. 44323. 66.

On demande :

Quel était le nombre des annuités payées ?. . . . . N.

Ou bien à quel taux annuel d'intérêt ce placement a été effectué ?. R.

Réponses :

Selon le 1ᵉʳ mode. — Annuité payée à la fin d'année. . . . . 9.

Selon le 4° mode. — Annuité payée au commencement d'année. . . 9.

Selon le 1ᵉʳ mode. — Annuité payée à la fin d'année. . . . . 5 p. 0/0.

Selon le 4° mode. — Annuité payée au commenc¹ d'année. . . 5 p. 0/0.

Dans cet énoncé on connaît :

a | Le capital placé. . . . . 30000 fr.

b | Le montant de l'annuité ⎧ selon le 1ᵉʳ mode. . . . 4220 fr. 70 c.
⎩ selon le 4° mode. . . . 4019. 72.

s | Le produit du placement ⎧ selon le 1ᵉʳ mode. . . . 46539. 85.
⎩ selon le 2° mode. . . . 44323. 66.

Donc il faut faire l'application des règles :

N° 27.

Pour déterminer le nombre des annuités, il faut opérer comme il est indiqué par la règle N° 27.

N° 28.

$$R = \frac{4220,70}{30000} - \frac{4220,70}{46539,85} = 0^f. 05 \text{ par franc.}$$
(taux semestriel).

$$R = \frac{(44323,66 - 30000)\, 4019,72}{(30000 - 4019,72)\, 44323,66} = 0^f. 05 \text{ par fr.}$$
(taux semestriel).

Pour les 2e et 3e énoncés, voici l'application des formules qui leur sont relatives :

DEUXIÈME ÉNONCÉ.

$$R = \frac{2090,10}{30000} - \frac{2090,10}{46789,76} = 0^f. 025 \text{ par franc.}$$
(taux semestriel).

$$R = \frac{(45648,55 - 30000) \ 2039,12}{(30000 - 2039,12) \ 45648,55} = 0^f. 025 \text{ par franc.}$$
(taux semestriel).

TROISIÈME ÉNONCÉ.

$$R = \frac{4232,46}{30000} - \frac{4232,46}{46789,76} = 0^f. 050625 \text{ par an.}$$
(taux annuel).

$$R = \frac{(44535,17 - 30000) \ 4028,51}{(30000 - 4028,51) \ 44535,17} = 0^f. 050625 \text{ par an.}$$
(taux annuel).

DES VINGT RÈGLES GÉNÉRALES,

Au moyen desquelles on parvient à résoudre toutes les questions possibles

sur

LES ANNUITÉS OU PAIEMENTS PÉRIODIQUES,

SUIVIES DE DEUX APPENDICES.

RÈGLES GÉNÉRALES N°ˢ 9 ET 10.

—

ÉTANT DONNÉS (Question principale N° 9) :

a	Le capital emprunté ou placé.
r	Le taux de l'intérêt, annuel ou semestriel.
n	Le nombre des annuités.

On demande............ B. | Ou bien............... S.

Ou quel est le montant de l'annuité à payer ? | *Ou quel est le produit, pour le prêteur, à la fin de l'opération ?*

RÈGLE N° 9. | ### RÈGLE N° 10.

On *divisera* le capital par le nombre qui, dans la table relative au mode, répond au nombre des annuités et au taux.— *Le quotient* satisfera à la question. | On *multipliera* le capital par le nombre qui, dans la table relative au mode, répond au nombre des annuités et aux taux.— *Le produit* satisfera à la question.

Pour les annuités payées à la fin d'année ou de semestre,

On emploiera :

Pour le 1ᵉʳ mode, la table.. N° 10.	Pour le 1ᵉʳ mode, la table... N° 1.
Pour le 2ᵉ mode, la table.. N° 11.	Pour le 2ᵉ mode, la table... N° 2.
Pour le 3ᵉ mode, la table.. N° 12.	Pour le 3ᵉ mode, la table... N° 3.

Pour les annuités payées au commencement d'année ou de semestre,

On emploiera :

Pour le 4ᵉ mode, la table.. N° 13.	Pour le 4ᵉ mode, la table... N° 4.
Pour le 5ᵉ mode, la table.. N° 14.	Pour le 5ᵉ mode, la table... N° 5.
Pour le 6ᵉ mode, la table.. N° 15.	Pour le 6ᵉ mode, la table... N° 6.

RÈGLES GÉNÉRALES N⁰⁵ 11 ET 12.

ÉTANT DONNÉS (Question principale N° 10):

r	*Le taux de l'intérêt, annuel ou semestriel.*
n	*Le nombre des annuités.*
s	*Le produit du placement ou des annuités.*

On demande............ A.

Ou quel est le montant du capital emprunté ou placé?

RÈGLE N° 11.

On *divisera* le produit du placement par le nombre qui, dans la table relative au mode, répond au nombre des annuités et au taux.— *Le quotient* satisfera à la question.

Ou bien................ B.

Ou quel est le montant de l'annuité payée?

RÈGLE N° 12.

On *divisera* le produit par le nombre qui, dans la table relative au mode, répond au nombre des annuités et au taux.— *Le quotient* satisfera à la question.

Pour les annuités payées à la fin d'année ou de semestre,

On emploiera :

Pour le 1ᵉʳ mode, la table... N° 1.	Pour le 1ᵉʳ mode, la table... N° 7.
Pour le 2ᵉ mode, la table... N° 2.	Pour le 2ᵉ mode, la table... N° 8.
Pour le 3ᵉ mode, la table... N° 3.	Pour le 3ᵉ mode, la table... N° 9.

Pour les annuités payées au commencement d'année ou de semestre,

On emploiera :

Pour le 4ᵉ mode, la table... N° 4.	Pour le 4ᵉ mode, la table... N° 7.
Pour le 5ᵉ mode, la table... N° 5.	Pour le 5ᵉ mode, la table... N° 8.
Pour le 6ᵉ mode, la table... N° 6.	Pour le 6ᵉ mode, la table... N° 9.

I.

RÈGLES GÉNÉRALES N°s 13 et 14.

ÉTANT DONNÉS (Question principale N° 11):

a	Le capital emprunté ou placé.
r	Le taux de l'intérêt, annuel ou semestriel.
s	Le produit du placement ou des annuités.

On demande............ N.

Ou quel est le nombre des annuités payées?

RÈGLE N° 13.

On divisera le produit du placement par le capital placé. — *Le quotient* devra se trouver dans la table relative au mode et dans la colonne qui aura pour titre le taux, précisément sur la ligne cotée du nombre des annuités, demandé.

Ou bien................ B.

Ou quel est le montant de l'annuité payée?

RÈGLE N° 14.

On cherchera d'abord le nombre d'annuités comme il est enseigné par la règle N° 13 ci-contre, ensuite on emploiera la règle N° 12.

Pour les annuités payées à la fin d'année ou de semestre,

On emploiera :

Pour le 1er mode, la table... N° 1.
Pour le 2e mode, la table... N° 2.
Pour le 3e mode, la table... N° 3.

Pour les annuités payées au commencement d'année ou de semestre,

On emploiera :

Pour le 4e mode, la table... N° 4.
Pour le 5e mode, la table... N° 5.
Pour le 6e mode, la table... N° 6.

RÈGLES GÉNÉRALES N° 15 et 16

ÉTANT DONNÉS (Question principale N° 12) :

a | *Le capital emprunté ou placé.*
n | *Le nombre des annuités payées.*
s | *Le produit du placement ou des annuités.*

On demande............ R. | Ou bien................ B.
Ou à quel taux d'intérêt le place- | *Ou quel est le montant de l'annuité*
ment a été effectué? | *payée?*

RÈGLE N° 15.

On *divisera* le produit du placement par le capital.— *Le quotient*
devra se trouver dans la table relative au mode et sur la ligne cotée
du nombre des annuités précisément,
dans la colonne qui aura pour titre le
taux demandé.

Cependant si ce quotient se trouvait compris entre deux nombres
consécutifs, on opèrerait comme il
est enseigné par l'appendice N° 2
des règles.

RÈGLE N° 16.

On cherchera d'abord le taux de
l'intérêt, comme il est enseigné par
la règle N° 15 ci-contre, ensuite on
fera usage de la règle N° 12.

Pour les annuités payées à la fin d'année ou de semestre,

On emploiera :

Pour le 1er mode, la table... N° 1.
Pour le 2e mode, la table... N° 2.
Pour le 3e mode, la table... N° 3.

Pour les annuités payées au commencement d'année ou de semestre,

On emploiera :

Pour le 4e mode, la table... N° 4.
Pour le 5e mode, la table... N° 5.
Pour le 6e mode, la table... N° 6.

RÈGLES GÉNÉRALES Nᵒˢ 17 ET 18.

—

ÉTANT DONNÉS (Question principale N° 13) :

r	Le taux de l'intérêt, annuel ou semestriel.
n	Le nombre des annuités payées.
b	Le montant de l'annuité.

On demande............ **A.**	Ou bien............... S.
Ou quel est le montant du capital emprunté ou placé ?	*Ou quel est le produit du placement ou des annuités payées ?*
RÈGLE N° 17.	RÈGLE N° 18.
On *multipliera* le montant de l'annuité par le nombre qui, dans la table relative au mode, répond au taux et au nombre des annuités.— *Le produit* satisfera à la question.	On *multipliera* le montant de l'annuité par le nombre qui, dans la table relative au mode, répond au taux et au nombre des annuités.— *Le produit* satisfera à la question.

Pour les annuités payées à la fin d'année ou de semestre,

On emploiera :

Pour le 1ᵉʳ mode, la table.. N° 10.	Pour le 1ᵉʳ mode, la table... N° 7.
Pour le 2ᵉ mode, la table.. N° 11.	Pour le 2ᵉ mode, la table... N° 8.
Pour le 3ᵉ mode, la table.. N° 12.	Pour le 3ᵉ mode, la table... N° 9.

Pour les annuités payées au commencement d'année ou de semestre,

On emploiera :

Pour le 4ᵉ mode, la table.. N° 13.	Pour le 4ᵉ mode, la table... N° 7.
Pour le 5ᵉ mode, la table.. N° 14.	Pour le 5ᵉ mode, la table... N° 8.
Pour le 6ᵉ mode, la table.. N° 15.	Pour le 6ᵉ mode, la table... N° 9.

RÈGLES GÉNÉRALES N°s 19 et 20.

ÉTANT DONNÉS (Question principale N° 14) :

b	*Le montant de l'annuité.*
r	*Le taux de l'intérêt , annuel ou semestriel.*
s	*Le produit du placement ou des annuités payées.*

On demande. . . . . **N.** | Ou bien . . . . **A.**

Ou quel est le nombre des annuités payées? | *Ou quel est le montant du capital emprunté ou placé ?*

RÈGLE N° 19. | RÈGLE N° 20.

On *divisera* le produit du placement par l'annuité. — *Le quotient* devra se trouver dans la table relative au mode et dans la colonne qui aura pour titre le taux , précisément sur la ligne cotée du nombre des annuités , demandé. | On cherchera d'abord le nombre des annuités, comme il est enseigné par la règle N° 19 ci-contre , ensuite on fera usage de la règle N° 18.

Pour les annuités payées à la fin d'année ou de semestre ,

On emploiera :

Pour le 1er mode , la table. . . N° 7.
Pour le 2e mode , la table. . . N° 8.
Pour le 3e mode , la table. . . N° 9.

Pour les annuités payées au commencement d'année ou de semestre,

On emploiera :

Pour le 4e mode , la table. . . N° 7.
Pour le 5e mode , la table. . . N° 8.
Pour le 6e mode , la table. . . N° 9.

RÈGLES GÉNÉRALES Nᵒˢ 21 ET 22.

ÉTANT DONNÉS (Question principale Nᵒ 15) :

n	*Le nombre des annuités payées.*
b	*Le montant de l'annuité.*
s	*Le produit du placement ou des annuités payées.*

On demande........... R.

Ou quel est le taux de l'intérêt ?

Ou bien.:............... A.

Ou quel est le montant du capital placé ?

RÈGLE Nᵒ 21.

On *divisera* le produit du placement par le montant de l'annuité. — *Le quotient* devra se trouver dans la table relative au mode et sur la ligne cotée du nombre des annuités, précisément dans la colonne qui aura pour titre le taux demandé.

Cependant si ce quotient se trouvait compris entre deux nombres consécutifs, on opèrerait comme il est enseigné par l'appendice Nᵒ 2 des règles.

RÈGLE Nᵒ 22.

On cherchera d'abord le taux de l'intérêt comme il est enseigné par la règle Nᵒ 21 ci-contre, ensuite on fera usage de la règle Nᵒ 18.

Pour les annuités payées à la fin d'année ou de semestre,

    On emploiera :

Pour le 1ᵉʳ mode, la table... Nᵒ 7.
Pour le 2ᵉ mode, la table... Nᵒ 8.
Pour le 3ᵉ mode, la table... Nᵒ 9.

    Pour les annuités payées au commencement d'année ou de semestre,

    On emploiera :

Pour le 4ᵉ mode, la table... Nᵒ 7.
Pour le 5ᵉ mode, la table... Nᵒ 8.
Pour le 6ᵉ mode, la table... Nᵒ 9.

RÈGLES GÉNÉRALES N°s 23 et 24.

ÉTANT DONNÉS (Question principale N° 16) :

a | *Le capital emprunté ou placé.*
b | *Le montant de l'annuité.*
r | *Le taux annuel ou semestriel.*

On demande............ N.	Ou bien................ S.
Ou quel est le nombre des annuités payées ?	*Ou quel est le produit du placement ou des annuités payées ?*
RÈGLE N° 23.	RÈGLE N° 24.
On *divisera* le capital par le montant de l'annuité. — *Le quotient* devra se trouver dans la table relative au mode et dans la colonne qui aura pour titre le taux, précisément sur la ligne cotée du nombre des annuités, demandé.	On cherchera d'abord le nombre des annuités comme il est enseigné par la règle N° 23 ci-contre, ensuite on fera usage de la règle N° 9.

Pour les annuités payées à la fin d'année ou de semestre,

On emploiera :

Pour le 1er mode, la table.. N° 10.
Pour le 2e mode, la table.. N° 11.
Pour le 3e mode, la table.. N° 12.

Pour les annuités payées au commencement d'année ou de semestre,

On emploiera :

Pour le 4e mode, la table.. N° 13.
Pour le 5e mode, la table.. N° 14.
Pour le 6e mode, la table.. N° 15.

RÈGLES GÉNÉRALES Nᵒˢ 25 ET 26.

ÉTANT DONNÉS (Question principale Nᵒ 17) :

a	Le capital placé.
n	Le nombre d'annuités.
b	Le montant de l'annuité.

On demande. . . . . R.

Ou quel est le taux de l'intérêt ?

Ou bien. . . . . S.

Ou quel est le produit du placement ou des annuités payées ?

RÈGLE Nᵒ 25.

On *divisera* le capital par le montant de l'annuité. — *Le quotient* devra se trouver dans la table relative au mode et sur la ligne cotée du nombre des annuités, précisément dans la colonne qui aura pour titre le taux de l'intérêt demandé.

Cependant si ce quotient se trouvait compris entre deux nombres consécutifs, on opèrerait comme il est enseigné par l'appendice Nᵒ 2 des règles.

RÈGLE Nᵒ 26.

On cherchera d'abord le taux de l'intérêt comme il est enseigné par la règle Nᵒ 25 ci-contre, ensuite on fera usage de celle Nᵒ 9.

Pour les annuités payées à la fin d'année ou de semestre,

On emploiera :

Pour le 1ᵉʳ mode, la table. . Nᵒ 10.
Pour le 2ᵉ mode, la table. . Nᵒ 11.
Pour le 3ᵉ mode, la table. . Nᵒ 12.

Pour les annuités payées au commencement d'année ou de semestre,

On emploiera :

Pour le 4ᵉ mode, la table. . Nᵒ 13.
Pour le 5ᵉ mode, la table. . Nᵒ 14.
Pour le 6ᵉ mode, la table. . Nᵒ 15.

RÈGLES GÉNÉRALES N°s 27 et 28.

ÉTANT DONNÉS (Question principale N° 18) :

a   *Le capital placé.*
b   *Le montant de l'annuité.*
s   *Le produit du placement ou des annuités payées.*

On demande............ N.   Ou bien................. R.

Ou quel est le nombre des annuités payées?   *Ou quel est le taux de l'intérêt?*

RÈGLE N° 27.

Il faut d'abord chercher le taux de l'intérêt comme il va être indiqué par la règle N° 28 ci-contre, ensuite faire usage de la règle N° 9.

RÈGLE N° 28.

Pour déterminer R ou le taux de l'intérêt, il faut indispensablement avoir recours aux formules algébriques ci-après dont l'application n'offre aucune difficulté.

Pour les annuités payées à la fin d'année ou de semestre,

1er, 2e et 3e MODES.

$$ R = \frac{b}{a} - \frac{b}{s} $$

Pour les annuités payées au commencement d'année ou de semestre,

4e, 5e et 6e MODES.

$$ R = \frac{(s - a)\, b}{(a - b)\, s} $$

Remarque :

Pour les 1er et 4e modes, on obtient, par ces formules, le taux annuel.
Pour les 2e et 5e modes,   *idem,*   le taux semestriel.
Pour les 3e et 6e modes,   *idem,*   le taux auquel revient au bout de l'année, le taux semestriel.

J.

APPENDICE, N° 1,

DE LA RÈGLE N° 3 (Question N° 3.) — PLACEMENTS UNIQUES.

Il est évident, en ce qui concerne les annuités et les placements périodiques, que le résultat qu'on obtient par l'application des règles qui
ont pour objet de déterminer un nombre de placements ou d'annuités,
doit être essentiellement un nombre entier; mais en ce qui concerne l'application de la règle N° 3, au moyen de laquelle on détermine le temps pendant lequel un capital unique doit rester placé pour produire un autre
capital déterminé, le résultat peut être un nombre fractionnaire; alors le
quotient de la division prescrite par cette règle, se trouve compris entre
deux nombres consécutifs qui répondent à deux époques successives. La
première de ces époques est la partie entière du temps cherché, quant à
la fraction, voici comment on la déterminera :

1° *On multipliera la différence qui existe entre le quotient et le plus petit des*
   deux nombres consécutifs par 12, *si l'on veut que la fraction exprime des*
   mois; par 365, *si l'on veut qu'elle exprime des jours, ce qui est plus rigoureux;*
2° *Enfin on divisera le produit de cette multiplication par la différence qui existe*
   entre les deux nombres consécutifs;
Le quotient de cette division satisfera à la question.

Exemple :

Une somme de 30000 fr. qui avait été placée en intérêts composés tous
les ans, à 5 p. 0/0 par an, a produit à la fin de l'opération, selon
le 1er mode................................. .... 69753 fr. 81 c.

On demande quel est le temps pendant lequel cette somme est restée
placée ?

Réponse... N. .... 17 ans 106 jours.

On connaît :

a	Le capital placé..........................	30000 fr.
s	Le produit du placement.................	69753 fr. 81 c.
r	Le taux annuel de l'intérêt...............	5 p. 0/0.

Suivant la règle N° 3 , on a 69753,81 à diviser par 30000, et pour quotient 2,3251270 qui, dans la table N° 1, colonne 5 p. 0/0, se trouve compris entre les deux nombres 2,2920183 et 2,4066192, qui répondent respectivement à 17 et 18 années. La partie entière du temps cherché est donc 17 années ; relativement à la fraction, on a :

Quotient obtenu...... 2,3251270.	Nombre qui répond à 18. 2,4066192.
Nombre qui répond à 17. 2,2920183.	*Id.* à 17. 2,2920183.
1re différence... 0,0331087.	2e différence... 0,1146009.

La 1re de ces deux différences étant multipliée par 365, et le produit divisé par la 2e différence, donne au quotient............ 105 ou 106.

Nota. Lorsque les intérêts auront été composés tous les 6 mois, au lieu de multiplier la 1re différence par 12 mois ou 365 jours, on la multipliera par la moitié de la période que l'on emploiera.

APPENDICE, N° 2,

DES RÈGLES :

———

Le quotient que l'on obtient par l'application de l'une des cinq règles ci-dessus désignées, peut se trouver, dans la table sur laquelle on opère et sur la ligne cotée du nombre d'années, ou de semestres, ou de placements ou d'annuités, compris entre deux nombres consécutifs qui répondent respectivement à deux taux entre lesquels se trouve également celui demandé. Or, pour déterminer ce taux, il faut faire usage de la règle de *fausse-position* dont voici la traduction en langage ordinaire :

1ʳᵉ OPÉRATION,

1° *On soustraira du quotient, le plus petit des deux nombres consécutifs ;*

2° *On soustraira du plus grand nombre consécutif, le quotient ;*

3° *On fera le total de ces deux restes.*

2ᵉ OPÉRATION,

4° *On multipliera le 1ᵉʳ reste, par le taux qui répond au plus grand nombre consécutif ;*

5° *On multipliera le 2ᵉ reste, par le taux qui répond au plus petit nombre consécutif ;*

6° *On fera le total de ces deux produits.*

3ᵉ OPÉRATION,

7° *Enfin, on divisera le total des deux produits par le total des deux restes.*

Le quotient de cette division, en se bornant à deux ou trois décimales, satisfera à la question.

Exemple :

(QUESTION PRINCIPALE N° 17.— Règle N° 25 , pages 58 et 72.)

Une somme de 10945 fr. 35 c. avait été placée en intérêts composés tous les ans ; le remboursement en ayant été fait en quatre annuités, chacune de 3000 fr., selon le 1ᵉʳ mode; on demande à quel taux d'intérêt, le placement a été effectué ?

Réponse... R. = ... 3ᶠ 784 p. 0/0 *par an.*

Suivant la règle N° 25, si on divise 10944,35 par 3000, on aura pour quotient 3,6484500 qui, dans la table N° 10, ligne 4, se trouve compris entre les deux nombres consécutifs 3,6513841 et 3,6298952 qui répondent respectivement à 3 1/4 et à 4 p. 0/0, on a donc :

1ʳᵉ OPÉRATION,

Quotient...........	3,6484500.		Nombre qui répond à	
Nombre qui répond à			3 3/4 p. 0/0......	3,6513841.
4 p. 0/0.........	3,6298952.		Quotient...........	3,6484500.
1ᵉʳ reste......	0,0185548.		2ᵉ reste......	0,0029341.

Total *de ces deux restes*...... 0,0214889.

2ᵉ OPÉRATION,

Le 1ᵉʳ reste étant multiplié par le taux de 3 3/4 p. 0/0...... 0,0695805.
Le 2ᵉ reste étant multiplié par le taux de 9 p. 0/0........ 0,0117364.

On a pour le total *des deux produits*........ 0,0813169.

3ᵉ OPÉRATION,

0,0813169 divisés par 0,0214889 donnent au quotient 3ᶠ 784 pour le taux annuel cherché.

Cette manière d'opérer est la plus simple que l'on puisse indiquer; le résultat qu'elle fournit est plus que suffisant dans le plus grand nombre des cas. Cependant si l'on tenait à un résultat plus rigoureux ou bien si les tables étaient insuffisantes, il faudrait indispensablement employer la formule algébrique qui répond à la question qu'il s'agit de résoudre.

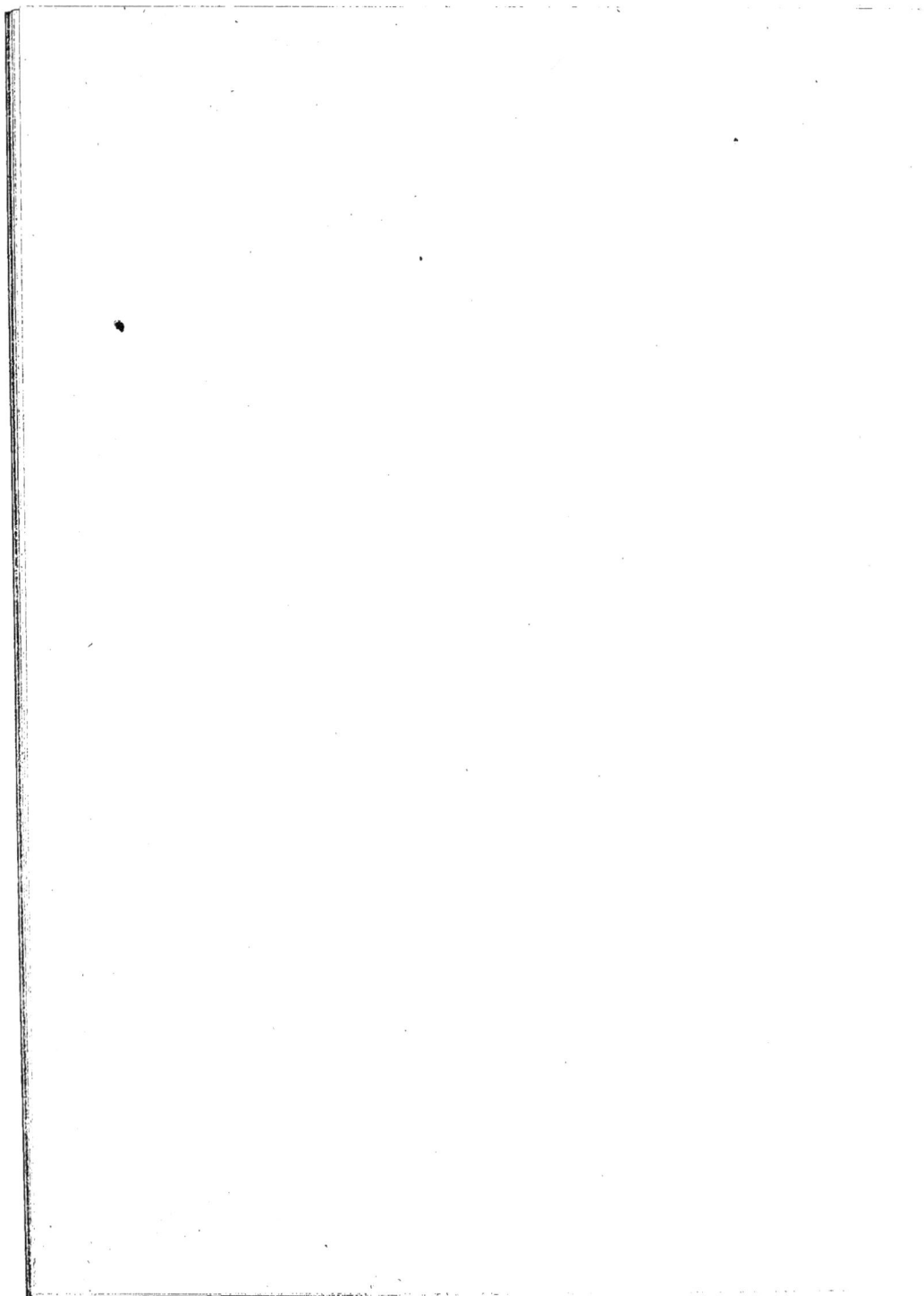

Chapitre V.

§. 1er.— DES PLACEMENTS PÉRIODIQUES, APPROXIMATIFS.

On veut placer tous les ans environ 900 *fr., en intérêts composés tous les ans, à* 5 *p.* 0/0 *par an, de manière à se créer un capital de* 5000 *fr., un an après le dernier placement;*

On demande :

1° *Quel sera le nombre des placements?*................. N.

On connaît :

b | Le placement approximatif. 900ᶠ.
r | Le taux annuel.......... 5 p.0/0.
s | Le produit des placements. 5000ᶠ.

Donc d'après la règle générale N° 7, on a 5000 à diviser par 900 et pour quotient....... 5,5555556.

Mais ce quotient se trouve, dans la table N° 16, compris entre deux nombres consécutifs qui répondent respectivement à 4 et 5 placements.

Est-ce 4 placements ou 5 que l'on doit faire? C'est ce que le sur-

plus de la solution de la question va faire connaître.

2° *Quel est le montant effectif du placement annuel?*.......... B.

Pour 4 placements, on connaît :

s | Le produit des placements. 5000ᶠ.
r | Le taux annuel......... 5 p. 0/0.
n | Le nombre des placements. 4.

On a donc, d'après la règle N° 6, pour la valeur de B, ci.. 1104ᶠ.

Pour 5 placements, on connaît :

s | Le produit des placements. 500ᶠ.
r | Le taux annuel.......... 5 p. 0/0.
n | Le nombre des placements. 5.

On a donc également, d'après la règle N° 6, pour la valeur de B, ci.................... 862ᶠ.

Donc il faut faire 5 placements annuels de 862 fr. chacun, puisque 862 fr. approche le plus de 900 fr.

§. 2.— DES ANNUITÉS APPROXIMATIVES.

———

On veut emprunter **30000** *fr., en intérêts composés tous les ans, à* **4** *p.* 0/0 *par an, avec la condition de les rembourser en annuités, chacune de* 3000 *fr.* environ; *la première payable un an après le commencement de l'opération, ainsi de suite d'année en année.*

On demande :

1° *Quel sera le nombre des annuités?...* .... **N.**

On connaît :

a	Le capital prêté.........	30000^f.
b	L'annuité approximative...	3000.
r	Le taux annuel..........	4 p. 0/0.

Donc d'après la règle générale N° 23, on a 30000 à diviser par 3000 et pour quotient 10,0000000.

Mais ce quotient se trouve dans la table N° 10, compris entre deux nombres consécutifs qui répondent respectivement à **13** et **14** annuités.

Est-ce 13 annuités ou 14 que l'on doit payer? C'est ce que la solution du surplus de la question va faire connaître.

2° *Quel est le montant effectif de l'annuité à payer?...........* **B.**

Pour 13 annuités, on connaît :

a	Le capital prêté........	30000^f.
r	Le taux annuel..........	4 p. 0/0.
n	Le nombre des annuités..	13.

On a donc d'après la règle N° 9, pour la valeur de B, ci. 3004^f. 31^c.

Pour 14 annuités, on connaît :

a	Le capital prêté	30000^f.
r	Le taux annuel..........	4 p. 0/0.
n	Le nombre des annuités...	14.

On a donc également d'après la règle N° 9, pour la valeur de B, ci................. 2840^f. 07^c.

Puisque 3004,31 est le résultat qui approche le plus de 3000 fr.; 3004,31 est le montant de chacune des 13 annuités à payer.

§ 3. — DES TAUX DÉGUISÉS

DANS LES ACTES NOTARIÉS, SOUS-SEINGS, BILLETS, etc.

————

On veut prêter pendant cinq ans 30000 fr., en intérêts composés tous les ans, à 6 p. 0/0 par an, avec cette condition que dans l'obligation il ne sera fait mention que des intérêts simples payables tous les ans, au taux annuel de 5 p. 0/0;

On demande quel est le capital à mentionner dans l'acte?

Réponse. . . . . 31456ᶠ. 04ᶜ.

————

Il faut d'abord chercher ce que les 30000 fr. doivent produire au prêteur à la fin de l'opération, à 6 p. 0/0, en opérant comme il est indiqué par la règle générale Nᵒ 1ᵉʳ, puisque l'on connaît :

a	Le capital placé.	30000ᶠ.
r	Le taux annuel.	6 p. 0/0.
n	Le temps.	5 ans.

Effectuant l'opération, on trouvera que S —. . . . . 40146ᶠ.77ᶜ.

Enfin de ce que l'on connaît :

s	Le produit du placement	40146ᶠ. 77ᶜ.
r	Le taux annuel	5 p. 0/0.
n	Le temps.	5 ans.

On déterminera ce que les 40146,77 valent actuellement au moyen de la règle générale Nᵒ 2.

Effectuant l'opération, on trouvera que A ═ . . . . 31456ᶠ.04ᶜ.

Résultat qui satisfait à la question.

On veut placer 30000 fr., en intérêts composés tous les ans, à 6 p. 0/0 par an, aux conditions :

1ᵒ *Que le remboursement s'en fera en cinq annuités, la première payable un an après l'opération;*

2ᵒ *Enfin qu'il ne sera fait mention dans l'acte, que du taux annuel de 5 p. 0/0.*

On demande :

1ᵒ *Quel est le montant du capital à mentionner dans l'acte?*

Cette première partie de la question est absolument la même que la question ci-contre; la réponse est donc. . . . . 31456ᶠ. 04ᶜ.

2ᵒ *Enfin, quel est le montant de l'annuité à payer par l'emprunteur?*

Puisque l'on connaît :

a	Le capital à mentionner...	31456ᶠ.04ᶜ.
r	Le taux annuel	5 p. 0/0.
n	Le nombre des annuités. .	5.

On fera l'application de la règle générale Nᵒ 9, et l'on aura pour réponse à cette deuxième partie de la question B. . . . . . . 7265ᶠ. 09ᶜ.

K.

§ 4. TABLEAU faisant connaître différents rapports du TAUX ANNUEL, avec le TAUX SEMESTRIEL et réciproquement.	§ 5. TABLEAU indiquant les époques auxquelles LES CAPITAUX placés en intérêts composés doublent ou triplent AUX TAUX INDIQUÉS.			§ 6. TABLEAU indiquant les taux d'intérêt auxquels LES CAPITAUX doivent être placés en intérêts composés, pour qu'ils deviennent doubles ou triples AUX ÉPOQUES ÉGALEMENT INDIQUÉES.				
	au TAUX de	LES CAPITAUX doublent au bout de	triplent au bout de	au bout de	LES CAPITAUX doublent au taux de	triplent au taux de	au bout de	LES CAPITAUX doublent au taux de	triplent au taux de

TAUX ANNUEL réduit au taux semestriel.			INTÉRÊTS COMPOSÉS tous les ans.			ans.	fr.	fr	semestres	fr.	fr.
	fr		ans. jours. ans. jours.			6	12 , 246	20 , 094	12	5 , 946	9 , 587
3	1 , 4889	3	23 , 164 37 , 69			7	10 , 409	16 , 993	14	5 , 076	8 , 163
3 1/4	1 , 6120	3 1/4	21 , 245 34 , 128			8	9 , 051	14 , 720	16	4 , 427	7 , 108
3 1/2	1 , 7349	3 1/2	20 , 54 31 , 341			9	8 , 006	12 , 983	18	3 , 926	6 , 293
3 3/4	1 , 8577	3 3/4	18 , 302 29 , 307			10	7 , 177	11 , 612	20	3 , 527	5 , 647
4	1 , 9804	4	17 , 246 28 , 4			11	6 , 504	10 , 503	22	3 , 200	5 , 120
4 1/4	2 , 1029	4 1/4	16 , 239 26 , 144			12	5 , 946	9 , 587	24	2 , 930	4 , 684
4 1/2	2 , 2252	4 1/2	15 , 273 24 , 35			13	5 , 477	8 , 818	26	2 , 702	4 , 316
4 3/4	2 , 3474	4 3/4	14 , 342 23 , 245			14	5 , 076	8 , 163	28	2 , 506	4 , 002
5	2 , 4695	5	14 , 75 22 , 189			15	4 , 729	7 , 599	30	2 , 337	3 , 730
5 1/2	2 , 7132	5 1/2	12 , 345 20 , 189			16	4 , 427	7 , 108	32	2 , 190	3 , 493
6	2 , 9563	6	11 , 327 18 , 312			17	4 , 160	6 , 676	34	2 , 060	3 , 284
7	3 , 4408	7	10 , 89 16 , 80			18	3 , 926	6 , 293	36	1 , 944	3 , 099
8	3 , 9230	8	9 , 2 14 , 100			19	3 , 716	5 , 952	38	1 , 841	2 , 933
9	4 , 4031	9	8 , 16 12 , 273			20	3 , 527	5 , 647	40	1 , 748	2 , 785
						21	3 , 356	5 , 370	42	1 , 664	2 , 650
						22	3 , 200	5 , 120	44	1 , 588	2 , 528
						23	3 , 059	4 , 892	46	1 , 518	2 , 417

TAUX SEMESTRIEL réduit au taux annuel.			INTÉRÊTS COMPOSÉS tous les six mois.		
	fr.		sem. jours. sem. jours.		
1 1/2	3 , 0225	1 1/2	46 , 101 73 , 144		
1 5/8	3 , 2764	1 5/8	43 , 68 , 28		
1 3/4	3 , 5306	1 3/4	39 , 174 63 , 59		
1 7/8	3 , 7852	1 7/8	37 , 57 59 , 26		
2	4 , 0400	2	35 , 1 55 , 87		
2 1/8	4 , 2952	2 1/8	32 , 176 52 , 45		
2 1/4	4 , 5506	2 1/4	31 , 28 49 , 68		
2 3/8	4 , 8064	2 3/8	29 , 96 46 , 147		
2 1/2	5 , 0625	2 1/2	28 , 13 44 , 90		
2 3/4	5 , 5756	2 3/4	25 , 100 40 , 91		
3	6 , 0900	3	23 , 82 37 , 30		
3 1/2	7 , 1225	3 1/2	20 , 28 31 , 176		
4	8 , 1600	4	17 , 122 27 , 126		
4 1/2	9 , 2033	4 1/2	15 , 136 24 , 175		

La rédaction de ces trois tableaux exige indispensablement l'emploi de formules algébriques dont il sera question dans le § suivant.

§ 7. — USAGE

DES TROIS TABLEAUX QUI PRÉCÈDENT,

Et conversion d'un paiement quelconque et annuel, en paiement semestriel et réciproquement.

———

La première partie du tableau coté § 4, fait connaître que l'intérêt annuel étant à 4 p. 0/0 par an, le taux semestriel revient à........ 1ᶠ. 9804.

Application :

On doit payer 3000 fr. dans un an (intérêts compris) ou tous les ans, et on obtient de son créancier de s'acquitter tous les six mois;

On demande quelle sera la somme à payer à la fin de chaque semestre, en ayant égard aux intérêts à 4 p. 0/0 par an ?

Réponse............ .. 1485 fr. 30 c.

On a donc cette proportion.............. 4 : 1,9804 :: 3000 : x.

Pour toutes les autres conversions de paiements annuels, telles qu'en paiements trimestriels ou mensuels, etc., on emploiera cette formule :

$$R = \left[(1+r)^{\frac{1}{n}} - 1\right] 100$$

dans laquelle r désigne le taux annuel de l'intérêt pour un franc,

n — le nombre de fois que les intérêts doivent être capitalisés dans l'année ou le nombre de paiements à faire dans l'année.

Enfin le résultat R désigne le taux annuel ou trimestriel ou mensuel, etc.

Ensuite on posera la proportion comme ci-dessus.

———

La deuxième partie du tableau coté § 4, fait connaître que le taux semestriel étant à 2 1/2 p. 0/0, le taux annuel revient à......... 5ᶠ. 0625.

Application :

On doit payer 1500 fr. dans six mois (intérêts compris) ou tous les six mois, et on obtient de son créancier de ne lui faire qu'un seul paiement tous les ans;

On demande quel sera le montant du paiement annuel, en calculant les intérêts à 2 1/2 *p.* 0/0 *par semestre?*

Réponse.................... 3037 fr. 50 c.

On a donc cette proportion............. 2,50 : 5,0625 : : 1500 : x.

Pour les cas autres que ceux mentionnés dans cette deuxième partie du tableau, on fera usage de cette formule :

$$R = \left[(1+r)^a - 1 \right] 100$$

dans laquelle r désigne le taux semestriel, ou trimestriel, ou mensuel, etc., pour un franc;

n   —   le nombre de fois que les intérêts doivent être capitalisés dans l'année ou le nombre de paiements qui doivent être effectués dans l'année.

Enfin le résultat R désignera le taux annuel, ou semestriel, ou mensuel, etc.

Ensuite on posera la proportion comme ci-dessus.

Le tableau coté § 5, fait connaître qu'un capital prêté à 3 p. 0/0 par an, intérêts capitalisés tous les ans, devient double au bout de 23 ans et 164 jours, et triple au bout de 37 ans et 69 jours.

Qu'un capital, prêté à 2 p. 0/0 par semestre, intérêts capitalisés tous les six mois, devient double au bout de 35 semestres et 1 jour, et triple au bout de 55 semestres et 87 jours.

Pour les cas autres que ceux dont il est question dans ce tableau, on fera usage de cette formule algébrique :

$$N = \frac{\text{Log. } S}{\text{Log. } (1+r)}$$

S désigne le double, ou le triple, ou le quadruple, etc., du capital prêté;

r   —   le taux annuel, ou semestriel, ou mensuel, etc., pour un franc.

Enfin le résultat N exprimera le nombre d'années, de semestres, de mois, etc.

Le tableau coté § 6, indique que pour qu'un capital devienne double au bout de 15 ans, il faut le prêter à 4 fr. 729 p. 0/0 par an, intérêts capitalisés tous les ans,

Et que pour qu'il devienne double au bout du même temps (30 semestres), les intérêts étant capitalisés tous les six mois, le taux de ces intérêts doit être à 2 fr. 337 p. 0/0 par semestre.

Pour tous les autres cas non-mentionnés dans ce tableau, on fera usage de cette formule :

$$R = \left[S^{\frac{1}{n}} - 1 \right] 100$$

S désigne le double, le triple, ou le quadruple, etc., de la somme prêtée ;

n — le nombre d'années, ou de semestres, ou de mois, etc., au bout duquel on veut obtenir le double, ou le triple, etc., de la somme prêtée, enfin le nombre de fois que les intérêts doivent être capitalisés.

Enfin le résultat R désignera le taux ou annuel, ou semestriel, ou mensuel, etc.

§ 8. — DES EMPRUNTS

De l'État, des Départements, des Communes, des Établissements publics, des Entreprises particulières, etc.,

ET DE LEUR AMORTISSEMENT.

L'établissement fondé par le gouvernement pour l'extinction de la dette publique, se nomme CAISSE D'AMORTISSEMENT. Les fonds lui sont versés sous la dénomination de dotation. Elle opère sur les fonds publics comme le ferait un particulier, et c'est alors qu'elle est devenue propriétaire des rentes occasionnées par un emprunt que l'État en est libéré.

Les exemples que nous donnons sur les emprunts et leur amortissement, qu'ils soient faits par le gouvernement, ou par un établissement public, ou par des particuliers, appartiennent au premier mode des annuités, et ils sont plus que suffisants pour indiquer la marche à suivre pour la solution de toutes les questions de cette nature.

1er Exemple :

On veut faire un emprunt à 4 p. 0/0 par an et affecter 6 p. 0/0 environ du capital ou toute autre partie du capital, pour son amortissement;

On demande au bout de quel temps on se sera libéré, en d'autres termes, combien d'annuités on aura à payer à la fin d'année pour l'amortissement, et quel sera le montant de chacune?

Réponse pour un emprunt de 30000 fr.

SELON UNE 1re SOLUTION :

On aurait à payer treize annuités chacune de .... 3000 fr.
et une quatorzième de .... 73 fr. 57 c.

SELON UNE 2e SOLUTION :

On aurait à payer treize annuités chacune de .... 3004 fr. 31.

Supposons que le capital à emprunter soit de 30000 fr., les intérêts annuels à 4 p. 0/0 seront de......................... 1200 fr.

Et le 6 p. 0/0 de ce capital, consacré à l'amortissement, de.. 1800 fr. (*).

Le total exprime donc le montant *approximatif* de l'annuité. 3000 fr.

Nous disons approximatif, parce qu'il est impossible, en calculant de cette manière, de déterminer une annuité selon sa définition.

Dans cette question, on connaît :

a	Le capital à emprunter.......................	30000 fr.
b	L'annuité à payer.............................	3000.
r	Le taux annuel de l'intérêt...................	4 p. 0/0.

Pour déterminer N ou le nombre des annuités.

En se reportant au tableau des questions sur les annuités ou aux règles, on y verra que pour déterminer N, connaissant a, b, r, il faut employer la règle N° 23.

Faisant l'application de cette règle, on a 30000 fr. à diviser par 3000 fr., et pour quotient 10,0000000 qui, dans la table N° 10, approche *le plus en moins* du nombre 9,9856478 qui répond à treize annuités.

Donc si l'on voulait que l'annuité ne se composât que des intérêts produits par le capital et de la portion de ce capital consacrée à son amortissement, on aurait, pour amortir l'emprunt en question, treize annuités de 3000 fr. à payer, plus une différence que nous allons déterminer.

D'après la définition de l'annuité, 30000 fr. à 4 p. 0/0 par an, valent au bout de treize ans (règle générale, N° 1)................ 49952 fr. 21 c.

Et treize annuités de 3000 fr. payables à la fin d'année, ne valent, au même taux, lors du paiement de la dernière (règle générale N° 18), que.................................. 49880. 54.

La différence cherchée est donc de................... 71. 70.

(*) C'est cette somme que le gouvernement verserait à la caisse d'amortissement à titre de dotation.

Et comme cette différence peut elle-même ne différer que de très peu de chose d'une annuité, elle ne saurait être exigible, ainsi que ses intérêts, qu'un an après le paiement de la dernière annuité (*); on aurait donc, pour le cas, à payer sous la dénomination de quatorzième annuité 71 fr. 70 c., plus 2,87 pour intérêts, c'est-à-dire 73 fr. 57.

Mais si pour le remboursement de l'espèce d'emprunt dont il s'agit, on tenait à payer une annuité proprement dite, et qui approcherait le plus de celle fixée approximativement, on opèrerait de la manière indiquée au § 2 du chapitre V, qui a pour titre des ANNUITÉS APPROXIMATIVES, et l'on trouverait que pour amortir les 30000 fr. aux conditions énoncées par la question, il faudrait payer treize annuités, chacune de............ 3004 fr. 31 c.

2ᵉ Exemple :

En payant une annuité de 4220 fr. 70 c., à la fin d'année, pendant neuf ans, on demande quel serait le capital à recevoir actuellement, en ayant égard aux intérêts composés tous les ans à 5 p. 0/0 par an?

Réponse............................ 30000 fr.

Dans cette question, on connaît :

r	Le taux de l'intérêt........................	5 p. 0/0 par an.
n	Le nombre des annuités..................	9.
b	Le montant de l'annuité.................	4220 fr. 70 c.

Et on demande A ou le montant du capital.

Cette question ne diffère donc de la principale Nᵒ 13, que par l'énoncé; donc en opérant comme il est indiqué pour la solution de cette question, on trouvera pour résultat.............................. 30000 fr.

Donc, enfin, une commune qui s'imposerait, pendant neuf ans, de 4220ᶠ.70ᶜ. par an, pourrait faire immédiatement un emprunt de 30000 fr. aux conditions énoncées par la question.

(*) Ou six mois après le paiement de la dernière annuité, si l'annuité est payable à la fin de semestre.

3e Exemple :

Une commune veut faire un emprunt de 30000 fr. à la condition de les rembourser au bout de neuf ans, avec les intérêts composés tous les ans à 5 p. 0/0 par an; on demande quel sera le montant de l'impôt annuel qu'elle devra établir, ou bien, si elle devait opérer l'amortissement en neuf annuités payables à la fin d'année, quel serait le montant de l'annuité?

Réponse, l'impôt annuel ou l'annuité serait de...   4220 fr. 70 c.

Dans cette question, on connaît :

a	Le capital à emprunter........................	30000 fr.
r	Le taux de l'intérêt.....................	5 p. 0/0 par an.
n	Le nombre des annuités.......................	9.

Et on demande B ou le montant de l'impôt annuel qui sera celui de l'annuité.

Cette question ne diffère donc de la principale N° 9, que par l'énoncé; donc en opérant comme il est indiqué pour la solution de cette question, on trouvera que l'impôt annuel ou l'annuité doit être de. 4220f.70c.

4e Exemple :

On veut emprunter un capital quelconque; on demande combien p. 0/0 de ce capital il faudrait consacrer tous les ans, pour l'amortir au bout de neuf ans, le taux de l'intérêt composé étant à 4 p. 0/0 par an?

Réponse.................   13 fr. 449.

Ou bien :

Combien p. 0/0 d'un capital emprunté, faudrait-il joindre aux intérêts qu'il produirait annuellement à 4 p. 0/0 pour l'amortir, en payant, pendant neuf ans, une annuité à la fin d'année?

Réponse.........................   9 fr. 449.

Ces deux questions ne diffèrent de celle qui précède, et par conséquent de la principale N° 9, que par l'énoncé; en effet on connaît :

a	Le capital à emprunter...................	100 fr.
r	Le taux annuel de l'intérêt......................	4 p. 0/0.
n	Le nombre des annuités.......................	9.

L.

Quant à l'annuité ou B que l'on demande, elle doit se composer : 1° des intérêts que doit produire annuellement le capital ; 2° et du *tant pour cent* de ce capital consacré à son amortissement.

On a donc, suivant la règle N° 9, d'après laquelle on résout la question principale qui porte le même numéro, 100 francs à diviser par 7,4353316 nombre qui, dans la table N° 10, répond à 4 p. 0/0 et à 9 annuités, et pour quotient qui satisfait au 1ᵉʳ énoncé, ci.................... 13 fr. 449.

L'intérêt annuel étant de............................ 4.

On a pour différence................. 9 fr. 449.

Cette différence exprime ce qu'il faut ajouter aux intérêts que produisent annuellement 100 francs empruntés, pour les amortir au bout de 9 ans, le taux annuel de l'intérêt étant à 4 p. 0/0.

Mais la table d'amortissement dont il va être question, dispense de tout calcul pour de semblables solutions.

DE LA TABLE D'AMORTISSEMENT.

La première partie de cette table a été construite pour le cas où l'annuité est payée à la fin d'année, intérêts capitalisés tous les ans, et la deuxième partie pour celui où l'annuité est payée à la fin de semestre, intérêts composés tous les six mois.

Toutes nos tables peuvent recevoir la dénomination de *tables d'amortissement*, et même toute autre que l'on établirait ne ferait que double emploi avec quelques-unes d'elles, ainsi qu'on le verra plus loin. Cependant nous n'avons pas cru devoir nous dispenser de donner celle qui porte le N° 19, quoiqu'elle fasse double emploi avec celle N° 10, parce qu'elle répond immédiatement aux questions les plus importantes sur les emprunts et qui font l'objet de l'exemple qui précède.

L'usage de cette table est fort simple.

Soient les données du 4ᵉ exemple.

En se reportant à la première partie de la table N° 19, on voit, immédiatement, dans la colonne 4 p. 0/0 et sur la ligne cotée 9 annuités, que c'est bien 13 fr. 449 à quoi se monte l'annuité qu'il faut payer à la fin d'année pendant neuf ans, pour amortir un emprunt de 100 francs.

En d'autres termes :

Cette première partie de la table N° 19, fait connaître qu'il faut consacrer :
13,449 p. 0/0 d'un capital emprunté pour l'amortir au bout de 9 ans, à 4 p. 0/0 ;
12,329 p. 0/0 pour l'amortir au bout de 10 ans ;
11,415 p. 0/0 pour l'amortir au bout de 11 ans ;
Et ainsi de suite.

Si du *tant* p. 0/0 consacré à l'amortissement tel que l'indique la table, on soustrait le taux de l'intérêt indiqué en tête de la colonne que l'on considère, le reste exprimera le *tant* p. 0/0 du capital consacré à son amortissement joint aux intérêts que produit ce capital.

Pour les données ci-dessus, on a donc.................... 9,449.
    —   .... 8,329.
    —   .... 7,415.

Mais on obtiendra des nombres plus rigoureux en faisant usage de la table N° 10 et des règles prescrites pour son usage.

Quant à la deuxième partie de la table, son usage est absolument le même ; soit cette question :

Combien p. 0/0 d'un capital emprunté faudrait-il consacrer, pour l'amortir au bout de 18 semestres, le taux de l'intérêt composé étant à 2 p. 0/0 par semestre ?

La deuxième partie de la table N° 19, fait connaître, ligne cotée 18, colonne 2 p. 0/0, que c'est.................................... 6 fr. 67 c.

On obtiendra également des nombres plus rigoureux en faisant usage de la table N° 11.

Nous n'avons pas construit de semblables tables pour le cas où l'annuité serait payable au commencement de l'année ou de semestre, parce que nous ne comprendrions pas comment, en fait d'emprunt de l'espèce de ceux que fait l'État, ou un établissement public ou particulier, on commencerait par payer la première annuité le jour même que s'effectuerait l'emprunt. Toutefois nous indiquons la manière de construire ces tables.

5ᵉ Exemple :

On doit payer à la fin d'année neuf annuités de 4034 fr. 70 c., pour l'amortissement d'un emprunt de 30000 fr., fait en intérêts composés tous les ans à 4 p. 0/0 par an ;

On demande combien p. 0/0 du capital on consacre pour l'amortissement ?
.*Réponse*............................ 13 fr. 449.

Ou bien :

Combien p. 0/0 du capital on ajoute aux intérêts qu'il produit annuellement ?
Réponse.. .... 9 fr. 449.

Pour résoudre la 1re question, il faut poser cette proportion :
$$30000 : 100 : : 4034,70 : x = 13,449.$$
Le reste comme au 4e exemple.

6ᵉ Exemple :

Une commune, ou tout établissement public ou particulier, veut faire un emprunt de 30000 fr. au taux de 5 p. 0/0 par an, et en effectuer le rembourse-ment en neuf ans ; à cet effet, elle crée 60 actions ou billets de 500 fr.

On demande quel sera le montant du remboursement annuel tant en capital qu'en intérêts ?

La réponse se trouve dans le tableau suivant, faisant remarquer que chaque action produit 25 fr. d'intérêts tous les ans.

ON AURA A PAYER à la fin de la	QUI SE COMPOSENT		NOMBRE d'actions remboursées annuellement ou à rembourser.	OBSERVATION.
	DU MONTANT des INTÉRÊTS annuels.	DU MONTANT des ACTIONS remboursées.		
1ʳᵉ année.	4000ᶠ.	1500ᶠ.	2500ᶠ.	5 reste 55.	Si on opère sur les
2ᵉ.	4375.	1375.	3000.	6 reste 49.	paiements annuels comme
3ᵉ.	4225.	1225.	3000.	6 reste 43	il est indiqué pour l'exem-
4ᵉ.	4075.	1075.	3000.	6 reste 37.	ple N° 6, sur les intérêts
5ᵉ.	4425.	925.	3500.	7 reste 30.	composés, on trouvera
6ᵉ.	4250.	750.	3500.	7 reste 23.	un résultat égal à la va-
7ᵉ.	4075.	575.	3500.	7 reste 16.	leur qu'ont les 30000 fr.
8ᵉ.	3900.	400.	3500.	7 reste 9.	lors du dernier paiement.
9ᵉ.	4725	225.	4500.	9.	
Totaux..	38050ᶠ.	8050ᶠ.	30000ᶠ.	60 actions.	

Voici comment on a rédigé ce tableau :

On a d'abord cherché quel serait l'annuité à payer pour l'amortissement, en faisant usage de la règle N° 9, puisqu'on connaît :

a	Le capital emprunté............................	30000.
n	Le nombre d'annuités ou de paiements.........:..	9.
r	Le taux annuel de l'intérêt.....................	5 p. 0/0.
Et trouvé que l'annuité se montait à....................		4220,70.

Ensuite on a dit :

Premier paiement à faire au bout de la première année.....	4220,70.
A déduire les intérêts à payer pour les 60 actions.........	1500,00.
Reste pour l'amortissement.................	2720,70.
Ne pouvant amortir avec ce reste que 5 actions...........	2500,00.
Il reste de l'annuité à joindre à la deuxième.............	220,70.
Intérêts que produit ce reste jusqu'au paiement de la deuxième annuité...	11,04.
Deuxième annuité...................................	4220,70.
Total à payer au bout de la deuxième année.....	4452,44.
A déduire les intérêts à payer pour 55 actions...........	1375,00.
Reste pour l'amortissement.................	3077,44.
Qui peuvent amortir 6 actions.......................	3000,00.
Reste à joindre à l'annuité suivante..........	77,44.
Intérêts de ce reste.................................	3,87.
Troisième annuité...................................	4220,70.
Total à payer au bout de la troisième année.............	4302,01.
A déduire les intérêts à payer pour 49 actions............	1225,00.
Reste pour l'amortissement.................	3077,01.

qui peuvent amortir six annuités.

En continuant ainsi jusqu'à la dernière annuité, il sera facile de construire le tableau ci-dessus.

Assez ordinairement on met dans une u... ...ntant de bulletins qu'il reste d'actions en circulation, et puis on retire de cette urne, au sort, autant de ces bulletins qu'il y a d'actions à rembourser. Par exemple, pour la septième année, on mettrait dans l'urne 23 bulletins, et les sept premiers sortants indiqueraient les actions à rembourser à la fin de la septième année.

7ᵉ Exemple :

On doit amortir 30000 *fr., en payant neuf annuités de* 4220 *fr.* 70 c. *à la fin d'année, on demande quelle sera la portion du capital que l'on amortira à chaque paiement, et combien il restera du capital à amortir également après chaque paiement ; l'emprunt ayant été fait en intérêts composés tous les ans à* 5 *p.* 0/0 *par an?*

Le tableau suivant répond à la question.

DÉSIGNATION des ANNUITÉS.	COMPOSITION de chaque annuité.		RESTE NET du capital à amortir après chaque paiement.	OBSERVATION.
	INTÉRÊTS.	CAPITAL.		
1ʳᵉ annuité.	1500. 00.	2720. 70.	27279. 30.	On pourrait établir les nombres de la colonne, *reste net*, en opérant comme il est indiqué par la règle N° 17, puisqu'on connaît b, n, r, c'est-à-dire le montant de l'annuité, leur nombre, le taux de l'intérêt, et qu'il s'agit de déterminer A ou la valeur actuelle de plusieurs annuités à payer.
2ᵉ —	1363. 97.	2856. 73.	24422. 57.	
3ᵉ —	1221. 13.	2999. 57.	21423. 00.	
4ᵉ —	1071. 15.	3149. 55.	18273. 45.	
5ᵉ —	913. 67.	3307. 03.	14966. 42.	
6ᵉ —	748. 32.	3472. 38.	11494. 04.	
7ᵉ —	574. 70.	3646. 00.	7848. 04.	Cette colonne établie, il sera facile de déterminer les nombres qui doivent composer les deux autres colonnes, puisque le premier nombre est toujours égal à l'intérêt pour un an, du capital emprunté.
8ᵉ —	392. 40.	3828. 30.	4019. 74.	
9ᵉ —	200. 96.	4019. 74.	0. 00.	
	7986. 30.	30000 00.		

Voici comment on a construit ce tableau :

Montant du capital emprunté............................		30000.
Montant de la première annuité...............	4220,70.	
A déduire les intérêts du capital.............	1500.	
Reste imputable sur le capital		2720,70.

Reste du capital à amortir après le paiement de la première annuité..		27279,30.
Deuxième annuité...........................	4220,70.	
A déduire les intérêts des 27279,30............	1363,97.	
Reste imputable sur le capital.........................		2856,73.

Reste du capital à amortir après le paiement de la deuxième annuité..		24422,57.

En continuant ainsi jusqu'à la dernière annuité, on parviendra facilement à composer le tableau ci-dessus.

8ᵉ Exemple :

Pour se libérer de 30000 fr. *que l'on doit actuellement, on est convenu avec son créancier de lui payer à la fin d'année, pendant neuf ans, une annuité de* 4833,33 ;

On demande à quel taux annuel d'intérêt on s'est libéré ?

Réponse, à................. 8 fr. 1573. p. 0/0.

Ou bien :

On doit emprunter 30000 fr. *avec cette condition que le remboursement s'en fera en neuf annuités payables à la fin d'année ; le montant de l'annuité devant se composer :* 1° *des intérêts annuels produits par le capital à* 5 p. 0/0 ; 2° *et du neuvième de ce capital ou toute autre partie de ce capital ;*

On demande à quel taux annuel d'intérêt on aura fait l'emprunt ?

Réponse, à.............. 8 fr. 1573 p. 0/0.

5 p. 0/0 du capital...................................	1500,00.
Neuvième du capital.................................	3333,33.
Total ou montant de l'annuité............	4833,33.

Ou bien :

Montant du capital.. 30000,00.

Intérêts simples à 5 p. 0/0 par an, pour 9 ans............ 13500,00.

                            Total................... 43500,00.

Dont le neuvième est de............................... 4833,33.

Cette question ne diffère de la question principale N° 25 , que par l'énoncé, puisqu'on connaît :

a	Le capital..............................	30000 fr.
n	Le nombre des annuités....................	9.
b	Le montant de l'annuité....................	4833 fr. 33.

Et que l'on demande R ou le taux annuel des intérêts.

Donc il faut employer la règle N° 25 qui renvoie à l'appendice des règles N° 2.

En opérant comme il est enseigné par cette règle et l'appendice, on trouvera qu'à cette manière d'emprunter et au taux apparent de 5 p. 0/0 par an, l'emprunt se trouve réellement fait au taux de...... 8 fr. 1573 p. 0/0.

§ 9. — DES RENTES SUR L'ÉTAT.

Les intérêts que le gouvernement paie par suite d'emprunts autorisés par les lois, se nomment *rentes sur l'État*. Ces rentes prennent assez ordinairement la dénomination du taux auquel les emprunts ont été faits. Par exemple : la rente *dite* 5 p. 0/0 provient d'un emprunt effectué au taux annuel de 5 p. 0/0 ; c'est-à-dire que, par centaine de francs empruntés, le gouvernement paie une rente annuelle de 5 fr.

Pour la rente dite à 4 1/2 p. 0/0, le gouvernement paie autant de fois 4 fr. 50 c. de rente annuelle, qu'il a emprunté de centaines de francs à ce taux. Ainsi de suite.

Il suit de la définition que nous venons de donner des rentes sur l'État :

Que le capital d'une rente quelle qu'elle soit est *au pair* lorsqu'il est coté 100 francs ; qu'il est en *hausse* ou en *baisse* lorsqu'il est coté en dessus ou en dessous de 100 francs.

Le gouvernement paie exactement les rentes qu'il s'est imposées par suite d'emprunts, tous les six mois : les 22 mars et 22 septembre de chaque année, sans avoir égard aux différentes fluctuations que les capitaux, qui les représentent, éprouvent par suite des transactions entre les propriétaires de ces rentes.

Toutes les questions utiles que l'on peut faire sur les rentes trouveront toujours leur analogie dans l'une des neuf questions que nous allons résoudre.

QUESTIONS :

1re question. — *On veut placer* 88000 *fr., en rentes sur l'État, dites à* 5 *p.* 0/0 ; *sachant que le cours est à* 110 *fr.* ;

On demande quel sera le montant de l'inscription ?

Réponse. . . . . 4000 fr.

RÈGLES ET SOLUTIONS :

1° On multipliera le capital à placer. . . . . 88000 fr.

Par le taux qui désigne la rente. . . . . 5 p. 0/0.

2° On divisera le produit par le cours de la rente. . . . . 110 fr.

On a donc :

$$\frac{88000 \times 5}{110} = 4000$$

M.

2ᵉ question. — *On veut acheter 4000 fr. de rentes, dites à 5 p. 0/0, sur l'État, sachant que le cours est à 110 fr.;*

On demande quel sera le capital à débourser?

Réponse.......... 88000 fr.

_____

3ᵉ question.— *On a une rente sur l'État de 4000 fr., dite à 5 p. 0/0, qui a coûté 88000 fr.;*

On demande quel est le cours auquel on doit la revendre pour rentrer dans son capital?

Réponse.......... 110 fr.

_____

4ᵉ question.— *On a une rente sur l'État de 4000 fr. qui, au cours de 110 fr., a coûté 88000 fr.;*

On demande si elle est du 3, ou du 4, ou du 5 p. 0/0, etc.?

Réponse.......... 5 p. 0/0.

1° On multipliera la rente à acheter................... 4000.
Par le cours.......... 110.
2° On divisera le produit par le taux qui désigne l'espèce de rente. 5 p. 0/0.

On a donc :

$$\frac{4000 \times 110}{5} \quad 88000$$

1° On multipliera ce qu'a coûté la rente............. 88000 fr.
Par le taux qui exprime l'espèce de rente............. 5 p. 0/0.
2° On divisera le produit par la rente................ 4000 fr.

On a donc :

$$\frac{88000 \times 5}{400} = 110$$

1° On multipliera le montant de la rente.............. 4000 fr.
Par le cours........ 110.
2° On divisera le produit par la valeur de la rente...... 88000.

On a donc :

$$\frac{4000 \times 110}{88000} = 5 \text{ p. 0/0}$$

Il faudrait que le cours d'une autre espèce de rente fût le même pour que le résultat fût inapplicable. Cas qui ne saurait se présenter.

5ᵉ question. — *On a acheté du 5 p. 0/0 au cours de 110 fr.;*

On demande à quel taux annuel on a placé son argent?

Réponse. . . . . . . 4 fr. 545 p. 0/0.

1° On multipliera le taux qui désigne l'espèce de rente. . 5 p. 0/0.
Par. . . . . 100.
2° On divisera le produit par le cours. . . . . 110.

On a donc :

$$\frac{5 \times 100}{110} = 4 \text{ fr.} 545 \text{ p. } 0/0.$$

6ᵉ question. — *A quel cours faut-il acheter le 5 p. 0/0 pour placer son argent au taux annuel de 5 1/2 p. 0/0?*

Réponse. . . . . 90 fr. 91.

1° On multipliera le taux qui désigne l'espèce de rente. . 5 p. 0/0.
Par. . . . . 100.
2° On divisera le produit par le taux demandé. . . . . 5 1/2.

On a donc :

$$\frac{5 \times 100}{5,50} = 90 \text{ fr. } 91.$$

7ᵉ question. — *Sachant que le cours du 5 p. 0/0 est à 110 fr.;*

On demande quel est le cours proportionnel ou correspondant du 3 p. 0/0.

Réponse. . . . . 66 fr.

1° On multipliera le taux qui désigne la rente dont on demande le cours. . . . . 3.
Par le cours donné. . . . . . . 110.
2° On divisera le produit par le taux de la rente dont le cours est donné. . . . . 5.

On a donc :

$$\frac{3 \times 110}{5} = 66 \text{ fr.}$$

QUESTIONS :

8ᵉ question. — *Sachant que le cours du 5 p. 0/0 est de 110 fr., que celui du 3 p. 0/0 est de 70 fr.;*

On demande quel est le plus élevé de ces deux cours?

Réponse.......... *le* 3 p. 0/0.

RÈGLES ET SOLUTIONS :

D'après la solution de la question qui précède, le 5 p. 0/0 étant à 110 fr., celui du 3 p. 0/0 ne doit être qu'à 66 fr., et comme il est à 70 fr. C'est donc le cours du 3 p. 0/0 qui est le plus élevé.

D'où il suit que pour résoudre la question ci-contre, il faut d'abord poser et résoudre la question qui précède.

9ᵉ question. — *Le 5 p. 0/0 qui était à 110 fr. est devenu au cours actuel de 110 fr. 55.;*

On demande quelle sera la hausse proportionnelle du 3 p. 0/0 qui est à 70 fr. (cours actuel)?

Réponse.......... 0 fr. 35 c.

1° On multipliera les cours actuels des deux espèces de rentes, l'un par l'autre ;

2° On divisera le produit par le cours précédent de la première espèce ;

3° Enfin on soustraira de ce quotient le cours actuel de la deuxième espèce ;

Le quotient satisfera à la question.

On a donc :

$$\frac{110,55 \times 70}{110} = 70,35.$$

A déduire le cours actuel
de la deuxième espèce..... 70,00.

Reste..... 0,35.

§ 10. — DES CAISSES D'ÉPARGNE ET DE PRÉVOYANCE.

On déduit des instructions des caisses d'épargne et de prévoyance, dont il est toujours facile de se procurer une copie imprimée sans frais :

1° Qu'aucun versement ne peut être moindre d'un franc, ni comprendre des fractions de franc ;

2° Qu'on ne peut faire plus d'un versement par semaine : les samedis, ou les dimanches, ou les lundis ; — à Paris ce sont ou les dimanches ou les lundis ;

3° Qu'il est tenu compte des intérêts à partir du jour du versement, ou une ou deux semaines après ce jour, jusqu'à celui désigné pour le remboursement ; — à Paris, c'est à partir du jour du versement jusqu'au dimanche qui précède le jour désigné pour le remboursement.

4° Que les intérêts produits par chaque versement sont ajoutés le 31 décembre de chaque année, au capital, pour produire de nouveaux intérêts dans l'année suivante ;

5° Que dans aucun cas, les fractions de franc ne sont productives d'intérêt ;

6° Qu'enfin les intérêts sont calculés par semaine. Par exemple, si une somme est restée placée 52 semaines, il est dû une année d'intérêt ; mais si elle n'y est restée placée que 17 semaines, il n'est dû que les 17 cinquante-deuxièmes de l'année.

Les deux tables qui suivent ont été rédigées pour le cas où les versements sont faits les dimanches et pour celui où les intérêts sont calculés à partir du jour de chaque versement.

Cependant, si un versement avait été fait le samedi ou le lundi suivant, on ne devra pas moins le considérer comme s'il avait été fait le dimanche compris entre ces deux jours.

Enfin si les intérêts ne doivent être calculés qu'une ou deux semaines après le jour du versement; par exemple, si un versement avait été fait le dimanche 14 janvier, on calculerait les intérêts comme si ce versement n'eût été fait que le 21 ou le 28 du même mois.

La table N° 1 peut s'utiliser dans tous les cas possibles, mais il n'en est pas de même de celles N°ˢ 2 et 3. Cela vient de ce que les nombres qui composent la table N° 1 sont en progression par différence, tandis que ceux qui composent la table N° 2 sont en progression par quotient. Pour satisfaire toutes les exigences, il aurait fallu composer autant de cette dernière table qu'il y a de cas particuliers résultant des différents modes de placement et des variations que présentent les années dont se compose un cycle solaire. Mais le but que nous nous sommes proposé en la donnant, se trouve suffisamment atteint, ainsi qu'on le verra par les questions pour les solutions desquelles cette table intervient.

TABLE N° 1.

TARIF des intérêts à revenir aux déposants dans les Caisses d'épargne et de prévoyance.

MOIS ET DATES dans lesquels tombent LES DIMANCHES.	SEMAINES DUES.	3 1/2.	3 3/4.	4.
JANVIER (commune).				
1	52	3500	3750	4000
2 3 4 5 6 7 8	51	3433	3678	3923
9 10 11 12 13 14 15	50	3365	3606	3846
16 17 18 19 20 21 22	49	3298	3534	3769
23 24 25 26 27 28 29	48	3231	3462	3692
30 31	47	3163	3389	3615
JANVIER (bissextile).				
1 2	52	3500	3750	4000
3 4 5 6 7 8 9	51	3433	3678	3923
10 11 12 13 14 15 16	50	3365	3606	3846
17 18 19 20 21 22 23	49	3298	3534	3769
24 25 26 27 28 29 30	48	3231	3462	3692
31	47	3163	3389	3615
FÉVRIER (c.).				
1 2 3 4 5 . .	47	3163	3389	3615
6 7 8 9 10 11 12	46	3096	3317	3538
13 14 15 16 17 18 19	45	3029	3245	3462
20 21 22 23 24 25 26	44	2962	3173	3385
27 28	43	2894	3101	3308
FÉVRIER (b.).				
1 2 3 4 5 6 .	47	3163	3389	3615
7 8 9 10 11 12 13	46	3096	3317	3538
14 15 16 17 18 19 20	45	3029	3245	3462
21 22 23 24 25 26 27	44	2962	3173	3385
28 29	43	2894	3101	3308
MARS (c. et b.).				
1 2 3 4 5 . .	43	2894	3101	3308
6 7 8 9 10 11 12	42	2827	3029	3231
13 14 15 16 17 18 19	41	2760	2957	3154
20 21 22 23 24 25 26	40	2692	2885	3077
27 28 29 30 31 . .	39	2625	2812	3000
AVRIL (c. et b.).				
1 2	39	2625	2812	3000
3 4 5 6 7 8 9	38	2558	2740	2923
10 11 12 13 14 15 16	37	2490	2668	2846
17 18 19 20 21 22 23	36	2423	2596	2769
24 25 26 27 28 29 30	35	2356	2524	2692
MAI (c. et b.).				
1 2 3 4 5 6 7	34	2288	2452	2615
8 9 10 11 12 13 14	33	2221	2380	2538
15 16 17 18 19 20 21	32	2154	2308	2462
22 23 24 25 26 27 28	31	2087	2236	2385
29 30 31	30	2019	2163	2308
JUIN (c. et b.).				
1 2 3 4 . . .	30	2019	2163	2308
5 6 7 8 9 10 11	29	1952	2091	2231
12 13 14 15 16 17 18	28	1885	2019	2154
19 20 21 22 23 24 25	27	1817	1947	2077
26 27 28 29 30 . .	26	1750	1875	2000
JUILLET (c. et b.).				
1 2	26	1750	1875	2000
3 4 5 6 7 8 9	25	1683	1803	1923
10 11 12 13 14 15 16	24	1615	1731	1846
17 18 19 20 21 22 23	23	1548	1659	1769
24 25 26 27 28 29 30	22	1481	1587	1692
31	21	1413	1514	1615
AOUT (c. et b.).				
1 2 3 4 5 6 .	21	1413	1514	1615
7 8 9 10 11 12 13	20	1346	1442	1538
14 15 16 17 18 19 20	19	1279	1370	1462
21 22 23 24 25 26 27	18	1212	1298	1385
28 29 30 31 . . .	17	1144	1226	1308
SEPTEMBRE (c. et b.).				
1 2 3	17	1144	1226	1308
4 5 6 7 8 9 10	16	1077	1154	1231
11 12 13 14 15 16 17	15	1010	1082	1154
18 19 20 21 22 23 24	14	942	1010	1077
25 26 27 28 29 30 .	13	875	937	1000
OCTOBRE (c. et b.).				
1	13	875	937	1000
2 3 4 5 6 7 8	12	808	865	923
9 10 11 12 13 14 15	11	740	793	846
16 17 18 19 20 21 22	10	673	721	769
23 24 25 26 27 28 29	9	606	649	692
30 31	8	538	577	615
NOVEMBRE (c. et b.).				
1 2 3 4 5 . .	8	538	577	615
6 7 8 9 10 11 12	7	471	505	538
13 14 15 16 17 18 19	6	404	433	462
20 21 22 23 24 25 26	5	337	361	385
27 28 29 30 . . .	4	269	288	308
DÉCEMBRE (c. et b.).				
1 2 3	4	269	288	308
4 5 6 7 8 9 10	3	202	216	231
11 12 13 14 15 16 17	2	135	144	154
18 19 20 21 22 23 24	1	67	72	77
25 26 27 28 29 30 31	0	0	0	0

CAISSES D'ÉPARGNE.

EXPLICATION ET USAGE DU TABLEAU QUI PRÉCÈDE.

———

La première colonne et la deuxième font connaître les dates du mois dans lesquelles peuvent tomber les dimanches et le nombre de semaines pour lequel l'intérêt est dû jusqu'au 31 décembre de l'année. Par exemple, suivant le calendrier qui se trouve à la suite de ce paragraphe le deuxième dimanche d'avril 1846, année commune, tombe le 12 ; je me reporte donc au mois d'avril et j'y vois sur la ligne qui contient cette date, que pour un placement fait le dimanche en question ou dont les intérêts partent de ce dimanche, il m'est dû 37 semaines d'intérêts ; qu'il en serait de même pour tout autre dimanche qui tomberait ou le 10, ou le 11, ou le 13, ou le 14, ou le 15, ou le 16 du même mois.

Je vois également sur cette même ligne cotée 37 semaines, que si la caisse alloue 3 1/2 p. 0/0, il faut, pour déterminer l'intérêt jusqu'au 31 décembre, multiplier le montant de mon placement par 2490, séparer du produit cinq chiffres en les comptant de la droite vers la gauche et supprimer les chiffres superflus.

Que si le taux est à 4 p. 0/0, il faut le multiplier par 2846, séparer également cinq chiffres et supprimer les chiffres superflus.

La raison pour laquelle il faut toujours séparer du produit cinq chiffres en les comptant de la droite vers la gauche, vient de ce que le tarif n'exprime que des décimales du cinquième ordre ; par exemple, le nombre qui répond à 37 semaines et à 3 1/2 p. 0/0, aurait dû être représenté par 0,02490 et celui qui répond à 4 p. 0/0, par 0,02846 ; ce n'est donc que par abréviation si nous avons supprimé les *zéro*, à la gauche de tous les nombres qui composent le tableau.

Éclaircissons tout ce que nous venons de dire par quelques exemples.

1ᵉʳ Exemple :

On a placé 59 fr. *le dimanche* 12 *avril* 1846, *on demande quels seront les intérêts à revenir au* 31 *décembre, à raison de* 4 p. 0/0?

Réponse...................... 1 fr. 67.

Le nombre qui répond au 12 avril et à 4 p. 0/0 est 2846 ; on a donc

59 fr. à multiplier par 2846, et pour produit.............. 167914.
En séparant cinq chiffres............................ 1,67914.
Et en supprimant les chiffres superflus................. 1,67 (*).
Donc, pour le placement en question, il reviendrait au 31 décembre
1 fr. 67 c. d'intérêts.

2ᵉ Exemple :

En plaçant 5 fr. pour six semaines, quels seront les intérêts à revenir à 4 p. 0/0?

Réponse................ 0 fr. 02.

Le nombre qui répond à six semaines et à 4 p. 0/0 est 462, on a donc 462 à multiplier par 5 et pour produit.................... 2310.
En séparant cinq chiffres........................... 0,02310.
Et en supprimant les chiffres superflus............... 0,02.
Si au lieu de 5 fr. le calcul eût été fait sur 2 fr., on aurait eu pour produit.. 924.
En séparant cinq chiffres.......................... 0,00924.
Et en supprimant les chiffres superflus............. 0,00 (**).
D'où il suit que pour un pareil placement, il ne serait alloué aucun intérêt.

3ᵉ Exemple :

On veut retirer dans le mois d'octobre une somme de 100 fr. qu'on avait placée le dimanche 12 janvier (année commune), et d'après la déclaration qui en a été faite, les intérêts doivent cesser de courir le dimanche 12 octobre, combien recevra-t-on d'intérêts en même temps que le capital, à 3 3/4 p. 0/0?

Réponse................ 2 fr. 81.

Du 12 janvier au 31 décembre, il est dû.............. 50 semaines.
Du 12 octobre,   idem..................... 11 semaines.

Donc les intérêts à revenir doivent être calculés sur.... 39 semaines.

(*) La rigueur mathématique exigerait que l'on comptât 1 fr. 68 c., parce que les décimales supprimées s'élèvent à 0,00500 et plus, mais le gouvernement n'opère pas ainsi.
(**) Même observation, c'est-à-dire que l'on devrait compter 0 fr. 01 c.

N.

CAISSES D'ÉPARGNE.

TABLE N° 2

Indiquant le produit d'un franc placé régulièrement tous les dimanches ou tous les premiers dimanches de chaque mois dans une caisse d'épargne, au bout d'un temps donné depuis 1 an jusqu'à 28 ans, et au taux de 3 3/4 p. 0/0.

AU BOUT de ANNÉES.	TOUS les DIMANCHES.	TOUS les 1ers DIMANCHES de chaque mois.	USAGE DE CETTE TABLE.
1.	53.	12.	1° Si on place toutes les semaines 1 fr., combien reviendra-t-il au bout de dix ans, au taux de 3 3/4 p. 0/0 ? La première colonne fait connaître que c'est 627 fr.
2.	107.	25.	
3.	164.	38.	
4.	223.	51.	
5.	284.	66.	
6.	348.	80.	
7.	414.	95.	Si les placements étaient de 5, ou de 10, ou de 15 fr., etc., on aurait à multiplier 627 par 5, ou par 10, ou par 15, etc., et le produit satisferait à la question; par exemple, en plaçant toutes les semaines 5 fr., pendant dix ans, on aurait 627 à multiplier par 5, et pour produit 3135 fr.
8.	483.	111.	
9.	553.	127.	
10.	627.	144.	
11.	703.	162.	
12.	782.	180.	
13.	864.	199.	
14.	950.	219.	
15.	1038.	239.	
16.	1129.	260.	
17.	1225.	282.	
18.	1323.	305.	2° Ce que nous venons de dire sur les placements hebdomadaires s'applique aux placements mensuels.
19.	1426.	328.	
20.	1532.	353.	
21.	1642.	378.	
22.	1757.	405.	Au moyen du calendrier qui suit, il sera facile de déterminer les époques auxquelles tombent les dimanches et autres jours de la semaine.
23.	1875.	432.	
24.	1998.	460.	
25.	2126.	490.	
26.	2258.	520.	
27.	2395.	552.	
28.	2538.	595.	

TABLEAU

Faisant connaître pour un CYCLE SOLAIRE les époques auxquelles tombent le premier dimanche de chaque mois,

ou

CALENDRIER CIVIL ET PERPÉTUEL.

N°s d'ordre des années d'un cycle solaire.	DÉSIGNATION des ANNÉES du 67e cycle solaire.	JANVIER. 31	FÉVRIER. 28-29	MARS. 31	AVRIL. 30	MAI. 31	JUIN. 30	JUILLET. 31	AOÛT. 31	SEPTEMBRE. 30	OCTOBRE. 31	NOVEMBRE. 30	DÉCEMBRE. 31	NOMBRE DE DIMANCHES de chaque année d'un cycle.
		1.	2.	3.	4.	5.	6.	7.	8.	9.	10.	11.	12.	
1	bissextile. 1840.	5	2	1	5	3	7	5	2	6	4	1	6	52
2	commune. 1841.	3	7	7	4	2	6	4	1	5	3	7	5	52
3	— 1842.	2	6	6	3	1	5	3	7	4	2	6	4	52
4	— 1843.	1	5	5	2	7	4	2	6	3	1	5	3	53
5	bissextile. 1844.	7	4	3	7	5	2	7	4	1	6	3	1	52
6	commune. 1845.	5	2	2	6	4	1	6	3	7	5	2	7	52
7	— 1846.	4	1	1	5	3	7	5	2	6	4	1	6	52
8	— 1847.	3	7	7	4	2	6	4	1	5	3	7	5	52
9	bissextile. 1848.	2	6	5	2	7	4	2	6	3	1	5	3	53
10	commune. 1849.	7	4	4	1	6	3	1	5	2	7	4	2	52
11	— 1850.	6	3	3	7	5	2	7	4	1	6	3	1	52
12	— 1851.	5	2	2	6	4	1	6	3	7	5	2	7	52
13	bissextile. 1852.	4	1	7	4	2	6	4	1	5	3	7	5	52
14	commune. 1853.	2	6	6	3	1	5	3	7	4	2	6	4	52
15	— 1854.	1	5	5	2	7	4	2	6	3	1	5	3	53
16	— 1855.	7	4	4	1	6	3	1	5	2	7	4	2	52
17	bissextile. 1856.	6	3	2	6	4	1	6	3	7	5	2	7	52
18	commune. 1857.	4	1	1	5	3	7	5	2	6	4	1	6	52
19	— 1858.	3	7	7	4	2	6	4	1	5	3	7	5	52
20	— 1859.	2	6	6	3	1	5	3	7	4	2	6	4	52
21	bissextile. 1860.	1	5	4	1	6	3	1	5	2	7	4	2	53
22	commune. 1861.	6	3	3	7	5	2	7	4	1	6	3	1	52
23	— 1862.	5	2	2	6	4	1	6	3	7	5	2	7	52
24	— 1863.	4	1	1	5	3	7	5	2	6	4	1	6	52
25	bissextile. 1864.	3	7	6	3	1	5	3	7	4	2	6	4	52
26	commune. 1865.	1	5	5	2	7	4	2	6	3	1	5	3	53
27	— 1866.	7	4	4	1	6	3	1	5	2	7	4	2	52
28	— 1867.	6	3	3	7	5	2	7	4	1	6	3	1	52

APPENDICE DU CALENDRIER.

DATES du mois	JOURS DU MOIS lorsque le 1er dimanche tombe le						
	1er.	2.	3.	4.	5.	6.	7.
1.	D.	s.	v.	j.	m.	m.	l.
2.	l.	D.	s.	v	j.	m.	m.
3.	m.	l.	D.	s.	v.	j.	m.
4.	m.	m.	l.	D.	s.	v.	j.
5.	j.	m.	m.	l.	D.	s.	v.
6.	v.	j.	m.	m.	l.	D.	s.
7.	s.	v.	j.	m.	m.	l.	D.
8.	D.	s.	v.	j.	m.	m.	l.
9.	l.	D.	s.	v.	j.	m.	m.
10.	m.	l.	D.	s.	v.	j.	m.
11.	m.	m.	l.	D.	s.	v.	j.
12.	j.	m.	m.	l.	D.	s.	v.
13.	v.	j.	m.	m.	l.	D.	s.
14.	s.	v.	j.	m.	m.	l.	D.
15.	D.	s.	v.	j.	m.	m.	l.
16.	l.	D.	s.	v.	j.	m.	m.
17.	m.	l.	D.	s.	v.	j.	m.
18.	m.	m.	l.	D.	s.	v.	j.
19.	j.	m.	m.	l.	D.	s.	v.
20.	v.	j.	m.	m.	l.	D.	s.
21.	s.	v.	j.	m.	m.	l.	D.
22.	D.	s.	v.	j.	m.	m.	l.
23.	l.	D.	s.	v.	j.	m.	m.
24.	m.	l.	D.	s.	v.	j.	m.
25.	m.	m.	l.	D.	s.	v.	j.
26.	j.	m.	m.	l.	D.	s.	v.
27.	v.	j.	m.	m.	l.	D.	s.
28.	s.	v.	j.	m.	m.	l.	D.
29.	D.	s.	v.	j.	m.	m.	l.
30.	l.	D.	s.	v.	j.	m.	m.
31.	m.	l.	D.	s.	v.	j.	m.

USAGE DU CALENDRIER ET DE SON APPENDICE (*).

Le cycle solaire est une période de vingt-huit années qui renferme toutes les variétés possibles des jours de la semaine. Ces variétés consistent en ce que les dimanches ne tombent pas tous les ans le même quantième du mois, mais tous les *vingt-huit ans*.

JÉSUS-CHRIST est né dans la nuit du 25 décembre de la neuvième année du premier cycle solaire.

L'année 1840 est la première année du 67e cycle.

L'année 1868 sera la première année du 68e cycle.

L'année 1896 sera la première année du 69e cycle.

Ainsi de suite *à l'infini*.

D'où il suit que si, dans le calendrier, on substitue aux années 1840, 1841, 1842, etc., les années 1868, 1869, 1870, etc., le surplus du tableau pourra servir pour le 68e cycle. On voit suffisamment comment on pourrait en faire usage pour les 69e, 70e cycles, etc.

En me reportant au calendrier et à l'année 1846, j'y vois :

Que le 1er dimanche de janvier   était le 4.

Que le 1er dimanche de février   était le 1er.

Que le 1er dimanche d'août   sera le 2.

Que le 1er dimanche de septembre sera le 6.

Et ainsi de suite.

Sachant que le 1er dimanche du mois tombe le 5, je me reporte à l'appendice et j'y vois colonne 5 :

Que le 1er jour du mois est un mercredi.

Que le 2e   —   est un jeudi.

Que le 3e   —   est un vendredi.

Et ainsi de suite.

(*) Ce calendrier et son appendice sont extraits de celui que nous nous proposons de publier incessamment, et qui sera plus complet et plus simple que tous ceux qui ont parus jusqu'à ce jour; de plus il fera l'objet d'un fort joli tableau *imprimé* et *colorié* avec soin.

DES TONTINES,

DES ASSURANCES SUR LA VIE ET DES RENTES.

———

Ce paragraphe contient en outre les tables de mortalité rédigées par DUVILLARD et DE PARCIEUX.

1er TABLEAU

Rédigé d'après l'ordre de mortalité établi par DUVILLARD.

COMMENCEMENT de chaque âge.	VIVANTS au premier jour de l'année.	MORTS DANS LE COURANT de l'année précédente.	DURÉE de LA VIE probable à chaque âge.	DURÉE de LA VIE moyenne à chaque âge.	RENTE A RECEVOIR pour le placement d'un franc sur une seule tête à 4 p. 0/0.
1.	2.	3.	4.	5.	6.
0	1600	0	20 à 21	28 à 29	»
1	1228	372	36 à 37	36 à 37	»
2	1075	153	42 à 43	40 à 41	»
3	1000	75	44 à 45	42 à 43	5670
4	958	42	45 à 46	43 à 44	5518
5	933	25	45 à 46	43 à 44	5453
6	917	16	45 à 46	43 à 44	5436
7	905	12	44 à 45	42 à 43	5441
8	896	9	44 à 45	42 à 43	5464
9	889	7	43 à 44	41 à 42	5501
10	882	7	42 à 43	40 à 41	5539
11	875	7	42 à 43	40 à 41	5580
12	868	7	41 à 42	39 à 40	5623
13	861	7	40 à 41	38 à 39	5668
14	854	7	39 à 40	38 à 39	5716
15	846	8	39 à 40	37 à 38	5760
16	838	8	38 à 39	36 à 37	5806
17	830	8	37 à 38	35 à 36	5855
18	822	8	37 à 38	34 à 35	5906
19	813	9	36 à 37	34 à 35	5953
20	804	9	35 à 36	33 à 34	6002
21	794	10	35 à 36	33 à 34	6047
22	784	10	34 à 35	32 à 33	6093
23	775	9	33 à 34	31 à 32	6149
24	764	11	33 à 34	31 à 32	6192
25	754	10	32 à 33	30 à 31	6246
26	744	10	31 à 32	30 à 31	6302
27	733	11	31 à 32	29 à 30	6352
28	723	10	30 à 31	29 à 30	6413
29	712	11	30 à 31	28 à 29	6469
30	701	11	29 à 30	28 à 29	6527
31	690	11	28 à 29	27 à 28	6587
32	679	11	28 à 29	26 à 27	6651
33	668	11	27 à 28	25 à 27	6717
34	657	11	26 à 27	25 à 26	6788
35	646	11	26 à 27	25 à 26	6861
36	635	11	25 à 26	24 à 25	6939
37	624	11	24 à 25	24 à 25	7021
38	613	11	24 à 25	23 à 24	7107
39	602	11	23 à 24	22 à 23	7199
40	591	11	22 à 23	22 à 23	7296
41	580	11	22 à 23	21 à 22	7399
42	569	11	21 à 22	21 à 22	7508
43	557	12	21 à 22	20 à 21	7611
44	546	11	20 à 21	20 à 21	7734
45	535	11	19 à 20	19 à 20	7866
46	523	12	19 à 20	18 à 19	7992
47	511	12	18 à 19	18 à 19	8125
48	499	12	18 à 19	17 à 18	8265
49	487	12	17 à 18	17 à 18	8420
50	475	12	16 à 17	16 à 17	8583
51	463	12	16 à 17	16 à 17	8758
52	450	13	15 à 16	15 à 16	8926
53	438	12	15 à 16	15 à 16	9127
54	425	13	14 à 15	14 à 15	9321
55	412	13	13 à 14	14 à 15	9529
56	398	14	13 à 14	13 à 14	9727
57	384	14	12 à 13	12 à 13	9937
58	370	14	12 à 13	12 à 13	10858
59	356	14	11 à 12	11 à 12	11192
60	342	14	11 à 12	11 à 12	11557
61	327	15	10 à 11	10 à 11	11922
62	312	15	10 à 11	10 à 11	12317
63	297	15	9 à 10	10 à 11	12747
64	282	15	9 à 10	9 à 10	13218
65	266	15	8 à 9	9 à 10	13677
66	251	15	8 à 9	8 à 9	14227
67	235	16	7 à 8	8 à 9	14764
68	219	16	7 à 8	8 à 9	15332
69	204	15	6 à 7	7 à 8	16012
70	188	16	6 à 7	7 à 8	16652
71	173	15	6 à 7	6 à 7	17411
72	158	15	5 à 6	6 à 7	18205
73	143	15	5 à 6	6 à 7	19013
74	129	14	5 à 6	5 à 6	19963
75	115	14	4 à 5	5 à 6	20907
76	101	14	4 à 5	5 à 6	21766
77	89	12	4 à 5	4 à 5	22962
78	77	12	3 à 4	4 à 5	24056
79	66	11	3 à 4	4 à 5	25248
80	56	10	3 à 4	4 à 5	26557

SUITE des COLONNES

N°1.	N°2.
81	46
82	38
83	31
84	24
85	19
86	15
87	11
88	9
89	7
90	6
91	5
92	4
93	3
94	2
95	0

Si nous ne donnons pas les nombres correspondant aux âges à partir de 81 ans, c'est que nous avons pensé qu'il devait être extrêmement rare de voir des personnes âgées au-delà de 80 ans placer dans une tontine ou rente viagère.

2e TABLEAU

Rédigé d'après l'ordre de mortalité établi par DE PARCIEUX.

COMMENCEMENT de chaque âge.	VIVANTS au premier jour de l'année.	MORTS DANS LE COURANT de l'année précédente.	DURÉE de LA VIE probable à chaque âge.	de LA VIE moyenne à chaque âge.	RENTE A RECEVOIR pour le placement d'un franc sur une seule tête à 4 p. o/o.	COMMENCEMENT de chaque âge.	VIVANTS au premier jour de l'année.	MORTS DANS LE COURANT de l'année précédente.	DURÉE de LA VIE probable à chaque âge.	de LA VIE moyenne à chaque âge.	RENTE A RECEVOIR pour le placement d'un franc sur une seule tête à 4 p. o/o.	SUITE des COLONNES N°1.	N°2.
1.	2.	3.	4.	5.	6.	1.	2.	3.	4.	5.	6.		
0	»	»	»	»	»	41	650	7	28 à 29	26 à 27	6622	81	101
1	»	»	»	»	»	42	643	7	27 à 28	25 à 26	6724	82	85
2	»	»	»	»	»	43	636	7	26 à 27	24 à 25	6835	83	71
3	1000	0	54 à 55	47 à 48	5443	44	629	7	25 à 26	24 à 25	6954	84	59
4	970	30	54 à 55	47 à 48	5353	45	622	7	24 à 25	23 à 24	7083	85	48
5	948	22	54 à 55	47 à 48	5299	46	615	7	24 à 25	22 à 23	7223	86	38
6	930	18	53 à 54	47 à 48	5265	47	607	8	23 à 24	21 à 22	7363	81	29
7	915	15	53 à 54	47 à 48	5244	48	599	8	22 à 23	21 à 22	7516	88	22
8	902	13	52 à 53	47 à 48	5233	49	590	9	21 à 22	20 à 21	7668	89	16
9	890	12	52 à 53	46 à 47	5226	50	581	9	21 à 22	19 à 20	7834	90	11
10	880	10	51 à 52	46 à 47	5229								
11	872	8	51 à 52	45 à 46	5245	51	571	10	20 à 21	19 à 20	8000	91	7
12	866	6	50 à 51	45 à 46	5274	52	560	11	19 à 20	18 à 19	8166	92	4
13	860	6	49 à 50	44 à 45	5304	53	549	11	18 à 19	17 à 18	8347	93	2
14	854	6	48 à 49	44 à 45	5335	54	538	11	18 à 19	17 à 18	8344	94	1
15	848	6	47 à 48	43 à 44	5369	55	526	12	17 à 18	16 à 17	8742	95	0
16	842	6	47 à 48	42 à 43	5403	56	514	12	16 à 17	16 à 17	8959		
17	835	7	46 à 47	41 à 42	5421	57	502	12	16 à 17	15 à 16	9196		
18	828	7	45 à 46	41 à 42	5465	58	489	13	15 à 16	14 à 15	9437		
19	821	7	44 à 45	40 à 41	5498	59	476	13	15 à 16	14 à 15	9702		
20	814	7	44 à 45	39 à 40	5533	60	463	13	14 à 15	13 à 14	9993		
21	806	8	43 à 44	39 à 40	5562	61	450	13	13 à 14	13 à 14	10316		
22	798	8	42 à 43	38 à 39	5593	62	437	13	12 à 13	13 à 13	10677		
23	790	8	42 à 43	37 à 38	5625	63	423	14	12 à 13	11 à 12	11054		
24	782	8	41 à 42	37 à 38	5658	64	409	14	11 à 12	11 à 12	11477		
25	774	8	40 à 41	36 à 37	5693	65	395	14	10 à 11	10 à 11	11954		
26	766	8	39 à 40	35 à 36	5730	66	380	15	10 à 11	10 à 11	12453		
27	758	8	39 à 40	35 à 36	5768	67	364	16	9 à 10	9 à 10	13005		
28	750	8	38 à 39	34 à 35	5808	68	347	17	9 à 10	9 à 10	13559		
29	742	8	37 à 38	34 à 35	5850	69	329	18	7 à 8	8 à 9	14182		
30	734	8	36 à 37	33 à 34	5895	70	310	19	7 à 8	8 à 9	14811		
31	726	8	36 à 37	32 à 33	5940	71	291	19	7 à 8	7 à 8	15510		
32	718	8	35 à 36	32 à 33	5989	72	271	20	7 à 8	7 à 8	16225		
33	710	8	34 à 35	31 à 32	6040	73	251	20	6 à 7	7 à 8	17005		
34	702	8	33 à 34	31 à 32	6095	74	231	20	6 à 7	6 à 7	17850		
35	694	8	33 à 34	30 à 31	6152	75	211	20	5 à 6	6 à 7	18758		
36	686	8	32 à 33	29 à 30	6212	76	192	19	5 à 6	5 à 6	19827		
37	678	8	31 à 32	29 à 30	6277	77	173	19	4 à 5	5 à 6	20980		
38	671	7	30 à 31	28 à 29	6354	78	154	19	4 à 5	5 à 6	22188		
39	664	7	29 à 30	27 à 28	6436	79	136	18	4 à 5	4 à 5	23576		
40	657	7	29 à 30	26 à 27	6527	80	118	18	4 à 5	4 à 5	24951		

Si nous ne donnons pas les nombres correspondant aux âges à partir de 81 ans, c'est que nous avons pensé qu'il devait être extrêmement rare de voir des personnes âgées au-delà de 80 ans placer dans une tontine en rente viagère.

USAGE DES DEUX TABLEAUX QUI PRÉCÈDENT.

Les deux tableaux qui précèdent ont pour objet principal de faire connaître la loi de la mortalité en France, d'après les tables qui en ont été établies par Duvillard et De Parcieux, et de son emploi dans les calculs concernant les placements des capitaux.

De Parcieux ne fait connaître cette loi qu'à partir de l'âge de trois ans, et ses calculs ont pour base mille têtes choisies ; tandis que Duvillard la fait partir à la naissance et donne à ses calculs une base *d'un million* d'individus de toute espèce, d'où il suit que le nombre qui correspond à l'âge de trois ans n'est que de 624668, ou de 625 en le divisant par mille.

Mais afin de comparer plus facilement les résultats que l'on obtient des calculs sur les placements et dans lesquels intervient la loi de mortalité, nous avons multiplié tous les nombres de la table de Duvillard par le *facteur constant* 0,0016 (*), ce qui ne change nullement les rapports que ces nombres ont entre eux, il en résulte seulement cet avantage, que, de même que dans la table de De Parcieux, l'âge de trois ans répond à 1000 ; donc si l'on divise tous les nombres de la colonne N° 2 de notre tableau N° 1, par 0,0016, on reproduira tous ceux dont se compose la table de Duvillard, telle qu'on la trouve dans l'annuaire du bureau des longitudes.

COLONNES N°ˢ 1, 2 et 3.

Selon Duvillard, on voit, colonne N°ˢ 1 et 2, que sur 1600 personnes nées le même jour, il doit en survivre au bout d'un an 1228, et qu'il y en aura par conséquent, colonne N° 3, 372 qui n'auront pu atteindre l'âge d'un an.

Qu'au bout de 2 ans, il en survivra 1075.

Qu'au bout de 3 ans, il en survivra 1000.
Et ainsi de suite.

(*) Nous avons déduit ce facteur constant de cette équation : $624668\,x = 1000$.

1ʳᵉ question : *Sur 278 individus nés le même jour et qui composent une tontine, combien doit-il en survivre qui auront atteint l'âge de 21 ans?*

         Réponse, selon Duvillard.............. 138.

Le nombre qui répond à la naissance, est de................. 1600.

Celui qui répond à 21 ans, est de........................ 794.

On a donc.............. 1600 : 794 : : 278 : x

D'après la remarque que nous venons de faire, cette question ne saurait être résolue avec la table de De Parcieux.

2ᵉ question : *Sur 138 individus qui ont atteint l'âge de 21 ans, combien doit-il en survivre qui auront atteint l'âge de 40 ans?*

        Réponse, selon Duvillard................ 103.

        — *selon De Parcieux*............ 112.

TABLE DE DUVILLARD :	TABLE DE DE PARCIEUX :
Nombre qui répond à 21 ans. 794.	Nombre qui répond à 21 ans. 806.
Nombre qui répond à 40 ans. 591.	Nombre qui répond à 40 ans. 657.
On a donc :	On a donc :
794 : 591 : : 138 : x	806 : 657 : : 138 : x

COLONNE Nº 4.

La colonne Nº 4, fait connaître *la durée de la vie probable à chaque âge.*

On entend par la durée de la vie probable, à un âge donné, le nombre d'années après lequel la probabilité d'exister ou celle de ne pas exister sont les mêmes et par conséquent égales à 1/2, il est évident que cela a lieu lorsque le nombre des personnes de l'âge dont on part, est réduit à la moitié.

La question qui suit fait connaître comment on a déterminé les nombres de cette colonne.

Question.— *Quelle est la vie probable d'une personne qui a atteint l'âge de 21 ans?*

        Réponse, selon Duvillard, entre 35 à 36 ans.

        — *selon De Parcieux, entre 43 à 44 ans.*

                o.

TABLE DE DUVILLARD :

Nombre qui répond à 21 ans. 794.
Dont la moitié est de. . . . . . . 397.
Laquelle moitié se trouve comprise
  entre les nombres 398 et 384 qui
  répondent respectivement :
A. . . . . 56 et 57 ans.
A déduire l'âge donné. 21   21.
  _____
Restes. 35   36.

TABLE DE DE PARCIEUX :

Nombre qui répond à 21 ans. 806.
Dont la moitié est de. . . . . . . 403.
Laquelle moitié se trouve comprise
  entre les nombres 409 et 395 qui
  répondent respectivement :
A. . . . . 64 et 65 ans.
A déduire l'âge donné. 21   21.
  _____
Restes. 43   44.

COLONNE N° 5.

La colonne N° 5 indique la *durée de la vie moyenne pour chaque âge.*
Cette durée est celle relative à un certain nombre d'individus du même âge
et à partir de cet âge.

Voici la formule au moyen de laquelle on a établi les nombres qui composent la table N° 5.

$$x = \frac{s - v}{v} + \frac{1}{2}$$

s désigne la somme de tous les nombres de vivants qui composent une
    table de mortalité à partir de l'âge donné ;
v — le nombre des vivants à l'âge donné ;
x — la durée de la vie moyenne, cherchée ;
1/2 — la moitié d'une année.

Question : *Quelle est la durée de la vie moyenne à l'âge de* **21** *ans ?*

Réponse, *selon Duvillard*. . . . . . . 33 *ans* 8 *mois.*
— *selon De Parcieux*. . . . . . 39 *ans* 7 *mois.*

SELON DUVILLARD :

$$x = \left[\frac{27117 - 794}{794} + \frac{1}{2} \right] = 33 \text{ ans } 65 \text{ centièmes d'année.}$$

SELON DE PARCIEUX :

$$x = \left[\frac{32332 - 806}{806} + \frac{1}{2} \right] = 39 \text{ ans } 61 \text{ centièmes d'année.}$$

COLONNE N° 6.

La colonne N° 6 indique pour chaque âge la rente viagère que l'on obtient en plaçant dans une tontine *un capital unique de un franc*, et en supposant que l'administration de la tontine retire 4 p. 0/0 par an des fonds qui lui sont confiés.

1re question : *En plaçant dans une tontine, à l'âge de 50 ans, 30000 fr., une fois donné et à fonds perdus, on demande quelle sera la rente annuelle dont on jouira pendant le reste de ses jours, à commencer un an après le placement?*

Réponse, selon Duvillard . . . . 2574 fr. 90.
— *selon De Parcieux* . . . . . . 2350 20.

RÈGLE : Pour résoudre une semblable question, il faut multiplier le capital à placer par le nombre qui, dans la table sur laquelle on opère, répond à l'âge donné, ensuite diviser le produit par 100000 *nombre constant*, opération qui consiste à séparer cinq chiffres en les comptant de la droite vers la gauche.

La raison pour laquelle il faut diviser par 100000 le produit obtenu par la multiplication qui vient d'être prescrite, vient de ce que tous les nombres qui composent cette colonne expriment des décimales du cinquième ordre.

On a donc, selon Duvillard. . . . . $\dfrac{30000 \times 8583.}{100000.}$

— selon De Parcieux. . . . . $\dfrac{30000 \times 7834.}{100000.}$

2e question : *Quel est le montant du capital unique qu'il faut placer dans une tontine à l'âge de 50 ans, à fonds perdus, pour obtenir à cet âge une rente viagère de 2574 fr. 90, selon Duvillard?*

Ou de 2350 fr. 20, selon De Parcieux?

Réponse, pour l'un ou l'autre ordre de mortalité. . . . . 30000 fr.

RÈGLE : Cette question est inverse de celle qui précède; il faut donc d'abord multiplier le montant de la rente proposée par *le nombre constant* 100000, ensuite diviser le produit par le nombre qui, dans la table que l'on considère, répond à l'âge donné.

On a donc, selon Duvillard................. $\dfrac{2574,90 \times 100000.}{8583.}$

—   selon De Parcieux................ $\dfrac{2350,20 \times 100000.}{7834.}$

On verra dans la partie théorique le moyen d'établir de semblables tables de rentes viagères pour tout autre taux et pour tout autre ordre de mortalité.

DE LA PROBABILITÉ DE LA PROLONGATION

De la vie à chaque âge et de la longévité.

La probabilité de la prolongation de la vie à chaque âge, se détermine, en divisant le nombre qui répond à l'âge donné, augmenté de l'espérance de vivre, par le nombre qui répond à l'âge donné.

Question : *Quelle est l'espérance de vivre encore 16 ans lorsqu'on est parvenu à l'âge de 53 ans ?*

Réponse, selon Duvillard, il y a à parier 466 contre 1000 (ou 233 contre 500).

—   *selon De Parcieux, il y a à parier 600 contre 1000 (ou 3 contre 5).*

Age donné 53, espérance de vivre 16 ans, total 69.

SELON DUVILLARD :	SELON DE PARCIEUX :
Nombre qui répond à 69 ans. 204.	Nombre qui répond à 69 ans. 329.
Nombre qui répond à 53 ans. 438.	Nombre qui répond à 53 ans. 549.
$\dfrac{204}{438.} = 0,466.$	$\dfrac{329}{549.} = 0,600.$

L'âge de 90 ans pouvant être regardé comme l'extrême vieillesse, puisqu'il est très rare, non-seulement de passer cet âge, mais de l'atteindre, le rapport du nombre d'individus de cet âge à celui de la naissance, est donc la mesure de la *longévité*, dans le lieu, pour lequel la table de mortalité a été construite. Selon Duvillard, en France et à la naissance, la longévité est de.................................... $\dfrac{6}{1600} = \dfrac{3}{800}$

C'est-à-dire qu'en France on peut parier 3 contre 800, qu'un enfant qui vient de naître, atteindra l'âge de 90 ans.

DE LA LOI

De la population d'un pays

Par rapport aux naissances annuelles d'après une table de mortalité construite pour ce pays.

Voici comment on établirait une table qui ferait connaître la loi de la population en France selon l'ordre de mortalité d'après Duvillard, et pour 1600 naissances annuelles.

Total des nombres qui composent les vivants................ 46811.
A déduire le nombre qui répond à la naissance................ 1600.

Reste...................................... 45211.   45211.
Ajouter une demi-unité (cette unité est le nombre qui
répond à la naissance).......................... 800.

   Total ou nombre qui doit répondre à ZÉRO.... 46011.

Nombre qui répond à la naissance................. 1600.
Nombre qui répond à un an..................... 1228.

Total....................................... 2828.
Moyenne arithmétique à soustraire..................... 1414.

Reste...................................... 43797.   43797.
Ajouter la demi-unité.......................... 800.

   Total ou nombre qui doit répondre à UN AN... 44597.

Nombre qui répond à un an..................... 1228.
Nombre qui répond à 2 ans..................... 1075.

Total....................................... 2303.
Moyenne arithmétique à soustraire..................... 1151.

Reste...................................... 42646.   42646.
Ajouter la demi-unité.......................... 800.

   Total ou nombre qui doit répondre à 2 ANS.... 43446.

En continuant ainsi , on parviendra à construire la table en question..

USAGE DE CETTE TABLE.

———

Question : *Quel est en France le nombre d'individus de 20 à 21 ans, dans une population qui ne compte annuellement que 278 naissances?*

Réponse. .... 139.

Suivant la table, dans une population de 46811 (1ᵉʳ nombre de la table), qui ne compte que 1600 naissances annuelles, il doit s'en trouver 27529 (nombre qui répond à 20 ans), qui ont 20 ans et plus, et 26731 qui ont 21 ans et plus (nombre qui répond à 21 ans), la différence 798 entre ces deux nombres représente donc les individus qui ont 20 ans passés, sans avoir encore 21 ans ; donc pour répondre à la question il faut poser cette proportion :

$$1600 : 278 : : 798 : x$$

———

DES TONTINES ET DES CAISSES D'ASSURANCES SUR LA VIE.

———

Une *tontine* est une espèce de rente viagère qui a pris ce nom d'un italien nommé *Tontini* qui l'imagina. Ce fut en 1653, sous Louis XIV, que fut établie la première tontine en France. Les administrations particulières auxquelles on donne la dénomination *d'assurances sur la vie,* ne sont, en général, que des administrations de tontines.

Supposez que 278 individus de l'âge de 21 ans accomplis, aient versé actuellement dans une caisse de l'État ou dans une administration particulière, chacun 1000 fr., à la condition de laisser accumuler les intérêts et sur intérêts, au taux annuel de 5 p. 0/0, pendant 19 ans et que les survivants à cette époque se partageraient les 702593 fr. 27 c. que doivent produire le capital, les intérêts et sur intérêts des 278 mises, au bout de ces 19 années (nous faisons abstraction des frais d'administration).

Selon la table de mortalité de Duvillard, il resterait 207 survivants ou co-partageants à chacun desquels il reviendrait... $\dfrac{702492,16}{207} = 3393$ fr. 68.

tandis que chaque mise ne produirait au bout du même temps que 2526,95, différence, 866 fr. 73, qui exprime, pour chaque tontinier survivant, un bénéfice en sus des intérêts cumulés, c'est-à-dire 87 p. 0/0 ; quant à la perte pour chaque famille des tontiniers décédés, elle est totale, c'est-à-dire qu'elle est de *cent pour cent.*

Nous n'examinerons pas s'il est plus avantageux à un capitaliste ou à un père de famille de placer son argent :

Soit en achat de rentes sur l'État ou sur les particuliers, etc.;

Soit en achat d'actions sur les chemins de fer, les canaux, etc.;

Soit sur hypothèques;

Soit enfin dans une caisse d'épargne ou d'assurance sur la vie, etc., etc.

Notre but est de fournir aux uns et aux autres des moyens pratiques, prompts et faciles, pour qu'ils puissent effectuer les calculs et les combinaisons qu'il convient de faire pour établir toute espèce de comparaison.

1ʳᵉ question : *Un père de famille avait versé dans une tontine qui devait durer dix ans, et à la naissance de son fils, un capital unique de 30000 fr.; l'enfant étant décédé au bout de la neuvième année;*

On demande quel est le montant de la perte qu'a éprouvé ce père?

On admet le taux de 5 p. 0/0 par an, intérêts capitalisés tous les ans.

Réponse................ 46539 fr. 85.

Dans cette question on connaît :

a | Le capital....................... .... 30000 fr.
r | Le taux de l'intérêt........................... 5 p. 0/0.
ᴅ | Le nombre d'années............................ 9.

Et il s'agit de déterminer S ou la valeur du capital placé au bout de neuf ans.

Cette question ne diffère donc de celle N° 1 sur les placements uniques (1ᵉʳ énoncé, 1ᵉʳ mode, page 13), que par son énoncé.

2ᵉ question : *Un père de famille avait pris l'engagement de payer dans une tontine qui devait durer dix ans, et sur la tête d'un de ses enfants, une annuité de 4019 fr. 72 c., après en avoir payé neuf, l'enfant est décédé;*

On demande quelle est la perte qu'éprouve ce père?

On admet que l'annuité a été payée au commencement de l'opération et que les intérêts ont été capitalisés tous les ans au taux de 5 p. 0/0 par an.

Réponse................ 44323 fr. 86.

Dans cette question on connaît :

r	Le taux de l'intérêt............................	5 p. 0/0.
n	Le nombre des annuités........................	9.
b	Le montant de l'annuité.......................	4,019 fr. 72.

Et il s'agit de déterminer S ou le produit des neuf annuités après le paiement de la neuvième.

Cette question ne diffère donc de celle N° 13, sur les annuités (1er énoncé, 4e mode, page 47), que par son énoncé.

Autres problèmes sur les placements, les rentes de toute nature, etc., et pour la solution desquels interviennent les tables de mortalité.

1re question : *Une personne qui a 64 ans veut, pendant le reste de ses jours, placer tous les ans 4220 fr. 70, en intérêts composés tous les ans ;*

On demande quelle sera l'importance des espérances de ses héritiers, d'après les probabilités de la vie humaine, selon Duvillard ?

La vie probable à 65 ans, est de 8 à 9, soit............	8 ans 1/2.
La vie moyenne, de 9 à 10, soit.....................	9 ans 1/2.
Total..............	18 ans.
Moitié ou moyenne de ces deux vies..................	9 ans.
Donc l'espérance de vie serait à 64 ans de..............	9 ans.

On connaît donc :

b	Le placement annuel........	4220,70.
n	Le nombre des placements......................	9.
r	Le taux annuel................................	5 p. 0/0.

En opérant comme il est indiqué par la règle N° 5, on a pour réponse S = 48866,81.

C'est-à-dire que les héritiers recevront un an après le dernier placement.. 48866,81.

Nota.— Dans les problèmes qui suivent, nous ne ferons, pour abréger les calculs, usage que de la vie probable.

2ᵉ question : *Une personne qui a 64 ans, veut se créer une rente pour le reste de ses jours ; à cet effet elle place, à fonds perdus, 30000 fr. en intérêts composés tous les ans, à 5 p. 0/0 par an ;*

On demande quelle sera, d'après la durée de la vie probable, selon Duvillard, le montant de cette rente ?

On connait :

a	Le capital placé.................................	30000.
r	Le taux annuel de l'intérêt........................	5 p. 0/0.
n	Le nombre des annuités (ou la durée de la vie probable).	9.

Donc, suivant la règle Nᵒ 9, on a pour réponse B — 4220 fr. 70 c.

3ᵉ question : *Une personne âgée de 64 ans, possède un capital de 30000 fr. qu'elle veut placer en intérêts composés tous les ans, à 5 p. 0/0 par an, pendant le reste de ses jours ;*

On demande quelle sera, d'après la durée probable de la vie, selon Duvillard, les espérances des héritiers de cette personne ?

On connaît :

a	Le capital placé.................................	30000.
r	Le taux de l'intérêt.............................	5 p. 0/0.
n	Le nombre d'années (ou la durée de la vie probable....	9.

Donc, suivant la règle Nᵒ 10, on a pour réponse S — 46539 fr. 85 c.

4ᵉ question : *Une personne âgée de 64 ans, veut laisser à ses héritiers, après sa mort, 46539 fr. 85 c. ;*

On demande quel est, d'après la durée probable, selon Duvillard, le capital que cette personne doit placer actuellement en intérêts composés tous les ans, à 5 p. 0/0 par an ?

On connaît :

r	Le taux annuel de l'intérêt.....................	5 p. 0/0.
n	La durée du placement (ou la durée de la vie probable).	9 ans.
s	Le produit du placement.........................	46539,85.

Donc, d'après la règle Nᵒ 11, la réponse est A — 30000 fr.

P.

5ᵉ question : *Une personne âgée de* 64 *ans, veut laisser après sa mort, à ses héritiers,* 44323 fr. 66 c. ;

On demande quelle sera, d'après la durée de la vie probable de cette personne, selon Duvillard, l'annuité qu'elle aura à payer au commencement de chaque année, en ayant égard aux intérêts composés tous les ans à 5 p. 0/0 *par an?*

On connaît :

r   Le taux de l'intérêt annuel...................... 5 p. 0/0.

n   Le nombre des annuités égal à la durée probable..... 9.

s   Le produit des annuités........................ 44323,66.

Donc, suivant la règle N° 12, la réponse est B = 4019 fr. 72 c.

6ᵉ question : *Une personne âgée de* 64 *ans, veut se créer une rente viagère et annuelle de* 4220 fr. 70 c. ;

On demande quel sera, d'après la durée probable de sa vie, selon Duvillard, le capital qu'elle doit placer actuellement en intérêts composés tous les ans à 5 p. 0/0 *par an?*

On connaît :

r   Le taux annuel de l'intérêt...................... 5 p. 0/0.

n   Le nombre des annuités égal à la durée probable..... 9.

b   Le montant de l'annuité........................ 4220,70.

Donc, d'après la règle N° 17, la réponse est A = 30000 fr.

7ᵉ question : *Une personne âgée de* 64 *ans, veut, au bout de* 9 *ans, c'est-à-dire lorsqu'elle aura atteint sa* 73ᵉ *année, obtenir un capital de* 46539 fr. 85 c.

On demande quelle est la somme qu'elle doit placer actuellement à fonds perdus et en intérêts composés tous les ans à 5 p. 0/0 *par an, d'après la probabilité de la prolongation de la vie?*

Réponse...................... 15212 fr.

La probabilité de vivre encore 9 ans, lorsqu'on a 64 ans..... $= \dfrac{143}{282}$

De plus on connaît :

s	Le produit du placement......................	46539,85.
r	Le taux annuel de l'intérêt.....................	5 p. 0/0.
n	Le nombre d'années, au bout desquelles le capital demandé doit être réalisé....................	9.

1° Suivant la règle N° 2, les 46539,85 valent actuellement ci. 30000 fr.

2° On a donc.................... 143 : 282 : : x : 30000.

$$\text{D'où} \quad x = \frac{143 \times 30000}{282} = 15212.$$

DEUXIÈME PARTIE.

Chapitre Ier.

§ 1er. DES INTÉRÊTS SIMPLES.

Les intérêts simples se comptent par jour ;
L'unité de temps est de 360, ou de 365 ou de 366 jours ;
Enfin la base du calcul est ordinairement de 100 francs.

Règle générale.

Pour déterminer l'intérêt d'une somme quelconque, pour un temps donné réduit en jours et à un taux annuel quel qu'il soit, il faut :

1° Multiplier la somme par le temps réduit en jours ;
2° Multiplier ce produit par le taux annuel de l'intérêt ;
3° Diviser ce second produit par 36000, ou par 36500, ou par 36600, selon l'unité de temps que l'on aura adoptée.

Le quotient de cette division satisfera à la question.

Ou bien :

1° Multiplier la somme par le temps réduit en jours ;
2° Prendre le sixième de ce produit sans avoir égard au reste ;
3° Prendre le sixième de ce premier sixième sans avoir égard au reste ;
4° Séparer trois chiffres de ce résultat, en les comptant de la droite vers la gauche ;

Enfin, le résultat de cette dernière opération exprimera *l'intérêt à 1 p. 0/0* ; il ne s'agira donc plus que de le multiplier par le taux proposé.

Mais cette deuxième méthode ne convient que lorsqu'on calcule sur l'unité de temps de 360 jours, autrement il faut indispensablement employer la première.

Ou bien :

1° Multiplier la somme par le temps réduit en jours ;

2° Prendre le sixième de ce produit sans avoir égard au reste ;

3° Enfin, séparer trois chiffres de ce produit, en les comptant de la droite vers la gauche.

Ce dernier résultat exprimera toujours l'intérêt au *taux de* 6 *p.* 0/0 ; il ne s'agira donc plus que de le diminuer ou de l'augmenter, selon que le taux proposé est plus ou moins fort que 6 p. 0/0.

Même notation que celle faite pour la méthode qui précède.

Ou bien encore en faisant usage de la table des *factorithmes* cotée A, qui s'applique à toutes les sommes, les temps et les taux.

Toutes les questions utiles que l'on peut faire sur les intérêts simples, trouveront toujours leur analogie dans l'une des quatre questions que nous allons résoudre.

1re question : *Quel est l'intérêt de* 765 *fr. pour* 237 *jours, à* 5 *p.* 0/0 *par an, l'unité de temps étant de* 360 *jours ?*

Réponse . . . . 25 fr. 18 c.

Selon la 1re *méthode, on a :*

1° 765 multipliés par 237 donnent au produit. . . . . 181305.

2° 181305 multipliés par 5, taux de l'intérêt, *idem*. . . . . 906525.

3° Enfin, 906525 étant divisés par 36000, donnent au quotient 25,18, ce qui satisfait à la question.

Opération que l'on peut écrire ainsi. . . . $x = \dfrac{765 \times 237 \times 5}{36000}$

Selon la 2e *méthode :*

1° 765 multipliés par 237 donnent au produit. . . . . 181305.

2° Sixième de ce produit. . . . . 30217.

3° Sixième de ce sixième. . . . . 5036.

4° Ou après avoir séparé trois chiffres. . . . . 5,036.

5° Enfin, on a 5,036 à multiplier par 5, taux de l'intérêt proposé, et pour produit. . . . . 25,180.

Ou simplement. . . . . 25,18.

Selon la 3ᵉ méthode :

1º 765 multipliés par 237 donnent au produit............ 181305.

2º Sixième de ce produit................................. 30217.

3º Ou après avoir séparé trois chiffres................... 30,217.

4º Puisque ce dernier résultat donne l'intérêt à 6 p. 0/0 et qu'il n'est demandé qu'à 5 p. 0/0, il faut donc en soustraire 1 p. 0/0, c'est-à-dire un sixième........................ 5,036.

Reste qui satisfait à la question........................ 25,181.

Ou plus simplement.................................... 25,18.

On doit préférer la première méthode parce qu'elle est applicable à tous les cas.

Selon la 4ᵉ méthode :

Le nombre qui, dans la table des factorithmes cotée A, répond à 237 jours et à l'unité de temps de 360 jours, est de 65833 (mais on peut ne calculer que sur 6583 ou sur 658, selon l'importance de la somme dont on demande l'intérêt).

On a donc :

65833 à multiplier par 765 fr...................... 50362245.

50362245 à multiplier par 5, taux de l'intérêt........ 251811225.

Et en séparant sept chiffres on a.................... 25,1811225.

Enfin, supprimant les chiffres superflus, on a pour résultat cherché... 25 fr. 18 c.

La raison pour laquelle on doit séparer sept chiffres vient de ce que tous les nombres de la table expriment des décimales du cinquième ordre, et que le calcul des intérêts simples a pour base 100 francs.

Cette méthode de calculer les intérêts est encore la plus simple que l'on puisse employer. Nous garantissons l'exactitude de cette table, comme celle de toutes nos autres tables.

2º question : *On a emprunté 765 fr. remboursables au bout de 237 jours et sur lesquels le prêteur a retenu 25 fr. 18 c. pour intérêts;*

On demande à quel taux d'intérêt annuel on a effectué cet emprunt, l'unité de temps étant de 360 jours ?

Réponse..................... à 5 p. 0/0.

1º On multipliera les intérêts retenus par 36000, ou 36500 ou 36600 ;

2º On multipliera le capital à rembourser par le temps au bout duquel on doit effectuer le remboursement et réduit en jours ;

3° Enfin, on divisera le premier produit par le second.

Le quotient satisfera à la question.

On a donc pour la question............ $x = \dfrac{25,18 \times 36000.}{765 \times 237.}$

3e question : *On a emprunté 739 fr. 82 c. en échange desquels on a souscrit un billet payable au bout de 237 jours, montant à 765 fr.;*

On demande à quel taux annuel l'emprunt a été effectué, l'unité de temps étant de 360 jours ?

Réponse..................... à 5 p. 0/0.

Montant du billet souscrit............................. 765,00.

Argent reçu... 739,82.

Différence qui exprime les intérêts retenus par le prêteur.... 25,18.

Cette question ne diffère donc de celle qui précède que par son énoncé.

§ 2. DE LA COMMISSION.

Indépendamment de l'intérêt que perçoit le banquier sur un billet qui lui est présenté à l'escompte, il prélève encore, pour frais de recouvrement ou de courtage, une commission calculée par centaine de francs.

Le calcul de la commission est fort simple, il consiste à séparer deux chiffres de la somme escomptée, en les comptant de la droite vers la gauche, et le résultat de cette opération exprime toujours la commission à 1 p. 0/0, qu'il ne s'agit plus que d'augmenter ou de diminuer selon que la commission est plus ou moins forte que 1 p. 0/0.

Question : *Quelle est la commission sur un billet de 965 fr. à 1 3/4 p. 0/0 ?*

Réponse..................... 16 fr. 89 c.

Montant du billet après en avoir séparé deux chiffres de la droite vers la gauche........ .... 9,65.

Puisque ce résultat exprime la commission à 1 p. 0/0, il faut donc y ajouter le complément 3/4 ;

Pour 2/4 ou une demie, on a........................... 4,825

Pour 1/4, on a....................................... 2,412.

Total.................... 16,887.

§ 3. DE L'ÉCHÉANCE COMMUNE.

———

On entend par *Échéance commune* l'époque à laquelle un débiteur, d'accord avec son créancier, veut se libérer, en un seul paiement, sans recevoir ni payer d'intérêts, du montant de plusieurs sommes qu'il doit, à des époques différentes.

On doit....	7293^f.04^c. dans	365 jours	Produits	2661945.
———	3472 88 dans	730 —	des	2535290.
———	5512 50 dans	1095 —	sommes.	6036735.
———	4200 00 dans	1460 —	par les jours.	6132000.

Total des sommes 20478 42. Total des produits.......... 17365970.

On demande quelle est l'échéance commune?

Réponse............ au bout de 848 jours.

1° On multiplie chaque somme par le nombre de jours qui lui est relatif;

2° Ensuite on divise le total des produits par le total des sommes; le quotient satisfait à la question.

On a donc pour la question : $\dfrac{17365970}{20478} = 848$ jours.

§ 4. DES QUATRE ESPÈCES DE COMPTES

ENTRE DEUX PERSONNES QUI ONT ÉTÉ EN RELATIONS D'AFFAIRES CIVILES OU COMMERCIALES.

———

Il y a quatre manières de dresser les comptes entre deux personnes qui ont été en relations respectives d'avances et de remises de fonds.

La première est relative aux créances qui ne produisent point d'intérêts, et qu'on appelle néanmoins dans le commerce *Compte-courant* (code civil, art. 1153).

La deuxième est le système d'imputation par *échelette* à chaque paiement, et par conséquent applicable aux sommes dues, et qui portent intérêts (code civil, art. 1254).

Q.

La troisième est également le système d'imputation par échelette à chaque paiement, mais lorsqu'il y a *anatocisme*, c'est-à-dire lorsque les intérêts échus des capitaux produisent des intérêts (code civil, art. 1154).

La quatrième manière enfin est celle qui est en usage dans la banque et le commerce et qu'on appelle *Compte-courant et d'intérêts* (code civil, art. 2001).

Des Comptes-courants qui ne portent pas intérêt.

Les comptes-courants qui ne portent pas intérêt sont ceux qui s'établissent entre les négociants, les marchands et les particuliers, pour l'achat ou la vente de marchandises, etc.

Pour faire de semblables comptes, il suffit d'établir d'un seul jet la série de tout ce que doit le débiteur et d'établir de même la série de tout ce qu'il a payé ; le résultat de la comparaison des deux tableaux exprime la situation des deux parties intéressées (code civil, art. 1153.)

MODÈLE.

Doit.   *M. Jérôme, en ville, son compte chez Bodin, au 30 juin 1846.*   **Avoir.**

1846. Janvier	8	Ma facture à 3 mois	410	»	1846. Janvier	8	s/ remise espèces.. 200 »
Février	10	id...........	800	»	Février	10	s/ billet au 30 avril. 500 »
Mars...	7	id...........	600	»	Juin....	17	effet s/ Lyon au 15 c^t 400 »
Avril...	24	id...........	300	»	Juin....	20	effet s/ Paris au 18 c^t 375 »
Mai....	3	id...........	1000	»			1475 »
					Doit Jérôme pour solde de		
					compte au 30 juin 1846..		1635 »
			3110	»			3110 »

Des Comptes par échelettes de la 1re espèce.

Les comptes par échelette de la première espèce sont applicables aux sommes dues et qui produisent des intérêts sans *anatocisme*.

Au premier à-compte que fournit le débiteur, on calcule l'intérêt depuis le jour où la dette a commencé jusqu'à celui où il paie cet à-compte : on l'applique d'abord au paiement de la partie d'intérêts qui résulte de ce calcul, et le reste au capital. On voit par là que, si les intérêts excèdent le montant de l'à-compte payé, rien ne s'impute sur le capital ; mais alors aussi, lorsque cet à-compte ne suffit pas pour solder la portion d'intérêts échus, ce qui n'est pas acquitté se tire en *colonne morte* pour ne plus produire d'intérêts (code civil, art. 1254).

Un propriétaire doit pour emprunt ou acquisition, etc., une somme de 10000 francs, payables à des époques déterminées dans le contrat, avec l'intérêt légal de 5 p. 0/0 à partir du 1ᵉʳ janvier 1843, date de l'obligation ; mais les paiements en à-compte au lieu d'avoir été effectués, conformément au contrat, tant sous le rapport de leur montant que sous celui des époques, l'ont été de la manière suivante :

Le 31 juillet 1843.....   250.
Le 31 mars 1844.....   1000.   Total.....   7250 fr.
Le 31 août 1845.....   6000.

On demande quelle est la somme que ce propriétaire redoit au 31 août 1845, époque de son dernier paiement ?

Réponse....................   4056 fr. 83 c.

DÉCOMPTE :	COLONNE des CAPITAUX.	COLONNE MORTE.
Montant de la dette dont les intérêts sont dus à partir du 1ᵉʳ janvier 1843...	10000 »	
Intérêts du 1ᵉʳ janvier au 31 juillet 1843, 211 jours..... 293ᶠ.06ᶜ.		
1ᵉʳ *paiement*.................................... 250. 00.		
Il reste dû sur les intérêts 43 fr. 06 c. qui doivent être portés dans la colonne morte, attendu qu'ils ne doivent produire aucun intérêt jusqu'au prochain paiement...... 43ᶠ.06ᶜ.		43 06
Totaux exprimant la situation du Débiteur après son 1ᵉʳ paiement..	10000 »	43 06
Intérêts des 10000 fr. du 31 juillet 1843 au 31 mars 1844, époque du 2ᵉ paiement, 244 jours (1844 étant bissextile).................................... 338ᶠ.89ᶜ.		
Ajouter les intérêts qui restent dus au 1ᵉʳ paiement..... 43. 06.		
381ᶠ.95ᶜ.		
2ᵉ *paiement*.................................... 1000. 00.		
Reste imputable sur le capital.....	618 05	
Reste exprimant la situation du Débiteur après son 2ᵉ paiement.....	9381 95	» »

En continuant ainsi on satisfera à la question.

Des Comptes par échelettes de la 2ᵉ espèce.

Les comptes par échelettes de la deuxième espèce sont applicables aux sommes qui produisent des intérêts avec *anatocisme*, c'est-à-dire lorsque les intérêts échus des capitaux produisent des intérêts. (Code civil, art. 1154).

La marche à suivre pour établir un semblable compte est absolument la même que celle indiquée pour l'espèce de compte qui précède. Seulement lorsque l'à-compte donné ne suffit pas pour payer les intérêts échus, la portion qui n'est pas acquittée s'ajoute au capital. Par exemple, dans le décompte qui précède, au lieu d'avoir mis les 43 fr. 06 c. en colonne morte on les eût ajouté au capital 10000 fr. Ce qui eût porté la dette du propriétaire à l'époque du premier paiement, à 10043 fr. 06 c. en capital.

Ajoutant alors, à ce nouveau capital, les intérêts qu'il produit à partir du premier paiement jusqu'à l'époque du second, on trouverait   10383 fr. 41 c.
Déduisant le deuxième paiement......................   1000.

Le reste exprime donc la situation du Débiteur aprés son
deuxième paiement................................   9383 fr. 41 c.
Tandis que d'après le décompte qui précède on n'a trouvé que   9381. 95.

Différence..................   1. 46.

Différence qui peut devenir plus considérable dans un compte plus important que celui-ci.

Des Comptes-courants portant intérêts.

Les comptes-courants portant intérêts sont d'un usage très fréquent dans la banque et le négoce. De même que les comptes par échelettes de la deuxième espèce, ils sont une conséquence du calcul des intérêts composés. La différence qui existe entre ces deux espèces de comptes, consiste en ce que dans les décomptes par échelettes de la deuxième espèce, les intérêts sont capitalisés à chaque modification que subit la dette par suite des paiements qui ont pour objet de l'atténuer, tandis que dans un compte-courant portant intérêt on calcule ce que chaque somme qui modifie le compte produit d'intérêts simples jusqu'à une époque convenue, et ce n'est qu'à cette époque que les intérêts sont capitalisés. (Code civil, art. 2001).

DÉFINITION.

Un compte-courant portant intérêts est, en général , un composé de
remises en argent ou valeurs et même en marchandises que deux banquiers
ou négociants se sont faits l'un à l'autre, des rentrées qui en ont été le
résultat , des retours lorsqu'ils ont eu lieu , en un mot de tout ce qui a pour
objet de modifier entre eux les rapports du *débit* et du *crédit*.

De sa nature il est sujet à une variation perpétuelle : car le mouvement
n'étant pas limité, les opérations successives amènent , d'un jour à l'autre ,
de nouveaux éléments de débit et de crédit.

L'état de compte-courant n'établit point de simples relations de créancier
et de débiteur comme les trois sortes de comptes dont il vient d'être parlé ;
il constitue les deux parties réciproquement commissionnaires l'une de
l'autre. Chacune , en commençant ce rapport d'affaires , charge l'autre de
faire , comme son mandataire , toutes les avances dont elle lui indiquera la
nécessité , ou qu'exigerait la série des affaires , et ces avances portent , par
elles-mêmes et de plein droit , intérêt , conformément à l'art. 2001 du
code civil.

Cette situation particulière ne permet ni d'appliquer le premier mode de
compte, qui suppose que les créances ne produisent point d'intérêts , ni
même le *second* et le *troisième* , qui, tout en admettant la perception des
intérêts , présentent une comptabilité incompatible avec les comptes-courants.

Lorsqu'il n'existe , entre les parties, que de simples rapports de créancier
et de débiteur , tout est fixe ; les calculs par imputation, résultant de paiements certains, n'ont aucun inconvénient.

Dans le compte-courant au contraire rien n'est susceptible de fixité que
lorsqu'il est fini. Cette variation perpétuelle , qui est de son essence , ainsi
que l'a reconnu la cour de cassation par arrêt du 6 frimaire an XIII , s'oppose
donc à ce que celui qui est en avance sache définitivement ce qui lui est dû
en capital et intérêts pour l'en remplir à point nommé ; souvent la nature de
ses opérations ne le lui permet pas.

Il serait cependant injuste que des obstacles qui tiennent à la nature de la
négociation , et qui sont avantageux au débiteur, puisqu'il profite d'autant
plus de ses fonds qu'il se libère plus tard , causassent des dommages à celui
qui est en avance. De là est venue la convention tacite de capitaliser au bout

de chaque année, et même, dans certains pays, à des époques plus rapprochées, les intérêts des avances respectives.

Cette capitalisation est de la nature, et nous ne craignons pas de le dire, de l'essence des comptes-courants. Les plus rigoureux ennemis de l'usure ne l'ont jamais combattue, parce que, comme le fait observer Benoît XIV dans sa lettre encyclique du 1ᵉʳ octobre 1745, « des usages de cette sorte ne » sont pas de la nature du prêt, et que, si tout y est balancé selon une » exacte justice, ils peuvent fournir une multitude de moyens licites de » favoriser le commerce, et d'exercer, pour le bien public, d'utiles né- » gociations. »

Les comptes-courants que les banquiers ou négociants envoient à leurs correspondants n'ont pas toujours pour objet d'arrêter et de balancer irrévocablement leurs comptes, mais de se mettre réciproquement à même de connaître leur situation.

Suivant un usage établi dans le commerce, les banquiers ou négociants règlent leurs comptes-courants tous les trois ou six mois, et, au plus tard, à la fin de l'année, et c'est au créancier à produire son compte. Dans le cas où ce dernier aurait négligé de le faire, il ne serait plus admis à l'établir soit par trimestre, soit par semestre, ni même par année ; ce compte serait établi d'un seul jet et avec une seule balance.

Un compte-courant doit toujours être arrêté avec cette condition qu'il est *sauf erreur ou omission.*

COMPOSITION D'UN CADRE DE COMPTE-COURANT.

Le DOIT, qui représente la dette de celui à qui le compte doit être remis, se place à la gauche du compte ;

L'AVOIR, qui représente au contraire les sommes qui lui sont dues, se place à la droite.

Le Doit a généralement, comme l'Avoir, sept colonnes qui ont chacune pour titre :

La 1ʳᵉ, *Dates* des écritures du journal de celui qui produit le compte ;

2ᵉ, *Nature des opérations ;*

3ᵉ, *Capitaux détaillés ;*

4ᵉ, *Époques de valeur* ou époques d'où partent les intérêts ;

La 5ᵉ, *Jours* ou nombre de jours pour lequel les intérêts sont dus par chaque somme ;

6ᵉ, *Nombres* ou *intérêts* en ma faveur ;

7ᵉ, *Nombres* ou *intérêts* en sa faveur ; c'est-à-dire que les nombres ou intérêts en *ma faveur* sont ceux qui appartiennent à celui qui remet le compte, et ceux en *sa faveur* appartiennent à celui auquel le compte doit être remis.

———

Deux manières d'établir un compte-courant sont en usage dans le commerce :

La première est dite *ancienne méthode* ;

La deuxième est dite *nouvelle méthode.*

On emploie l'ancienne méthode lorsqu'on connaît à l'avance l'époque à laquelle un compte doit être définitivement arrêté;

Et la nouvelle méthode est employée lorsque ne connaissant pas à l'avance l'époque à laquelle le compte doit être définitivement arrêté, on prend pour le calcul des intérêts, une *époque arbitraire.*

L'époque arbitraire est ordinairement celle à laquelle on a arrêté le compte fourni précédemment, ou la fin du mois qui précède celui dans lequel le compte a commencé.

COMPTE-COURA[

DOIT.   *M.* ABRAHAM *de Poitiers s/c courant chez* ROBERT *de Tours ,*

1.		2.		3.		4.		5.
1846.		Compte précédent........ 1	787	»	31	décembre 1845.	90
Janvier...	2.	Espèces................ 2	586	»	2	janvier 1846...	88
	6	S/ traite o/ Paul......... 3	658	»	6	*id.*.........	84
Février ..	7	S/ Poitiers............. 4	564	»	7	février........	52
	15	S/ Limoges.. 5	345	»	5	mars...	26
Mars.....	1	S/ Paris............... 6	543	»	18	mai..........	48
	1	S/ Lyon............... 7	300	»	31	mars.........	*ép.*
			3783	»			
						Report des nombres de *l'Avoir*...........	
		1361 multipliés par 6 et divisés par 360 produisent pour intérêts...........................	22	28		Balance des nombres en ma faveur.........	
			3805	68			

Explication des colonnes Nᵒˢ 5 , 6 et 7 du DOIT.

L'époque à laquelle on arrête un compte étant celle où le débiteur et le cr[
paient réciproquement les intérêts , on devra raisonner ainsi :

1º Puisqu'Abraham doit 787 fr. depuis le 31 décembre 1845 et qu'il n'en tien[
que le 31 mars 1846 , il doit 90 jours d'intérêts sur cette somme ;

2º Puisqu'il doit 586 fr. depuis le 2 janvier et qu'il n'en tient compte que le[
il doit 88 jours d'intérêts sur cette somme ;

3º On raisonnera de même pour les sommes cotées 3 , 4 et 5 ;

4º Puisqu'il ne doit 543 fr. que le 18 mai et qu'il en tient compte le 31 mars ,
dû 48 jours d'intérêts ;

5º Enfin l'époque de valeur pour la septième somme étant la même que celle[
le compte est arrêté , elle n'est productive d'aucun intérêt.

NE MÉTHODE.

6 p. 0/0 par an , l'unité de temps étant de 360 jours.   **AVOIR.**

	2.		3.			4.	5.	6 ou nombres rouges.	7.
4	S/ Tours................	1	400	»	31	janvier 1846...	59	»	236
13	Id....................	2	500	»	4	février........	55	»	275
25	S/ Nantes.	3	300	»	10	avril..........	10	30	»
15	Espèces.................	4	1000	»	15	mars..........	16	»	160
22	S/ Blois.................	5	225	»	15	mai...........	45	101	»
24	S/ Loches.	6	150	»	31	mars..........	ép.	»	»
»	Id....................	7	325	»	1	avril..........	1	3	»
			2900	»					
	Doit M. ABRAHAM pour solde , valeur 31 mars 1846.................		905	68					
			3805	68				134	671

Explication des colonnes N°° 5 , 6 et 7 de l'AVOIR.

t dû à Abraham 400 fr. depuis le 31 janvier , on ne lui en tient compte que le 31 mars ; il lui revient jours d'intérêts.

ui est dû 500 fr. depuis le 4 février , on ne lui en tient compte que le 31 mars ; il lui revient donc 55 térêts.

raisonnera de la même manière pour la somme cotée 4.

s les 300 fr. cotés 3 ne lui sont dus que le 10 avril , et comme on lui en tient compte le 31 mars , qui doit 10 jours d'intérêts.

n est de même des sommes cotées 5 et 7 dont on lui tient compte avant les échéances.

in la somme de 150 fr. , cotée 6 , se trouve dans le même cas que celle cotée 7 au *Doit.*

avoir établi la colonne cotée 5 , au *Doit* et à l'*Avoir* , on multiplie les capitaux chacun par leurs respectifs de jours , et on porte les produits que l'on appelle *nombres* dans les colonnes cotées 6 ou qu'ils sont en *ma faveur* ou en *sa faveur.* — Le reste se comprend facilement.

est pour éviter des nombres considérables qu'on est dans l'usage de retrancher de ces produits un ou deux chiffres à droite. anche généralement deux ; c'est ce que nous avons fait.   R.

Le Compte qui précède établi d'après la nouvelle Méthode.

Fixé provisoirement au 31 décembre 1845.

DOIT.   *Arrêté définitivement au 31 mars 1846.*   **AVOIR.**

3.		4.	5.	6. Nombres rouge.	7.	3.		4.	5.	6.	7. Nombres rouges
787	»	31 décembre 1845	0		0	400	»	31 janvier 1846...	31	124	
586	»	2 janvier 1846..	2		12	500	»	4 février.......	35	175	
658	»	6 »	6		39	300	»	10 avril.........	100	300	
564	»	7 février......	38		214	1000	»	15 mars.	74	740	
345	»	5 mars	64		221	225	»	15 mai..........	135	304	
543	»	18 mai..........	138		749	150	»	31 mars.........	90	135	
300	»	31 mars.........	90		270	325	»	1 avril	91	296	
3783	»			0	1505	2900	»			2074	0
Balance des nombres en ma faveur................				0	1364	Différence des capitaux en ma faveur : 883 fr. Valeur 31 mars..........			90	795	0
				0	2869					2869	0

DE LA RÉDACTION D'UN COMPTE-COURANT PAR LA NOUVELLE MÉTHODE.

La rédaction d'un compte-courant, d'après la nouvelle méthode, est celle dont on se rend plus facilement compte, parce qu'elle a plus d'analogie avec le calcul des négociations de valeurs que l'on fait chez les banquiers.

Lorsqu'on a, par exemple, établi la série de tout ce qui est dû au correspondant auquel le compte doit être remis et les époques auxquelles il est créancier, on peut lui tenir ce langage :

« Supposons que tous les articles dont se compose votre AVOIR, soient autant de billets que vous m'auriez présenté à l'escompte le jour que nous avons commencé à être en relation d'affaires, ou bien le jour que nous avons réglé notre dernier compte; lequel jour nous nommerons *époque provisoire* (cette époque, dans notre modèle, est le 31 décembre 1845):

» Pour le premier article ou billet de 400 fr., ne suis-je pas en droit de

» vous retenir 59 jours ou..........................   **124 nombres.**

» Pour le second , de 500 fr., 55 jours ou...........   300 nombres.

» Pour le troisième , de 300 fr., 100 jours ou.......   300 nombres.

» Et ainsi de suite.

                 » Total.....................   2074 nombres.

» Et comme je ne dois opérer ces différentes retenues que dans trois » mois, c'est-à-dire le 31 mars 1846, époque de la clôture définitive de notre » compte, autrement je profiterais, par anticipation, des intérêts que vous » ne me devez qu'à cette époque, il est juste que je vous tienne compte de » ceux que produisent les 2900 fr., montant de vos remises, puisque j'en » aurai eu la jouissance pendant la durée du compte; or 2900 multipliés » par 90 jours, durée du compte, produisent en votre faveur 2610 nombres.»

Mais si le banquier a fait son compte pour les remises qui lui ont été faites, le correspondant peut se mettre en son lieu et place, et, considérant tous les articles qui composent son DOIT comme une négociation qui lui aurait été faite par le banquier, lui tenir également ce langage :

« Pour le premier article ou billet qui est de 787 fr., vous ne me devez » aucun intérêt, puisque son époque de valeur est précisément celle que » nous avons choisie pour *époque provisoire ;* mais pour le second article qui » est de 586 fr., vous me devez 2 jours ou..............   12 nombres.

» Pour le troisième article de 658 fr., 6 jours ou......   39 nombres.

» Et ainsi de suite.

                 » Total.....................   1505 nombres.

» Puisque, comme vous, j'aurai eu la jouissance de vos capitaux du 31 dé- » cembre, époque provisoire du compte, jusqu'au 31 mars suivant, époque » de la clôture définitive, il est juste, également que je vous en indemnise ; » or 3783 multipliés par 90, durée du compte, produisent en votre faveur, » ci............................. ....   3405 nombres.»

Actuellement (c'est le banquier ou celui qui fournit le compte qui parle), faisons notre compte concernant les intérêts ;

Vous me devez sur vos remises.....................   2074 nombres.

Et moi je vous en dois.........................   2610.

Je vous dois sur mes remises.......................   1505.

Et vous m'en devez........................... 3405.

               Totaux...... .... 5479.   4115.

Nombres que vous me devez...................... 5479 nombres.

Nombres que je vous dois......................... 4115.

Donc, enfin, vous me devez pour balance.......... 1364.

                                                5479.   5479.

Si nous réduisons cette balance 1364 en intérêts en la multipliant par le taux convenu de 6 p. 0/0, et si nous divisons le produit par 360 (au lieu de 36000 puisque nous avons retranché deux chiffres dans la multiplication des sommes par leurs jours respectifs), le résultat de cette dernière opération exprimera les intérêts qui doivent me revenir et par conséquent augmenter d'autant votre DOIT, savoir de 22 fr. 73 c.

Mais ce n'est pas ainsi que l'on opère dans la pratique quoiqu'on arrive au même résultat, voici comment on s'y prend :

1° On calcul combien il y a de jours depuis l'époque provisoire jusqu'à l'époque de valeur de chaque somme tant au DOIT qu'à l'AVOIR (colonne N° 5);

2° On multiplie chaque somme par le nombre de jours qui lui est relatif (en supprimant un chiffre ou deux, ou en n'en supprimant aucun), colonnes N° 6 ou 7, selon que les intérêts sont en *ma faveur* ou en *sa faveur;*

3° Enfin on établit *la différence des capitaux* que l'on multiplie par la durée du compte et les nombres que cette multiplication produit, appartiennent à celui qui est créancier de cette différence.

Dans notre modèle, la différence des capitaux étant en faveur de Robert qui fournit le compte, il a porté les nombres 795 qu'elle produit dans une des colonnes (du DOIT ou de l'AVOIR cela est indifférent) qui contient les nombres en sa faveur.

Quant au surplus du compte, on opère absolument comme dans la première méthode.

Remarques applicables aux deux méthodes :

1° Dans les multiplications on ne doit pas avoir égard aux centimes qui entrent dans la composition des sommes, cependant, dans les calculs on les compte pour 1 fr. s'ils expriment 50 et plus; par exemple, si l'on avait 837 fr. 75 c. à multiplier par 37 jours, on multiplierait 838 par 37, et si on n'avait que 837 fr. 49 c., on ne multiplierait que 837 par 37;

2° Enfin, si dans les produits des multiplications, on supprime un chiffre ou deux, et si le chiffre supprimé exprime 5 et plus, ou les deux chiffres 50 et plus on comptera *un nombre* de plus,

Soit pour produit d'une multiplication............. 37564.

On comptera................................... 376 nombres.

Mais pour un produit de........................ 37549.

On ne compterait que.............. .... 375 nombres.

Ces suppressions et augmentations étant réciproques, les erreurs qui peuvent en résulter n'atteignent jamais 10 centimes.

DES NOMBRES ET DES INTÉRÊTS TOUT CALCULÉS DANS UN COMPTE-COURANT.

Pour discuter s'il est plus convenable de substituer dans un compte-courant les intérêts tout calculés à la place des *nombres* (*) que l'on sera encore bien longtemps en usage de mettre vis-à-vis les sommes, il faudrait froisser quelques manières de voir, telle n'est pas notre intention. Seulement nous engageons les personnes qui font usage de tarifs, à se méfier de leur composition ; car nous avons remarqué que la plupart de ceux qui ont parus ou qui ont été publiés jusqu'à ce jour fourmillent d'erreurs graves qui décèlent le peu de talent de leurs auteurs en mathématiques. Et cependant la composition de semblables tarifs n'exige que l'emploi des règles les plus simples de l'arithmétique. En effet, il ne s'agit d'abord *que de diviser l'unité ou le taux annuel par l'unité de temps, ensuite ajouter le quotient de cette division à lui-même* 359 *fois, ou* 364 *fois, ou* 365 *fois, ou* 999 *fois, etc., si l'on veut que le tarif exprime l'intérêt de* UN FRANC *pour tous les jours : de* 1 *jour à* 360, *ou de* 1 *jour à* 365, *ou de* 1 *jour à* 366, *ou de* 1 *jour à* 1000, *etc.*

C'est ainsi que nous avons opéré pour la composition des tables et calendriers cotés A, B, C, etc., que nous soumettons à nos lecteurs et qui, probablement, de même que tous les autres que l'on destinera à la rédaction des comptes-courants, subiront l'honneur de l'oubli. Toutefois nous garantissons leur exactitude mathématique et typographique.

(*) Les nombres sont les résultats des multiplications des sommes par leurs jours respectifs. Ils expriment l'intérêt à 36000, ou à 36500, ou à 36600 p. 0/0 par an.

COMPTE-COURANT

Rédigé d'après la nouvelle méthode (page 138), et en ayant fait usage du calendrier coté B et de la table des factorithmes *cotée* F (*).

3.		4.	5.	factorith.	7.	3.		4.	5.	factorith.	6.
					fr. c.						fr. c.
787	»	31 déc. 1845.	0	0	0,00	400	»	31 janv. 1846.	31	517	2,07
586	»	2 janv. 1846.	2	33	0,19	500	»	4 février....	35	583	2,92
658	»	2 »	6	100	0,66	300	»	10 avril......	100	1667	5,00
564	»	7 février....	38	633	3,57	1000	»	15 mars......	74	1233	12,33
345	»	5 mars......	64	1067	3,68	225	»	15 mai.......	135	2250	5,06
543	»	18 mai.......	138	2300	12,49	150	»	31 mars......	90	1500	2,25
300	»	31 mars......	90	1500	4,50	325	»	1 avril......	91	1517	4,93
3783	»				25,09	2900	»	Différence des capitaux			34,56
22	74	Balance des intérêts...			22,72			883 fr. Valeur 31 mars			
								90 jours = 1500.			13,25
						905	74	Balance du compte,			
								Valeur 31 mars 1846.			
3805	74				47,81	3805	74				47,81

1° On a établi la colonne cotée 5, en faisant usage du calendrier coté B;

2° On a établi celle intitulée factorithmes, avec la table cotée F;

3° Enfin on a multiplié les sommes de la colonne N° 3, par les factorithmes respectifs, et on est parvenu ainsi à déterminer les intérêts relatifs à chaque sommes. (Nos factorithmes exprimant des décimales du cinquième ordre, on doit dans les multiplications, séparer cinq chiffres en les comptant de la droite vers la gauche).

(*) Les factorithmes sont des nombres artificiels en progression arithmétique, au moyen desquels on parvient à déterminer immédiatement les intérêts simples aux taux pour lequel ces factorithmes ont été composés.

Nous avons composé le mot factorithme de *facteur*, nombre qui entre dans la composition d'un autre par la voie de la multiplication, et de *arithmos*, nombre en progression avec un autre.

TROISIÈME PARTIE.

THÉORIE.

Chapitre Ier.

§ 1er. DES INTÉRÊTS COMPOSÉS, page 3,

ET DES PLACEMENTS UNIQUES, page 11.

Si nous désignons par r le taux de l'intérêt pour *un franc* par an ; un franc et ses intérêts au bout d'un an, pourront être exprimés par...... $1+r$.

Si a représente un *multiple* ou *sous-multiple* d'un franc, ce capital a et ses intérêts au bout d'un an, pourront être également exprimés par $a+ar$ ou plus simplement par.................................... $a\,(1+r)$.

Désignons par a' cette dernière valeur ; au bout d'un an elle acquerra, à cause de ses intérêts, celle-ci......................... $a'(1+r)$.

Substituons à a' sa valeur primitive, nous aurons $a\,(1+r)(1+r)$, ou.. $a\,(1+r)^2$.

Valeur qui est précisément celle de a et de ses intérêts et sur-intérêts au bout de deux ans.

En raisonnant ainsi pour la troisième, la quatrième année, etc., on trouvera ce qu'un capital quelconque a, placé en intérêts composés tous les ans à un taux annuel quel qu'il soit, doit produire au bout d'un nombre exact d'années, donné.

Désignons par S ce produit et par n un nombre exact d'années ou de semestres, donné, nous aurons cette équation,

$$S = a(1+r)^n$$

C'est au moyen de cette formule et de trois autres que l'on en déduit, qu'on parvient à résoudre toutes les questions possibles sur les *placements uniques.*

§ 2. DES PLACEMENTS PÉRIODIQUES, page 17.

———

Si les placements faits à chaque commencement d'année ou de semestre, ne sont pas égaux entr'eux, alors même que les époques de paiement seraient éloignées également entr'elles, on devra pour déterminer leur valeur totale à la fin de l'opération, considérer chacun en particulier, comme un placement unique, ce qui donnera lieu à cette expression générale qui ne peut subir aucune modification,

$$S = \textsc{b}(1+r)^n + \textsc{c}(1+r)^{n-1} + \textsc{d}(1+r)^{n-2} + \ldots + \ldots + \textsc{k}(1+r)$$

Mais si les placements sont égaux entr'eux et faits à intervalles de temps égaux, nous aurons cette expression générale,

$$S = b(1+r)^n + b(1+r)^{n-1} + b(1+r)^{n-2} + \ldots + \ldots + b(1+r)$$

Le second membre de cette équation, considéré dans un ordre inverse, est évidemment une progression par quotient, dont :

Le premier terme.............................. $= b(1+r)$
La raison..................................... $= (1+r)$
Et le dernier terme........................... $= b(1+r)^n$

On a donc en vertu d'une des propriétés des progressions géométriques (*),

$$S = \frac{[b(1+r)^n(1+r)] - b(1+r)}{(1+r) - 1}$$

(*) Lorsque dans une progression géométrique on connaît le premier terme, la raison et le dernier terme ou le terme que l'on considère comme le dernier, on obtient la somme, en multipliant le dernier terme par la raison, retranchant du produit le premier terme, et divisant la différence par la raison diminuée d'une unité.

Ou en réduisant $S = \dfrac{b[(1+r)^n - 1](1+r)}{r}$

Au moyen de cette expression générale et de trois autres que l'on en déduit, on parvient à résoudre toutes les questions possibles sur les *placements périodiques*.

§ 3. DES ANNUITÉS OU PAIEMENTS PÉRIODIQUES, page 29.

Si les paiements périodiques sont inégaux entr'eux, alors même que les intervalles de temps seraient égaux, on aurait cette équation qu'il n'est pas possible de réduire à une plus simple expression :

$$a(1+r)^n = b(1+r)^{n-1} + c(1+r)^{n-2} + \ldots + g(1+r) + k$$

Mais si, pour se libérer, par exemple, de 1418 fr. 39 c. que l'on devrait actuellement, ainsi que des intérêts et sur-intérêts jusqu'au jour de la libération, à 5 p. 0/0 par an, on était convenu de payer pendant quatre fois, sans intérêts, et chaque fois, savoir :

400 dans 1 an $\left.\phantom{\begin{array}{c}1\\1\\1\\1\end{array}}\right\}$ Annuités payées à la fin d'année.
400 dans 2 ans
400 dans 3 ans *Premier cas.*
400 dans 4 ans

On aurait cette équation :

$$1418,39\,(1,05)^4 = 400(1,05)^3 + 400(1,05)^2 + 400(1,05) + (400)$$

Et si, pour se libérer de 1489 fr. 30 c. dus comme ci-dessus, on était convenu de payer :

400 actuellement $\left.\phantom{\begin{array}{c}1\\1\\1\\1\end{array}}\right\}$ Annuités payées au commencement d'année.
400 dans 1 an
400 dans 2 ans *Deuxième cas.*
400 dans 3 ans

On aurait également cette équation :

$$1489,30(1,05)^3 = 400(1,05)^3 + 400(1,05)^2 + 400(1,05) + 400$$

S.

Or, si nous désignons par :

A ,   Le capital de la dette;

B ,   Le montant de l'annuité;

N ,   Le nombre des annuités;

R ,   Le taux de l'intérêt;

S ,   Le produit des annuités après le paiement de la dernière.

Nous aurons, pour le premier cas, cette expression générale :

$$a(1+r)^n = b(1+r)^{n-1} + b(1+r)^{n-2} + \ldots + b(1+r) + b$$

Et pour le deuxième cas, cette autre expression générale :

$$a(1+r)^{n-1} = b(1+r)^{n-1} + b(1+r)^{n-2} + \ldots + b(1+r) + b$$

Dans l'une et l'autre de ces deux expressions, le second membre, considéré dans un ordre inverse, est évidemment une progression par quotient, dont :

Le premier terme. . . . . $=$ b

La raison. . . . . $=$ $(1+r)$

Le nombre des termes. . . . . $=$ n

On a donc en vertu d'une des propriétés des progressions géométriques :

Pour le premier cas. . . . . $a(1+r)^n = \dfrac{b[(1+r)^n - 1]}{r}$

Et pour le deuxième cas. . . . . $a(1+r)^{n-1} = \dfrac{b[(1+r)^n - 1]}{r}$

C'est de ces deux dernières expressions générales que l'on déduit de chacune vingt formules au moyen desquelles on parvient à résoudre toutes les propositions que l'on peut faire sur les *annuités* ou *placements périodiques*.

TABLEAU

Des vingt-huit formules algébriques au moyen desquelles on parvient à résoudre toutes les questions possibles sur les placements uniques, les placements périodiques et les annuités ou paiements périodiques, suivi de deux appendices.

Observations sur r et n.

PLACEMENTS UNIQUES.

Pour les intérêts composés tous les ans, n exprime le nombre d'années et r le taux annuel pour un franc.

Enfin, pour les intérêts composés tous les six mois, n exprime le nombre de semestres et r le taux semestriel pour un franc.

PLACEMENTS PÉRIODIQUES.

Pour les placements faits au commencement d'année, intérêts composés tous les ans, r désigne le taux annuel pour un franc.

Pour ceux faits au commencement de semestre, intérêts composés tous les six mois, r désigne le taux semestriel pour un franc.

Enfin, pour les placements faits au commencement d'année, intérêts composés tous les six mois, r désigne le taux semestriel réduit au taux annuel; par exemple, si le taux semestriel donné est à 2 fr. 50 c., le taux annuel revient à 5 fr. 0625, page 82, et par conséquent on ferait $r = 0^f.050625$.

Et...$(1+r) = 1,050625$.

Dans tous les cas, n désigne le nombre de placements.

ANNUITÉS OU PAIEMENTS PÉRIODIQUES.

Pour les annuités payées tous les ans, intérêts composés tous les ans, r désigne le taux annuel pour un franc.

Pour celles payées tous les six mois, intérêts composés tous les six mois, r désigne le taux semestriel pour un franc.

Enfin, pour celles payées tous les ans, intérêts composés tous les six mois, r désigne le taux semestriel réduit au taux annuel, pour un franc.

Dans tous les cas, n désigne le nombre d'annuités.

Nos DES FORMULES correspondant à ceux des règles.	ÉTANT donnés.	ON DEMANDE.	FORMULES.
			PLACEMENTS UNIQUES.
1	a, r, n	S	$a(1+r)^n$ — applicable aux deux modes.
2	s, r, n	A	$\dfrac{s}{(1+r)^n}$ — *idem.*
3	a, s, r	N	$\dfrac{\log. s - \log. a}{\log. (1+r)}$ — *idem.*
4	a, s, n	R	$\left(\dfrac{s}{a}\right)^{\frac{1}{n}} - 1$ — *idem.*
			PLACEMENTS PÉRIODIQUES.
5	b, n, r	S	$\dfrac{b[(1+r)^n-1](1+r)}{r}$ — applicable aux trois modes.
6	s, r, n	B	$\dfrac{sr}{[(1+r)^n-1](1+r)}$ — *idem.*
7	b, r, s	N	$\dfrac{\log.[(1+r)(s+b)-s]-\log.[b(1+r)]}{\log.(1+r)}$ — *idem.*
8	b, n, s	R	$\dfrac{s}{b} = \dfrac{[(1+r)^n-1](1+r)}{r}$ — *idem.*

Pour déterminer R au moyen de cette formule, il
faut opérer comme il est enseigné par l'un ou l'autre
des deux appendices des formules algébriques.

N°s des formules correspondant à ceux des règles.	ÉTANT donnés.	ON DEMANDE.	FORMULES. 1er CAS. Annuité payée à la fin d'année, 1er, 2e et 3e modes.	2e CAS. Annuité payée au commencement d'année, 4e, 5e et 6e modes.

ANNUITÉS OU PAIEMENTS PÉRIODIQUES.

N°	donnés	demande	1er CAS	2e CAS
9	a, r, n	B	$\dfrac{ar(1+r)^n}{(1+r)^n-1}$	$\dfrac{ar(1+r)^{n-1}}{(1+r)^n-1}$
10	a, r, n	S	$a(1+r)^n$	$a(1+r)^{n-1}$
11	r, n, s	A	$\dfrac{s}{(1+r)^n}$	$\dfrac{s}{(1+r)^{n-1}}$
12	r, n, s	B	$\dfrac{sr}{(1+r)^n-1}$	Même formule que celle ci-contre.
13	a, r, s	N	$\dfrac{\log. s - \log. a}{\log.(1+r)}$	$\dfrac{\log. s - \log. a}{\log.(1+r)}+1$
14	a, r, s	B	$\dfrac{sar}{s-a}$	$\dfrac{sar}{s(1+r)-a}$
15	a, n, s	R	$\left(\dfrac{s}{n}\right)^{\frac{1}{n}}-1$	$\left(\dfrac{s}{a}\right)^{\frac{1}{n-1}}-1$
16	a, n, s	B	$\dfrac{\left[\left(\dfrac{s}{a}\right)^{\frac{1}{n}}-1\right]sa}{s-a}$	$\dfrac{\left[\left(\dfrac{s}{a}\right)^{\frac{1}{n-1}}-1\right]sa}{s\left(\dfrac{s}{a}\right)^{\frac{1}{n-1}}-a}$
17	r, n, b	A	$\dfrac{b\left[(1+r)^n-1\right]}{r(1+r)^n}$	$\dfrac{b\left[(1+r)^n-1\right]}{r(1+r)^{n-1}}$
18	r, n, b	S	$\dfrac{b\left[(1+r)^n-1\right]}{r}$	Même formule que celle ci-contre.

Nos des formules correspondant à ceux des règles.	ÉTANT donnés.	ON DEMANDE.	FORMULES.	
			1er CAS. Annuité payée à la fin d'année, 1er, 2e et 3e modes.	2e CAS. Annuité payée au commencement d'année, 4e, 5e et 6e modes.
19	b, r, s	N	$\dfrac{\log.(sr+b) - \log. b}{\log.(1+r)}$	Même formule que celle ci-contre.
20	b, r, s	A	$\dfrac{sb}{sr+b}$	$\dfrac{sb(1+r)}{sr+b}$
21	n, b, s	R	$\dfrac{s}{b} = \dfrac{(1+r)^n - 1}{r}$	Même formule que celle ci-contre.

Pour déterminer R au moyen de cette formule, il faut opérer comme il est enseigné par l'un ou l'autre des deux appendices des formules.

22	n, b, s	A	Pour déterminer A, lorsqu'on connaît n, b, s, il faut d'abord chercher R, au moyen de la formule qui précède, ensuite employer celle N° 11, puisqu'on connaîtra r, n, s.	
23	a, b, r	N	$\dfrac{\log. b - \log.(b-ar)}{\log.(1+r)}$	$\dfrac{\log. b - \log.(b(1+r)-ar)}{\log.(1+r)}$
24	a, b, r	S	$\dfrac{ab}{b-ar}$	$\dfrac{ab}{b(1+r) - ar}$
25	a, n. b	R	$\dfrac{a}{b} = \dfrac{(1+r)^n - 1}{r(1+r)^n}$	$\dfrac{a}{b} = \dfrac{(1+r)^n - 1}{r(1+r)^{n-1}}$

Pour déterminer R au moyen de l'une de ces deux formules, il faut opérer comme il est indiqué par l'un ou l'autre des deux appendices des formules.

N°° DES FORMULES correspondant à ceux des règles.	ÉTANT donnés.	ON DEMANDE.	FORMULES.	
			1er CAS. Annuité payée à la fin d'année, 1er, 2e et 3e modes.	**2e CAS.** Annuité payée au commencement d'année, 4e, 5e et 6e modes.
26	a , n , b	S	Pour déterminer S lorsqu'on connaît a , n , b , il faut d'abord chercher R, au moyen de la formule qui précède, ensuite faire l'application de celle N° 10, puisqu'on connaîtra a , r , n.	
27	a , b , s	N	$$\dfrac{\log. s - \log. a}{\log. \left[\left(\dfrac{b}{a} - \dfrac{b}{s}\right)+1\right]}$$	$$\dfrac{\log. s - \log. a}{\log. \left[\left(\dfrac{(s-a)\,b}{(a-b)\,s}\right)+1\right]}+1$$
28	a , b , s	R	$$\dfrac{b}{a} - \dfrac{b}{s}$$	$$\dfrac{(s-a)\,b}{(a-b)\,s}$$

1er APPENDICE

DES FORMULES ALGÉBRIQUES Nos 8, 21 ET 25.

———

Ce premier appendice a pour objet de faire connaître l'*application directe* des formules algébriques Nos 8, 21 et 25.

LEMME PREMIER.

1° Développement du binome $(a+b)^n$

$$(a+b)^n = a^n \left[1 + n\frac{b}{a} + \frac{n(n-1)}{2}\frac{b^2}{a^2} + \frac{n(n-1)(n-2)}{2 \cdot 3}\frac{b^3}{a^3} + \ldots + \ldots + \text{etc.} \right]$$

2° Développement du binome $(a+b)^{-n}$

$$a+b^{-n} = \frac{1}{a^n} \left[1 - n\frac{b}{a} + \frac{n(n+1)}{2}\frac{b^2}{a^2} - \frac{n(n+1)(n+2)}{2 \cdot 3}\frac{b^3}{a^3} + \ldots - \ldots + \text{etc.} \right]$$

LEMME DEUX.

Si l'on a cette série . . . . $y = ax + bx^2 + cx^3 + dx^4 + ex^5 + \text{etc.}$

On obtient la série du retour . . $x = Ay + By^2 + Cy^3 + Dy^4 + Ex^5 + \text{etc.}$

En faisant :

$$A = \frac{1}{a}$$

$$B = -\frac{b}{a^3}$$

$$C = \frac{1}{a^5}(2b^2 - ac)$$

$$D = \frac{1}{a^7}(-5b^3 + 5abc - a^2d)$$

$$E = \frac{1}{a^9}(14b^4 - 21ab^2c + 6a^2bd + 3a^2c^2 - a^3e)$$

$$F = \frac{1}{a^{11}}[-42b^5 + 84ab^3c - 28a^2b^2d - 28a^2bc^2 + 7a^3be + 7a^3cd - a^4f]$$

FORMULE N° 8. — (Placements périodiques).

$$\frac{s}{b} = \frac{(1+r)^{n+1} - (1+r)}{r}$$

Si l'on fait l'application de la formule N° 1 du binome, nous aurons, en faisant $a = 1$ et $b = r$:

$$(1+r)^{n+1} = 1 + (n+1)r + \frac{n(n+1)}{2}r^2 + \frac{n(n+1)(n-1)}{2 \cdot 3}r^3 + \frac{n(n+1)(n-1)(n-2)}{2 \cdot 3 \cdot 4}r^4 \ldots$$

Retranchant $1+r$ et divisant ensuite par r, on aura :

$$\frac{(1+r)^{n+1} - (1+r)}{r} = n + \frac{n(n+1)}{2}r + \frac{n(n+1)(n-1)}{2 \cdot 3}r^2 + \frac{n(n+1)(n-1)(n-2)}{2 \cdot 3 \cdot 4}r^3 \ldots$$

Et, si après avoir substitué au premier membre de cette expression, son égal $\frac{s}{b}$ dans la formule proposée, on y fait passer n et qu'on divise ensuite toute l'expression par le facteur $\frac{n(n+1)}{2}$ commun à tous les autres termes du second nombre, on aura cette *série* :

$$\frac{2(s-bn)}{bn(n+1)} = r + \frac{(n-1)}{3}r^2 + \frac{(n-1)(n-2)}{3 \cdot 4}r^3 + \frac{(n-1)(n-2)(n-3)}{3 \cdot 4 \cdot 5}r^4 + \ldots + \text{etc.}$$

Faisant actuellement dans les formules du retour :

$a = 1 \ldots\ldots\ldots\ldots\ldots\ldots\ldots\ldots\ldots\ldots\ldots\ldots\ldots\ldots$ coefficient de r

$b = -\dfrac{n-1}{3} \ldots\ldots\ldots\ldots\ldots\ldots\ldots\ldots\ldots$ coefficient de r^2

$c = \dfrac{(n-1)(n-2)}{3 \cdot 4} \ldots\ldots\ldots\ldots\ldots\ldots\ldots$ coefficient de r^3

$d = -\dfrac{(n-1)(n-2)(n-3)}{3 \cdot 4 \cdot 5} \ldots\ldots\ldots\ldots\ldots$ coefficient de r^4

Nous aurons par conséquent pour coefficients du retour de la série :

$A = 1$

T.

$$B = -\frac{n-1}{3}$$

$$C = 2\left[\frac{n-1}{3}\right]^2 - \frac{(n-1)(n-2)}{3 \cdot 4} = \frac{5n^2-7n+2}{36}$$

$$D = 5\left[\frac{(n-1)}{3}\right]^3 + 5\frac{(n-1)}{3}\left[\frac{(n-1)(n-2)}{3 \cdot 4}\right] - \frac{(n-1)(n-2)(n-3)}{3 \cdot 4 \cdot 5} =$$

$$= \frac{17n^3-27n^2+12n-2}{270}$$

Enfin, nous avons donc pour la valeur de r :

$$r = y - \frac{n-1}{3}y^2 + \frac{5n^2-7n+2}{36}y^3 - \frac{17n^3-27n^2+12n-2}{270}y^4$$

Soit dans la formule proposée $b = 4220$ fr. 70 c., $n = 9$ placements et $s = 48866$ fr. 81 c. produit des placements à la fin de l'opération, on aura d'abord :

$$y = \frac{2(s-bn)}{bn(n+1)} = \frac{2(448866,81-4220,70\times 9)}{4220,70\times 9(9+1)} = \text{Log. } 8,7580039$$

Ensuite :

$+$ Log. de $y = 8,7580039 = 0,057280\times \ 1 \ = 0,057280.$

$-$ Log. de $y^2 = 7,5160078 = 0,003280\times \dfrac{8}{3} = \ldots\ldots\ldots \quad 0,008746.$

$+$ Log. de $y^3 = 6,2740117 = 0,000188\times \dfrac{86}{9} = 0,001796.$

$-$ Log. de $y^4 = 5,0320156 = 0,000011\times\dfrac{5156}{135} = \ldots\ldots \quad 0,000420.$

0,059076.	0,009166.

Différence qui exprime la valeur de r................. 0,049910.

Ou... 0,05^c p. fr.

Cette manière d'opérer pour déterminer r, qui est cependant directe, est, comme on le voit, extrêmement longue, laborieuse et difficile; d'un autre côté, pour obtenir un résultat rigoureux, il faudrait établir des séries qui auraient un nombre de termes égal à n de la question proposée, puisque cet exposant, dans ce cas, a toujours une valeur *positive* et *finie*, ce qui donnerait lieu à un travail inouï, capable de rebuter le calculateur algébrique le plus intrépide.

Voici cependant les expressions au moyen desquelles on parvient à déterminer r dans les formules N° 21 et 25 concernant les annuités,

Pour la formule N° 21, qu'on a d'abord mise sous cette forme :

$$\frac{s}{b} = \frac{1}{r}\left[(1+r)^n - 1\right]$$

Nous avons obtenu en faisant usage de la première formule du binome et de celles du retour des suites :

$$r = y - \frac{n-2}{3}y^2 + \frac{5n^2-17^n+14}{36}y^3 - \frac{17n^3-78n^2-117n+58}{270}y^4\ldots$$

$$y = \frac{2(s-bn)}{bn(n-1)}$$

Pour la formule N° 25, après l'avoir mise sous cette forme :

$$-\frac{a}{b} \quad \frac{1}{r}\left[(+r)^{-n}-1\right]$$

Et fait usage de la deuxième formule du binome et de celles du retour des suites, nous avons obtenu :

$$r = y + \frac{(n+2)}{3}y^2 + \frac{(5n^2+17n+14)}{36}y^3 + \frac{(17n^3+78n^2+117n+58)}{270}y^4\ldots$$

$$y = \frac{2(bn-a)}{bn(n+1)}$$

2ᵉ APPENDICE

DES FORMULES ALGÉBRIQUES Nᵒˢ 8, 21 ET 25.

————

La méthode que nous indiquons dans cet appendice pour faire l'application des formules algébriques Nᵒˢ 8, 21 et 25, est bien plus simple et plus prompte que celle qui précède. De plus elle offre cet avantage qu'elle conduit à un résultat tellement rigoureux qu'on peut toujours le considérer comme exact.

Nous avons emprunté cette méthode à la règle de *fausse position*,

Soit la formule Nᵒ 21, concernant les annuités :

$$\left[\frac{s}{a}=\frac{(1+r)^n-1}{r}\right]=\left[\frac{2943}{84}=\frac{(1+r)^n-1}{r}\right]$$

Si nous connaissions la valeur de r, il est évident qu'en l'introduisant dans la formule, le logarithme du second membre serait égal à celui du premier, qui est de... 1,5445110.

Tâchons par un moyen quelconque, soit en faisant des calculs de mémoire, soit en les faisant avec la plume, de découvrir un taux approximatif de celui cherché; dans tous les cas supposons qu'il est de 5 p. 0/0 et introduisons-le dans la formule, nous aurons :

$$\frac{2943}{84}=\frac{(1,05)^{20}-1}{0,05}$$

Voyons actuellement si cette égalité a lieu, c'est-à-dire, voyons si le second membre produit bien un logarithme égal à celui du premier.

20 fois le log. 1,05 = 0,4237860 = 2,6533

A soustraire......... 1,

Reste............. 1,6533 dont le log. = 0,2183517.

A déduire log. de 0,05............................. 8,6989700.

Reste ou log. du 2ᵉ membre............... 1,5193817.

Log. du 1ᵉʳ membre...................... 1,5445110.

Nous avons donc une différence *en moins* de.............. 0,0251293.

1ʳᵉ *différence.*

Il résulte de cette comparaison que le taux supposé de 5 p. 0/0 est *trop faible*.

DEUXIÈME HYPOTHÈSE.

Opérons de la même manière sur le taux de 6 p. 0/0, nous aurons pour

log. du 2ᵉ membre......................... 1,5656707.

log. du 1ᵉʳ................................ 1,5445110.

Différence en *plus* de...................... 0,0211597.

2ᵉ *différence.*

Donc 5 p. 0/0 étant trop faible et 6 p. 0/0 trop fort, le taux cherché se trouve compris entre 5 et 6 p. 0/0.

On a donc : 1ʳᵉ différence, *en moins*.................... 0,0251293.

2ᵉ différence, *en plus*..................... 0,0211597.

Total des deux différences (*parce qu'elles sont d'espèces différentes*) 0,0462890.

Si les deux différences eussent été de même nature, c'est-à-dire toutes les deux EN PLUS *ou toutes les deux* EN MOINS, *on eût soustrait l'une de l'autre.*

La 1ʳᵉ différence étant multipliée par 6, taux de la seconde hypothèse,

donne au produit.................. 0,1507758.

La 2ᵉ différence étant multipliée par 5, taux de la première

hypothèse, donne au produit........ 0,1057485.

Total de ces deux produits................ 0,2565243.

Si les deux différences eussent été de même nature, on eût établi la différence de ces deux produits.

Le *total des produits* étant divisé par le *total des différences* donne au quotient et pour le taux demandé......................... 5,542.

Si les deux différences eussent été de même nature, on aurait divisé la DIFFÉRENCE DES PRODUITS *par la* DIFFÉRENCE DES DIFFÉRENCES.

Cette observation et les deux qui précèdent sont faites une fois pour toutes.

TROISIÈME HYPOTHÈSE.

En opérant sur 5,542, comme pour les hypothèses qui précèdent, on trouve pour log. du 2ᵉ membre......................... 1,5443814.

log. du 1ᵉʳ membre......................... 1,5445110.

Différence en moins qui prouve que le taux de 5,542 est encore *trop faible*... 0,0001296.

Donc le taux cherché se trouve compris entre 5,542 et 6 p. 0/0.

Différence produite par l'essai à 6 p. 0/0................ 0,0211597.

Différence produite par l'essai à 5,542................... 0,0001296.

Total...................... 0,0212893.

$$0,0211597 \times 5,542 = 0,1172670574$$
$$0,0001296 \times 6, = 0,0007776$$

Total.................. 0,1180446574.

$$\frac{1180446574}{212893000}$$ Donne au quotient..... 5 fr. 545 pour le taux cherché.

Si nous introduisons ce taux dans la formule, nous trouverons pour log. du second membre 1,5445041 qui ne différera *en moins* que de 0,0000069 avec le log. du 1ᵉʳ membre; mais cette différence est trop faible pour chercher à la rendre nulle, c'est-à-dire pour l'égaliser à zéro, par un quatrième ou cinquième essai. Il faut donc en conclure que le taux cherché est de.. 5 fr. 545.

C'est ainsi que l'on devra opérer pour l'application des deux autres formules Nᵒˢ 8 et 25.

COMPOSITION DES FORMULES ALGÉBRIQUES.

PLACEMENTS UNIQUES.

1 et 2. La formule N° 1, est l'expression générale. de laquelle on déduit immédiatement celle N° 2.

3 et 4. Pour obtenir les formules N° 3 et 4, il ne suffit que de mettre celle N° 1 sous cette forme $(1+r)^n = \dfrac{s}{a}$

PLACEMENTS PÉRIODIQUES.

6 et 8. La formule N° 5 est l'expression générale de laquelle on déduit immédiatement celles N° 6 et 8.

Si, après avoir fait $(1+r) = q$, et $r = (q-1)$

On met l'expression générale sous cette forme. . $\quad s(q-1) = bq(q^n - 1)$

Ou sous celle-ci. . . . . $\quad sq - s = bqq^n - bq$

Ou sous celle-ci. . . . . $\quad sq - s + bq = bqq$

Ou sous celle-ci. . . . . $\quad q^n = \dfrac{sq - s + bb}{bq}$

7. On en déduira, après avoir donné à q sa valeur primitive, la formule N° 7.

ANNUITÉS OU PAIEMENTS PÉRIODIQUES.

17 et 25. Les formules N° 9, 17 et 25 se déduisent immédiatement de l'expression générale.

18. Si, dans l'expression générale, on substitue s à $a(1+r)^n$, on aura la formule N° 18.

10. Si, réciproquement, on substitue s au second nombre de l'expression générale, on aura la formule N° 10 qui ne diffère nullement de celle N° 1, concernant les placements uniques; donc en opérant sur la formule N° 10
13 et 15. comme on l'a fait sur celle N° 1, on en déduira les formules N° 11, 13 et 15.

12. La formule N° 12 se déduit immédiatement de celle N° 18, de même que
21. celle N° 21 se déduit de celle N° 12.

N° 19.   Si l'on met la formule N° 18, sous cette forme...... $sr = b(1+r)^n - b$

Ou sous celle-ci................................ $(1+r)^n = \dfrac{sr+b}{b}$

On aura la formule N° 19.

N° 14.   Si dans le deuxième membre de la formule N° 12, on substitue à $(1+r)^n$,

son égal $\dfrac{s}{a}$ que l'on déduirait de la formule N° 10, on aura $B = \dfrac{sr}{\dfrac{s}{a} - 1}$ d'où

la formule N° 14.

N° 16.   Si, dans la formule N° 14, on substitue à r, son égal, formule N° 15, on aura celle N° 16.

N° 23.   Si l'on met l'expression générale, sous ces différentes formes :

1° Sous cette forme...................... $ar(1+r)^n = b(1+r)^n - b$

2° Ou sous celle-ci..................... $b = (b - ar)(1+r)^n$

3° Ou sous celle-ci.................... $(1+r)^n = \dfrac{b}{b - ar}$

On aura la formule N° 23.

N° 24.   Si on divise par $ab(1+r)^n$ la forme sous laquelle (2°) on vient de mettre l'expression générale, on aura :

$$\frac{1}{a(1+r)^n} = \frac{b - ar}{ab} \text{ ou en renversant } a(1+r)^n = \frac{ab}{b - ar}$$

Enfin, si on substitue à $a(1+r)^n$, son égal s, formule N° 10, on aura celle N° 24.

N° 20.   Si l'on met la formule N° 24 sous ces différentes formes :

1° Sous cette forme..... .... $sb - sar = ab$

2° Ou sous celle-ci............................. $a(b + sr) = sb$

On aura la formule N° 20.

N° 28.   De la forme (1°) sous laquelle on vient de mettre la formule N° 24, on en déduit $sb - ab = sar$; or, divisant par sa, on a la formule N° 28.

N° 27.   Enfin, si l'on substitue la valeur de r, formule N° 28, dans la formule N° 13, on aura celle N° 27.

En opérant par analogie, sur l'expression générale, concernant le deuxième cas des annuités, on obtiendra les formules qui concernent également ce cas.

Chapitre II.

ARTICLES DIVERS.

§ 1er. — DES TAUX DÉGUISÉS, page 81.

Si nous désignons par a le capital prêté et par a' le capital à mentionner dans l'acte ;

Par r le taux auquel le prêt est effectué, et par r' le taux également à mentionner dans l'acte,

On aura :

$$a'(1+r')^n = a(1+r)^n$$

D'où cette équation............................ $a' = \dfrac{a(1+r)^n}{(1+r')^n}$

Au moyen de laquelle on peut résoudre algébriquement la première question de la page 81.

§ 2. — DES RAPPORTS DE DIFFÉRENTS TAUX, page 82, § 4.

Soit r' l'intérêt de *un franc* au bout du premier semestre, à la fin de ce semestre un franc vaudra................................ $(1+r')$

Au bout du deuxième semestre, il vaudra.. $(1+r)(1+r) = (1+r')^2$

Soit également r l'intérêt de un franc pour un an, à la fin de l'année un franc deviendra................................... $(1+r)$

Mais ces deux capitaux qui étaient égaux au commencement de l'année,

U.

doivent encore l'être à la fin, en comprennant dans chacun son intérêt, on a donc :

$$(1+r')^2 = (1+r)$$

D'où cette équation $r' = \sqrt[2]{(1+r)}$

Ou pour généraliser $r' = \sqrt[n]{(1+r)} - 1$

D'où également $r = (1+r')^n - 1$

n désignant le nombre de fois que l'intérêt est capitalisé dans une année.

---

§ 3. ÉPOQUES AUXQUELLES LES CAPITAUX DOUBLENT, etc., page 82, § 5.

Soit a un capital quelconque, suivant la formule N° 1, sa valeur au bout d'un temps n est...................................... $a(1+r)^n = s$
Et sa double valeur, au bout du même temps........ $a(1+r)^n = 2s$
Si l'on fait a et s, chacun égal à l'unité, on aura :

$$(1+r)^n = 2, \text{ d'où } \dots\dots\dots\dots\dots\quad n = \frac{log.\ 2}{log.\ (1+r)}$$

$$\text{Ou pour généraliser}\dots\dots\dots\dots\dots\quad n = \frac{log.\ s}{log.\ (1+r)}$$

s désignant le double, le triple, le quadruple, etc, du capital proposé.

---

§ 4. — TAUX AUXQUELS LES CAPITAUX DOUBLENT, etc., page 82, § 6.

La formule au moyen de laquelle ce tableau a été rédigé, se déduit de celle qui précède.

§ 5. — DES RENTES SUR L'ÉTAT, page 97.

___

Si un capital a produit b de rentes, combien un autre capital A produira-t-il à proportion?

On a donc a : A : : b : B

D'où l'on déduit : 1°........ $\dfrac{A \times b}{a}$ = B *pour la première question.*

2°........ $\dfrac{B \times a}{b}$ = A *pour la deuxième question.*

3°........ $\dfrac{A \times b}{B}$ = a *pour la troisième question.*

4°........ $\dfrac{B \times a}{A}$ = b *pour la quatrième question.*

La cinquième question, se résout en faisant usage de la première formule, dans laquelle on fait A = 100.

La sixième question, en employant la deuxième formule et en faisant A = 100.

Enfin, *la septième question*, en employant également la deuxième formule et en faisant B égal au cours que l'on compare, et b égal à celui qui sert de comparaison.

___

§ 6. — TARIF DES INTÉRÊTS A REVENIR AUX DÉPOSANTS DANS LES CAISSES D'ÉPARGNE, etc., page 103.

___

Si, pour 52 semaines, il est alloué r d'intérêt par franc; combien reviendra-t-il d'intérêt pour une semaine également par franc?

On a donc 52 : 1 : : r : r'

Donc, si pour une semaine, il revient r'
    pour deux semaines, il reviendra $2r'$
    pour trois semaines, il reviendra $3r'$
Et ainsi de suite.

§ 7. — RENTES A RECEVOIR POUR LE PLACEMENT *D'UN FRANC* SUR UNE SEULE TÊTE, pages 110 et 111, colonnes cotées 6.

Désignons par a, le capital de la rente à placer actuellement par chaque tontinier ou rentier;

par a_1, a_2, a_3, etc., le capital réduit à la fin de la première, de la deuxième, de la troisième année, etc.;

par v, le nombre des rentiers au moment de la constitution de la rente;

par v_1, v_2, v_3, etc., le nombre des rentiers survivants à la fin de la première, de la deuxième, de la troisième année, etc.;

par b, le montant de la rente à *recevoir* par chaque rentier.

Au bout de la première année, va, vaudra................. $va(1+r)$

Et on aura à payer aux survivants...................... bv_1

Et pour les rentiers décédés........................... $b\dfrac{v-v_1}{2}$

Parce qu'on admet que ces derniers sont morts au milieu de l'année, pris pour terme moyen.

Donc, enfin, on aura à payer au bout de la première année. $bv_1 + \dfrac{bv-bv_1}{2}$

Ou en réduisant....................................... $\dfrac{b}{2}(v+v_1)$

Et ce qui restera entre les mains du banquier pourra être exprimé par....................................... $va(1+r) - \dfrac{b}{2}(v+v_1)$

En plaçant ce reste en intérêts, au bout de la deuxième année, il deviendra ci................................... $va(1+r)^2 - \dfrac{b}{2}(v+v_1)(1+r)$

Et à cette époque on aura à payer aux survivants........ bv_2

Pour les décédés..................................... $\dfrac{b(v_1-v_2)}{2}$

Ou en réduisant comme ci-dessus..................... $\dfrac{b}{2}(v_1+v_2)$

Et le reste à la fin de la première année sera exprimé par

$$va(1+r)^2 - \frac{b}{2}(v+v_1)(1+r) - \frac{b}{2}(v_1+v_2)$$

En continuant ainsi, on aura, en désignant par n, le nombre d'années pendant lesquelles il se trouve des rentiers vivants et égalant à *zéro*, puisque après le paiement de la rente due aux héritiers du dernier rentier, il ne devra plus rien rester entre les mains du banquier.

On aura, disons-nous :

$$va(1+r)^n - \frac{b}{2}(v+v_1)(1+r)^{n-1} - \frac{b}{2}(v_1+v_2)(1+r)^{n-2} - \frac{b}{2}(v_2+v_3)(1+r)^{n-3}$$
$$- \ldots - \frac{b}{2}v_n = 0$$

D'où en faisant *b* égal à l'unité :

1° A $\qquad \dfrac{(v+v_1)(1+r)^{n-1}+(v_1+v_2)(1+r)^{n-2}+(v_2+v_3)(1+r)^{n-3}+ \ldots +v_n}{2v(1+r)^n}$

Et en faisant *a* égal à l'unité :

2° B $= \dfrac{2v(1+r)^n}{(v+v_1)(1+r)^{n-1}+(v_1+v_2)(1+r)^{n-2}+(v_2+v_3)(1+r)^{n-3}+ \ldots +v_n}$

Par la première de ces deux expressions, on parvient à déterminer le capital qu'il faut placer à un âge donné, pour obtenir à cet âge, une rente viagère déterminée.

Et par la deuxième expression, on détermine la rente lorsque le capital est fixé.

C'est au moyen de cette deuxième formule que nous avons obtenu les nombres qui composent la colonne, N° 6, du tableau de la page 110, et ceux qui composent la même colonne du tableau de la page 111. Dans l'instruction sur l'usage de ces colonnes, on y voit qu'il était inutile d'en établir une pour l'application de la première formule.

Pour la table de Duvillard, nous avons fait. $\quad 2v(1+r)^n = 2 \times 1000(1,04)^{92}$

Et. . . . . $\quad (v+v_1) = \quad (1000+958)$

Pour celle de De Parcieux. . . . . $\quad 2v(1+r)^n = 2 \times 1000(1,04)^{92}$

Et. . . . . $\quad (v+v_1) = \quad (1000+970)$

§ 8.— DES INTÉRÊTS SIMPLES, page 125.

Si 100 fr. rapporte r d'intérêts au bout de l'unité de temps, par exemple de 360 jours ;

Combien un capital quelconque a rapportera-t-il au bout du même temps?

On a donc :

$$1^o \ldots\ldots\ldots\ldots \quad 100 : a :: r : r'$$

Puisque a produit r' d'intérêts au bout de 360 jours, combien doit-il produire au bout de n jours?

On a donc :

$$2^o \ldots\ldots\ldots\ldots \quad 360 : n :: r' : x$$

Si de ces deux proportions nous n'en composons qu'une seule sans avoir égard au facteur commun r', et faisant t égal à l'unité de temps.

Nous aurons. . . . . $x = \dfrac{anr}{t \times 100}$

D'où la règle générale.

§ 9.— APPLICATIONS DES FORMULES ALGÉBRIQUES.

Pour être en état de résoudre une proposition quelconque en faisant usage d'une formule algébrique, il faut être bien fixé sur son espèce et surtout sur le mode auquel elle appartient et particulièrement encore sur la nature des quantités connues ou inconnues.

On devra se rappeler que les quantités connues sont désignées dans les formules par a, b, s, n, r, et celles inconnues par A, B, S, N, R.

Que n ou N désigne un nombre d'années ou de semestres, ou de placements périodiques, ou d'annuités. (Voir page 147).

Enfin, que r ou R désigne le taux annuel ou semestriel *(Ibidem)*.

Dans les questions sur les placements uniques ou périodiques, il n'y entre jamais plus de quatre quantités dont une est inconnue; tandis que dans les questions sur les annuités, il y en entre toujours quatre ou cinq dont deux sont inconnues ou une seulement.

Toutes les formules algébriques n'exigent pour leur emploi, que trois quantités connues. Or, si d'une question sur les annuités on déduisait quatre quantités, on n'en prendrait que trois *ad libitum*.

Éclaircissons ces explications par quelques exemples.

1ᵉʳ Exemple :

Un certain capital qui avait été prêté en intérêts composés tous les six mois à raison de 2 1/2 p. 0/0 par semestre, a été remboursé en dix-huit annuités chacune de 2090 fr. 10 c. payées à la fin de semestre, et a produit au prêteur, lors du paiement de la dernière comprise, la somme de 46789 fr. 76 c.

On demande quel était le montant du capital prêté?

$$\text{Réponse.} \ldots \ldots \ldots \ldots \quad A = 30000 \text{ fr.}$$

Cette question :

1º Est relative aux annuités payées à la fin de semestre. *(Premier cas)*;
2º Elle est du deuxième mode;
3º Les quantités connues sont r, n, b et s;
4º Enfin la quantité inconnue est A ou le capital prêté.

Puisque pour déterminer A, je n'ai besoin que de trois quelconques des quatre quantités connues, je puis donc prendre indifféremment. r, n, s
Ou. . . . . r, n, b
Ou. . . . . b, r, s
Ou. . . . . n, b, s

(On sait que quatre quantités ne produisent que quatre combinaisons trois à trois).

Si je prends r, n, s j'aurai à employer la formule Nº 11. (Voir le tableau des formules, page 148).
Si je prends r, n, b j'aurai à employer la formule Nº 17.
Si je prends b, r, s j'aurai à employer la formule Nº 20.
Enfin si je prends n, b, s j'aurai à employer la formule Nº 22.

Mais si j'examine ces quatre formules, il me sera facile de reconnaître que je dois préférablement faire usage de celle N° 11 comme étant la plus simple ; faisant l'application de cette formule, on a :

Log. de 46789 fr. 76........ 4,6701508
18 fois le log. de 1,025........ 0,1930295

Reste ou log. de A.......... 4,4771213 qui répond à 30000 fr.

Si on emploie la formule N° 17, on aura :

18 fois le log. de 1,025 = 0,1930296 qui répond à....... 1,559659
A déduire l'unité, il reste............................ 0,559659

Log. de ce reste......................... 9,7479230
Log. de 2090,10......................... 3,3201678
Complément arith. du log. de 0,025........ 1,6020600
    Id.   de 1,025........ 9,8069704

Somme ou log. de A.................... 4,4771212 = 30000 fr.

Si on emploie la formule N° 20, on aura :

$$A = \frac{46789,76 \times 2090,10}{46789,76 \times 0,025 + 209010} \quad \ldots\ldots\ldots\ldots 30000 \text{ fr.}$$

Enfin si l'on voulait employer la formule N° 22, il faudrait supposer que le taux de l'intérêt est inconnu, ce qui n'a pas lieu pour la question.

2° Exemple :

Si dans l'énoncé de la question qui précède, on supprime une des quatre quantités connues, il ne restera de ces quantités que le nombre nécessaire pour résoudre la question, et dans ce cas, avons-nous dit, nous aurons deux inconnues à déterminer.

Supposons donc que cet énoncé soit converti en celui-ci :

Un certain capital qui avait été placé en intérêts composés tous les six mois, à raison de 2 1/2 p. 0/0 par semestre, a été remboursé en dix-huit annuités

payées à la fin de semestre, et a produit au prêteur, lors du paiement de la
dernière comprise, la somme de 46789 fr. 76 c.;

Les quantités connues, sont..... .... r , n , s
Les quantités inconnues, sont......................... A et B

Si c'est A que l'on veut déterminer, il faut, comme on l'a vu ci-dessus,
employer la formule N° 11.

Mais si c'est B, le tableau des formules, page 148, fait connaître qu'il faut
employer la formule N° 12; faisant l'application de cette formule, on a :

Log. de 46789,76................ 4,6701508
Log. de 0,025........................... 8,3979400
Complém. arithmét. du log. de $[(1,025)^{18}-1]$.... 0,2520770

Somme ou log. de B.... .... 3,3201678 ═ 2090,10

3ᵉ Exemple :

Soit la formule N° 23, dans laquelle nous ferons:

$a = 30000$ fr., capital emprunté;
$b = 2090$ fr. 10 c., montant de l'annuité à payer à la fin de semestre ;
$r = 0$ fr. 025, taux semestriel.

Pour déterminer N ou le nombre d'annuités à payer pour le remboursement de l'emprunt, on a d'abord :

Log. de b.. ═ 3,3201674
2090,70 — $(30000 \times 0,025)$ ═ 1340,70 dont le log..... ═ 3,1271372
Log. de 1,025................................... ═ 0,0107239
Ensuite : log........................... 3,3201674
Moins le log.................. 3,1271372

Différence.......... 0,1930302

Cette différence étant divisée par le log. 0,0107239, donne au quotient,
pour la valeur de N, ci.................................... 18.

v.

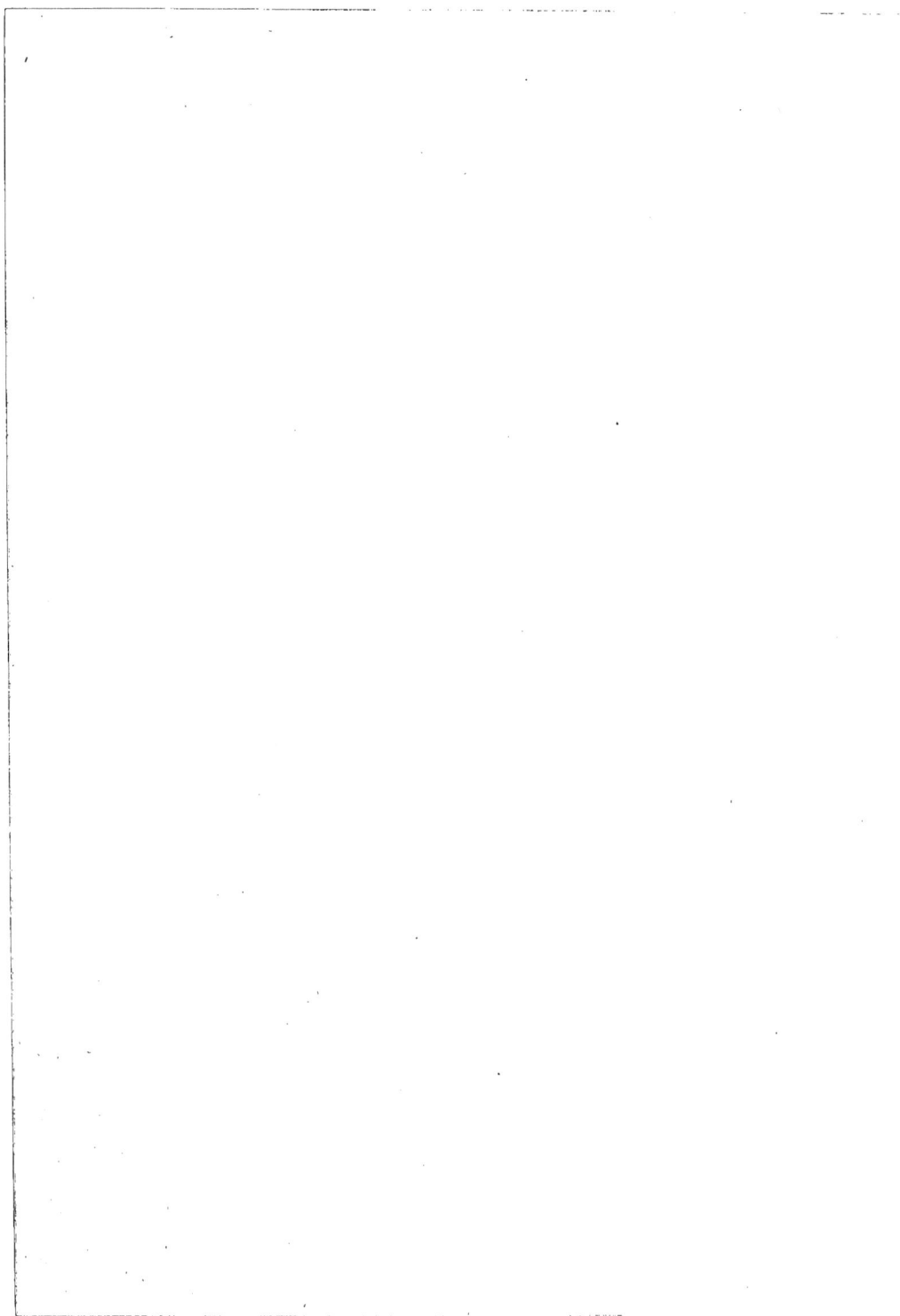

QUATRIÈME PARTIE

§ 1er. — DE LA COMPOSITION DES TABLES

RELATIVES AUX PLACEMENTS UNIQUES ET PÉRIODIQUES, ET AUX ANNUITÉS.

TABLES Nos 1 ET 2.

On sait qu'en général la formule (Nᵒ 1 ou 10) commune aux placements uniques et aux annuités, a pour objet principal de déterminer la valeur d'un capital placé actuellement en intérêts composés, au bout d'un temps donné ; donc si, dans cette formule, on fait a égal à l'unité et n successivement égal à 1, 2, 3, 4, 5 années ou semestres, etc., on aura pour les valeurs successives *d'un franc*, placé actuellement en intérêts composés, par exemple à 3 p. 0/0 par an ou par semestre, et telles qu'elles sont indiquées dans les tables Nᵒˢ 1 et 2, savoir :

Log. de 1,03 = 0,01283722 = 1,03, pour valeur d'un franc au bout
d'un an ou d'un semestre.

Log. de 1,03 = 0,01283722

Total... = 0,02567444 = 1,0609   *id.*   au bout de 2 *id.*

Log. de 1,03 = 0,01283722

Total... = 0,03851166 = 1,092727   *id.*   au bout de 3 *id.*

Log. de 1,03 = 0,01283722

Total... = 0,05134888 = 1,1255088   *id.*   au bout de 4 *id.*

Et ainsi de suite à l'infini.

Mais voici le moyen pratique que nous avons employé et qui, s'il est plus laborieux, est au moins à la portée de tout le monde. De plus il offre l'avantage d'obtenir des résultats avec un nombre illimité de décimales, ce qu'on n'obtiendrait pas en faisant usage des logarithmes. (C'est l'application de la règle générale sur le calcul des intérêts composés, pages 3 et 4).

Soit UN FRANC placé actuellement, en intérêts composés tous les ans, à 3 p. 0/0 par an, ou tous les six mois à 3 p. 0/0 par semestre, ci.   1,00000000

Intérêts d'un an ou d'un semestre.   0,03000000

TOTAL ou premier nombre de la table N° 1 ou 2.   1,03000000

Intérêts d'un an ou d'un semestre.   0,03090000

TOTAL ou deuxième nombre de la table N° 1 ou 2.   1,06090000

Intérêts d'un an ou d'un semestre.   0,03182700

TOTAL ou troisième nombre de la table N° 1 ou 2.   1,09272700

Intérêts d'un an ou d'un semestre.   0,03278181

TOTAL ou quatrième nombre de la table N° 1 ou 2.   1,12550881

Et ainsi de suite à l'infini.

Pour obtenir des résultats rigoureux, nous avons calculé nos tables sur douze décimales.

Nous avons donné à nos tables des limites suffisantes pour qu'elles puissent être utilisées dans les cas les plus usuels. Cependant si on voulait obtenir immédiatement le nombre qui répondrait à un nombre d'années ou de semestres qui dépasserait la limite 50, donnée aux tables N°ˢ 1 et 2, on opèrerait comme nous allons le faire pour la solution de cette question :

Quel est le nombre qui, dans les tables N°ˢ 1 et 2, colonne 3 p. 0/0, répond à 64 ans ou semestres ?

                          Réponse.   6,6310511

Nombre qui répond à 50, dernier de la table.   4,3839060

Nombre qui répond à 14, différence qui existe entre 64 et 50 dernier de la table.   1,5125897

On a donc ;

$$4,3839060 \times 1,5125897 = 6,6310511$$

C'est-à-dire qu'un franc placé en intérêts composés tous les ans ou tous les six mois, produit au bout de 64 ans ou semestres, à 3 p. 0/0 par an ou par semestre, 6 fr. 6310511 ou plus simplement 6 fr. 63 c.

Cette manière d'opérer est déduite des propriétés des progressions par quotient.

Si dans une progression par quotient, on multiplie un nombre d'un rang n *par un autre nombre d'un rang* n_n, *ou par lui-même, le produit sera égal au nombre qui répond au rang* $n+n_n$ *ou au rang* $n+n$.

Donc, si l'on multiplie le nombre qui dans les tables N°s 1 et 2, répond à 15, par le correspondant à 25, on retrouvera le nombre qui répond à 40;

Si on multiplie le nombre qui répond à 50, par lui-même, on aura le nombre correspondant à 100;

Enfin, si on multiplie ce dernier résultat, encore par le nombre qui répond à 50, on aura le nombre qui répondrait à 150 années ou semestres, c'est-à-dire à $n+n+n$.

Et ainsi de suite.

TABLE N° 3.

Cette table se compose absolument comme celles N°s 1 et 2.

Valeur actuelle d'une annuité d'un franc................	1,00000000
Intérêts au bout du premier semestre à 3 p. 0/0..........	0,03000000
Total...........	1,03000000
Intérêts au bout du deuxième semestre.................	0,03090000

Total ou valeur, au bout d'un an, d'une annuité d'un franc et de ses intérêts composés tous les six mois, à 3 p. 0/0 par semestre, ou, enfin, *premier nombre* de la table N° 3........ 1,06090000

Intérêts au bout du premier semestre..................	0,03182700
Total...........	1,09272700
Intérêts au bout du deuxième semestre................	0 03278181

Total ou valeur, au bout de deux ans, d'une annuité d'un franc et de ses intérêts composés tous les six mois à 3 p. 0/0 par semestre, ou, enfin, *deuxième nombre* de la table N° 3....... 1,12550881

Et ainsi de suite à l'infini.

On déduit de ces calculs cette remarque, qu'on pourrait composer la table

N° 3, avec celle N° 2, puisque le premier nombre de la table N° 3, est nécessairement égal au *deuxième* de la table N° 2;

Que le deuxième est égal au *quatrième;*
Que le troisième est égal au *sixième;*
Que le quatrième est égal au *huitième;*
Et ainsi de suite.

Donc, si on voulait, par exemple, obtenir immédiatement le trente-deuxième
nombre de la table N° 3, il faudrait déterminer le soixante-quatrième de la
table N° 2, pour obtenir le cinquantième, il faudrait déterminer le centième,
et ainsi de suite.

———

TABLE N° 4.

Le premier nombre de la table N° 4, est égal à l'unité;
Le deuxième   *id.*   est égal au premier de la table N° 1.
Le troisième   *id.*   est égal au deuxième   *id.*
Le quatrième   *id.*   est égal au troisième   *id.*
Et ainsi de suite.

Donc, si on voulait connaître le nombre qui, dans la table N° 4, corres-
pondrait à soixante-quatre, il faudrait déterminer le soixante-troisième de la
table N° 1, etc.

———

TABLE N° 5.

Le premier nombre de la table N° 5, est égal à l'unité.
Le deuxième   *id.*   est égal au premier de la table N° 2.
Le troisième   *id.*   est égal au deuxième   *id.*
Le quatrième   *id.*   est égal au troisième   *id.*
Et ainsi de suite.

Donc, si on voulait connaître le soixante-quatrième nombre de la table N° 5,
il faudrait déterminer le soixante-troisième de la table N° 2.

TABLE N° 6.

Le premier nombre de la table N° 6, est égal à l'unité.

Le deuxième	*id.*	est égal au premier de la table N° 3.
Le troisième	*id.*	est égal au deuxième *id.*
Le quatrième	*id.*	est égal au troisième *id.*

Et ainsi de suite.

Le quatrième de la table N° 6, étant le troisième de la table N° 3, et le troisième de la table N° 3, étant le sixième de la table N° 2; pour connaître immédiatement quel serait le trente-unième de la table N° 6, il faudrait donc déterminer le soixantième de la table N° 2, c'est-à-dire, que le nombre qui répond à n de la table N° 6, est égal au nombre qui répond à $2n - 2$ de la table N° 2.

TABLES N°ˢ 7, 8 et 9.

Le premier nombre de la table N° 7, est égal à l'unité.

Le deuxième est égal au *premier* de la table N° 1, *augmenté* d'une unité.

Le troisième est égal à la *somme* des deux premiers, *augmentée* d'une unité.

Le quatrième est égal à la *somme* des trois premiers, *augmentée* d'une unité.

Le cinquième est égal à la *somme* des quatre premiers, *augmentée* d'une unité.

Et ainsi de suite.

Les tables N°ˢ 8 et 9, se composent absolument de cette manière, savoir : la table N° 8, avec celle N° 2, et la table N° 9, avec celle N° 3.

TABLE N° 10.

La composition de la table N° 10, exige qu'on en construise une autre que nous désignerons par X.

La formule algébrique N° 2 ou 11, commune aux placements uniques et aux annuités, a, en général, pour objet de déterminer la valeur actuelle d'un capital à recevoir, sans intérêts, au bout d'un temps donné; donc, si dans cette formule on fait S égal à l'unité, et n successivement égal à 1, ou 2, ou 3, ou 4 années, etc., on aura pour la valeur actuelle d'un franc, déduction faite des intérêts composés tous les ans, par exemple, au taux annuel de 5 p. 0/0 :

(1) $\dfrac{1}{1,05}$ = 0,95238, pour valeur actuelle de un franc dû dans 1 an.

(2) $\dfrac{1}{(1,05)^2}$ = 0,90703,   *id.*   2 ans.

(3) $\dfrac{1}{(1,05)^3}$ = 0,86384,   *id.*   3 ans.

(4) $\dfrac{1}{(1,05)^4}$ = 0,82270,   *id.*   4 ans.

Et ainsi de suite.

D'où l'on voit que l'on construirait la table **X** en divisant successivement l'unité par tous les nombres de la table N° 1, et en opérant par logarithmes, on aurait :

Complément arithmétique du log. de 1,05... = 9,9788107 = 0,95238

Deux fois ce complément................. = 9,9576214 = 0,90703

Trois fois   *id.*..................... = 9,9364321 = 0,86384

Quatre fois   *id.*..................... = 9,9152428 = 0,82270

Et ainsi de suite.

Mais si on examine les égalités (1), (2), (3), (4), on y reconnaîtra facilement que si on multiplie la quatrième par 1,05, on reproduira la troisième; que si on multiplie la troisième par 1,05, on reproduira la deuxième.

Et ainsi de suite.

Donc, si on voulait que la table **X** se composât, par exemple, de 50 nombres, au taux de 5 p. 0/0, il faudrait diviser l'unité par 1,05 élevé à la cinquantième puissance, ou par le nombre qui dans la table N° 1, répond à 50 et au taux de 5 p. 0/0, ensuite opérer sur le quotient comme on le ferait sur *un franc* pour établir la table N° 1 (page 171).

Voici les types du calcul pour une table composée de cinq nombres et au taux de 3 p. 0/0 par an :

$$X = \frac{1}{(1+r)^n} = \frac{1}{(1,03)^5} = \text{Log. } 9,9358140 = 0,86261$$

Moyen pratique.

Log. du 5e nombre...	9,9358140	5e nombre............	0,86261
Log. de 1,03.....	0,0128372	Intérêts à 3 p. 0/0..	0,02588
Log. du 4e nombre...	9,9486512	4e nombre............	0,88849
Log. de 1,03.....	0,0128372	Intérêts à 3 p. 0/0..	0,02665
Log. du 3e nombre...	9,9614884	3e nombre............	0,91514
Log. de 1,03.....	0,0128372	Intérêts à 3 p. 0/0..	0,02745
Log. du 2e nombre...	9,9743256	2e nombre............	0,94259
Log. de 1,03.....	0,0128372	Intérêts à 3 p. 0/0..	0,02828
Log. du 1er nombre...	9,9871628	1er nombre...........	0,97087
Log. de 1,03.....	0,0128372	Intérêts à 3 p. 0/0..	2913
Log. de l'unité.......	0,0000000	Total égal à l'unité....	1,00000

Rétablissant les nombres dans l'ordre naturel, on a pour la table **X** :

Premier nombre.................................... 0,97087
Deuxième nombre.................................. 0,94259
Troisième nombre................................. 0,91514
Quatrième nombre................................. 0,88849
Cinquième nombre................................. 0,86261

Quant à la table N° 10,

Le premier est égal au premier de la table X.
Le deuxième   *id.*   à la somme des deux premiers.
Le troisième   *id.*   à la somme des trois premiers.
Le quatrième   *id.*   à la somme des quatre premiers.
Et ainsi de suite.

x.

TABLE N° 11.

Pour composer la table N° 11, il faut construire une table absolument semblable à celle X dont il vient d'être question, que nous désignerons par Y, et dont voici un extrait au taux de 2 1/2 p. 0/0 par semestre, l'annuité payable tous les six mois.......... $\left[Y = \dfrac{1}{(1+r)^n} = \dfrac{1}{(1,025)^5} \right]$

Premier nombre........................ 0,975609
Deuxième.. 0,951854
Troisième... 0,928599
Quatrième............................... 0,905950
Cinquième....................................... 0,883854

Le premier nombre de la table N° 11, est le premier de la table Y.
Le deuxième   *id.*   est la somme des deux premiers.
Le troisième   *id.*   est la somme des trois premiers.
Le quatrième   *id.*   est la somme des quatre premiers.
Et ainsi de suite.

TABLE N° 12.

La table N° 12, exige également que l'on construise une table semblable à celles X et Y, que nous désignerons par Z, et dont voici un extrait au taux de 2 1/2 p. 0/0, intérêts capitalisés tous les six mois, l'annuité payable au commencement d'année.......... $\left[Z = \dfrac{s}{(1+r)^n} = \dfrac{1}{(1,050625)^5} \right]$

Premier nombre.................................. 0,951814
Deuxième... 0,905950
Troisième... 0,862297
Quatrième............ 0,820746
Cinquième.......... 0,781198

Le premier nombre de la table N° 12, est le premier de la table Z.
Le deuxième   *id.*   est la somme des deux premiers.

Le troisième nombre de la table N° 12, est la somme des trois premiers.
Le quatrième   *id.*   est la somme des quatre premiers.
Et ainsi de suite.

TABLES N° 13, 14 ET 15.

Le premier nombre de la table N° 13, est égal à l'unité.
Le deuxième   *id.*   est égal au premier de la table N° 10 augmenté
d'une unité.
Le troisième   *id.*   est égal au deuxième   *id.*
Le quatrième   *id.*   est égal au troisième   *id.*
Et ainsi de suite.

Les tables N° 14 et 15, se construisent de la même manière, savoir : la table N° 14, avec celle N° 11, et la table N° 15, avec celle N° 12.

TABLES N° 16, 17 ET 18.

Le premier nombre de la table N° 16, est égal au premier de la table N° 1.
Le deuxième   *id.*   est égal à la somme des deux premiers.
Le troisième   *id.*   est égal à la somme des trois premiers.
Le quatrième   *id.*   est égal à la somme des quatre premiers.
Et ainsi de suite.

Les tables N° 17 et 18, se composent absolument de cette manière, savoir: la table N° 17, avec celle N° 2, et la table N° 18, avec celle N° 3.

TABLE N° 19

OU TABLE D'AMORTISSEMENT.

Les nombres de la table N° 19, s'obtiennent en divisant successivement l'*unité* par tous les nombres de la table N° 10 ou 11, opération extrêmement simple en faisant usage des logarithmes.

180   COMPOSITION DES TABLES.

Soit, pour exemple, le taux de 3 p. 0/0.

On établira un tableau comme il suit :

NOMBRES DE LA TABLE N° 10.		LOGARITHMES.	COMPLÉMENTS ARITHMÉTIQUES.	NOMBRES CHERCHÉS de LA TABLE N° 19.
1	0,97087	9,9871611	0,0128389	1,03000
2	1,9135	0,2818285	9,7181715	0,52260
3	2,8286	0,4515715	9,5484285	0,35353
4	3,7171	0,5702042	9,4297958	0,26903
5	4,5797	0,6608370	9,3391630	0,21836

Et ainsi de suite.

Nous avons dit, page 90, que, non-seulement toutes nos tables, pouvaient recevoir la dénomination de *tables d'amortissement*, mais encore que toute autre que l'on établirait ne ferait que double emploi avec quelqu'une d'elles. En effet, si l'on divise successivement l'unité par tous les nombres de nos tables N°ˢ 1 à 18 compris, on obtiendra dix-huit autres tables qui pourront les remplacer, et il suffirait, pour leur usage, de substituer dans les vingt-huit règles, l'expression *on multipliera* à celle *on divisera* et réciproquement, et le mot *produit* à la place du mot *quotient* et réciproquement.

Exemple :

On veut emprunter 30000 fr. *en intérêts composés tous les ans, à* 3 p. 0/0 *par an, avec condition de les rembourser en quatre annuités payées à la fin d'année ;*

On demande :

1° *Quel sera le montant de l'annuité à payer ?*

Réponse.................... 8070 fr. 81 c.

Suivant la règle N° 9, il faut diviser 30000 fr. par 3,7170984, nombre qui, dans la table N° 10, répond à 4 annuités et à 3 p. 0/0; mais si, à la table N° 10, on substituait celle N° 19, on aurait 30000 à multiplier par 0,26903, nombre qui, dans cette dernière table, répond également à 4 annuités et à 3 p. 0/0; on a donc ces deux égalités :

$$30000 : 3,7170984 = 8070,81$$
$$30000 \times 0,26903.. = 8070,90$$

2° *Quel sera pour le prêteur le produit à la fin de l'opération ?*

Réponse................ 33765 fr. 26 c.

D'après la règle N° 10, il faut multiplier 30000 fr., par 1,1255088, nombre qui dans la table N° 1, répond à 4 annuités et à 3 p. 0/0; mais si, à la table N° 1, on substitue celle cotée X que nous avons indiquée page 175, pour la construction de la table N° 10, nous aurons 30000 à diviser par 0,88849, nombre qui, dans cette table X, répond également à 4 annuités et à 3 p. 0/0; on a donc ces deux égalités :

$$30000 \times 1,1255088 = 33765,26$$
$$30000 : 0,88849.. = 33765,15$$

En donnant ces tables, nous eussions augmenté notre travail sans utilité, et il nous a semblé qu'il nous suffisait d'indiquer la manière de les construire.

§ 2. — DES PROPRIÉTÉS DES TABLES N°s 1 à 19,

OU

COMPOSITION DES VINGT-HUIT RÈGLES GÉNÉRALES,

Au moyen desquelles on parvient à résoudre pratiquement toutes les questions concernant les placements uniques et périodiques, et les annuités.

TABLES N°s 1, 2, 3, 4, 5 ET 6.

Puisque d'après la table N° 1, un franc placé en intérêts composés tous les ans, à 5 p. 0/0 par an, vaut au bout de neuf ans 1 fr. 5513282, il est évident que dix fois, cent fois un franc, etc., vaudront dix fois, cent fois, etc., 1 fr. 5513282; donc si nous désignons :

Par n, le temps,

r, le taux,

t, le nombre de la table qui répond à n et r,

a, le capital placé,

s, le produit du placement à la fin de l'opération.

Nous aurons cette proposition.................... $1 : a :: t : s$

D'où, 1° $a \times t = s$ (règles N°s 1 et 10).

      2° $\dfrac{s}{t} = A$ (règles N°s 2 et 15)

      3° $\dfrac{s}{a}$ t pour avoir N   (règles N°s 3 et 13)

      3° $\dfrac{s}{a} = t$ pour avoir R   (règles N°s 4 et 15)

TABLES N°s 7, 8 ET 9.

Puisqu'en payant une annuité d'un franc, à la fin d'année, le produit pour le prêteur au bout de neuf ans est de 11 fr. 0265643, intérêts composés tous les ans, à 5 p. 0/0 par an, il est évident que dix fois, cent fois un franc, etc., produiront dix fois, cent fois, etc., 11 fr. 0265643; donc en désignant par b le placement annuel,

On a...................................... $1 : b :: t : s$

D'où 1° $\dfrac{b \times t}{s} = s$ (règle No **18**).

2° $\dfrac{s}{t} = B$ '(règle No **12**).

3° $\dfrac{s}{b} = t$ pour avoir N (règle No **19**).

4° $\dfrac{s}{b} = t$ pour avoir R (règle No **21**).

———

TABLES Nos **10, 11, 12, 13, 14** ET **15.**

Puisqu'en payant une annuité d'un franc, tous les ans, à la fin d'année, intérêts composés tous les ans, à 5 p. 0/0 par an, on acquitte ou on amortit un capital de **7** fr. 1078217, table No **10**, il est évident que l'annuité étant dix fois, cent fois, etc., plus forte, on amortira dix fois, cent fois, etc., **7** fr. 1078217,

On a donc................................ $1 : b :: t : A$

D'où 1° $b \times t = A$ (règle No **17**).

2° $\dfrac{A}{t} = B$ (règle No **9**).

3° $\dfrac{A}{b} = t$ pour avoir N (règle No **23**).

4° $\dfrac{A}{b} = t$ pour avoir R (règle No **25**).

———

TABLES Nos **16, 17** ET **18.**

Puisqu'en plaçant un franc, tous les ans, au commencement d'année, en intérêts composés tous les ans, à 5 p. 0/0 par an, on devient créancier, suivant la table N° 16, de 11 fr. 5778925, il est évident qu'un pareil placement dix fois, cent fois, etc., plus fort, vous rendra dix fois, cent fois, etc., créancier de 11 fr. 5778925,

On a donc cette proportion...................... $1 : b :: t : s$

D'où 1° $b \times t = s$ (règle N° 5).

2° $\dfrac{s}{t} = B$ (règle N° 6).

3° $\dfrac{s}{b} = t$ pour avoir N (règle N° 7).

4° $\dfrac{s}{b} = t$ pour avoir R (règle N° 8).

———

TABLE N° 19

Qui fait double emploi avec les tables N°s 10 et 11.

Puisqu'en consacrant 13 fr. 449 p. 0/0 pour amortir un emprunt de 100 fr., au bout de 9 ans, intérêts capitalisés tous les ans à 4 p. 0/0 par an, il est évident que pour amortir 200 fr., ou 300 fr., ou 400 fr., etc., il faut consacrer de la même manière, deux fois, ou trois fois, ou quatre fois, etc., 13 fr. 449, on a donc, en désignant par b, *le tant* p. 0/0 à consacrer, et par a le capital à amortir.............. $100 : a :: t : B$

D'où 1° $\dfrac{a \times t}{100} = B$ lorsqu'on connaît.. $a, n, r,$

2° $\dfrac{B \times 100}{t} = A$ idem...... $b, n, r,$

3° $\dfrac{B \times 100}{a} = t$ pour avoir N   idem...... $b, a, r,$

4° $\dfrac{B \times 100}{a} = t$ pour avoir R   idem...... $b, a, n,$

En comparant ces quatre égalités avec celles produites par la table N° 10, on voit évidemment que ces tables remplissent le même but.

§ 3. — DES TITRES DES TABLES Nᵒˢ 1 à 18 compris.

Le titre principal des tables Nᵒˢ 1 et **2**, se trouve dans l'énoncé de la première question principale, page 13.

Il se trouve encore, ainsi que celui des tables Nᵒˢ 4, 5 et **6**, dans l'énoncé de la neuvième question principale, page 34.

Le titre principal des tables Nᵒˢ 7 à 15 compris, se trouve dans l'énoncé de la treizième question principale, page 46.

Enfin, le titre principal des tables Nᵒˢ 16, **17** et 18, se trouve dans l'énoncé de la cinquième question principale, page 20.

Les colonnes qui ont pour titre N, indiquent un nombre d'années, ou de semestres, ou d'annuités, ou enfin un nombre de placements périodiques selon la nature de la question qu'il s'agit de résoudre.

Les taux qui servent de titres aux autres colonnes, sont annuels ou semestriels selon le mode auquel appartient la question. Par exemple, la table Nᵒ **1**, fait connaître qu'*un franc* placé en intérêts composés tous les ans à **2** 1/2 p. 0/0 par an, pendant dix ans, ne rapporte pas plus qu'un franc placé pendant dix semestres, en intérêts composés tous les six mois à **2** 1/2 p. 0/0 par semestre, savoir : **1** fr. 2800845.

Y.

§ 4. — DES TABLES RELATIVES AUX INTÉRÊTS SIMPLES ET AUX COMPTES-COURANTS.

DE LA TABLE DES FACTORITHMES, COTÉE A.

Si un franc produit 0,01 centime d'intérêt au bout de l'unité de temps de 360, ou de 365, ou de 366 jours, combien produira-t-il au bout d'un *jour* seulement ?

On a donc ces proportions :

$$360 : 1 : 1 : x = 0 \text{ fr. } 0027777\ldots$$
$$365 : 1 : 1 : x = 0 \text{ fr. } 0027397\ldots$$
$$366 : 1 : 1 : x = 0 \text{ fr. } 0027322\ldots$$

Puisqu'un fr. produit au bout d'un jour.........   0,0027777 ou 278
Il produira au bout de deux jours.............   0,0055555 ou 556
              au bout de trois jours...............   0,0083333 ou 833
Et ainsi de suite.

D'où il suit la règle pour l'usage de ces factorithmes, page 126 et 127 (4e méthode du calcul des intérêts simples).

Pour les tables de factorithmes cotées D, E et F, on a ces proportions :

$$360 : 1 :: 4 : x = 0,0111111$$
$$365 : 1 :: 4 : x = 0,0109589$$ Table cotée D.
$$366 : 1 :: 4 : x = 0,0109289$$

$$360 : 1 :: 5 : x = 1,0138888$$
$$365 : 1 :: 5 : x = 0,0136986$$ Table cotée E.
$$366 : 1 :: 5 : x = 0,0136612$$

$$360 : 1 :: 6 : x = 0,0166666$$
$$365 : 1 :: 6 : x = 0,0164383$$ Table cotée F.
$$366 : 1 :: 6 : x = 0,0163934$$

Quant aux calendriers B, B *bis*, C, C *bis*, leur composition n'exige aucune explication.

§ 5.

Tables Nos 1 à 19.

———

N DES TABLES		TAUX ANNUELS OU SEMESTRIELS, SELON LE MODE.						
N°s 1 et 2	N°s 4 et 5	1 1/2.	1 5/8.	1 3/4.	1 7/8.	2.	2 1/8.	2 1/4.
0	1	1,0000000	1,0000000	1,0000000	1,0000000	1,0000000	1,0000000	1,0000000
1	2	1,0150000	1,0162500	1,0175000	1,0187500	1,0200000	1,0212500	1,0225000
2	3	1,0302250	1,0327641	1,0353063	1,0378516	1,0404000	1,0429516	1,0455063
3	4	1,0456784	1,0495465	1,0534241	1,0573113	1,0612080	1,0651143	1,0690301
4	5	1,0613636	1,0666016	1,0718590	1,0771359	1,0824322	1,0877480	1,0930833
5	6	1,0772840	1,0839339	1,0906166	1,0973322	1,1040808	1,1108626	1,1176777
6	7	1,0934433	1,1015478	1,1097024	1,1179071	1,1261624	1,1344684	1,1428254
7	8	1,1098449	1,1194480	1,1291221	1,1388679	1,1486857	1,1555759	1,1685390
8	9	1,1264926	1,1376390	1,1488818	1,1602217	1,1716594	1,1831956	1,1948311
9	10	1,1433900	1,1561256	1,1689872	1,1819758	1,1950926	1,2083385	1,2217148
10	11	1,1605408	1,1749127	1,1894445	1,2041379	1,2189944	1,2340157	1,2492034
11	12	1,1779489	1,1940050	1,2102598	1,2267155	1,2433743	1,2602386	1,2773105
12	13	1,1956182	1,2134076	1,2314393	1,2497164	1,2682418	1,2870186	1,3060500
13	14	1,2135524	1,2331255	1,2529895	1,2731486	1,2936066	1,3143678	1,3354361
14	15	1,2317557	1,2531637	1,2749168	1,2970201	1,3194788	1,3422981	1,3654834
15	16	1,2502321	1,2735277	1,2972279	1,3213392	1,3458683	1,3708249	1,3962068
16	17	1,2689855	1,2942225	1,3199294	1,3461143	1,3727857	1,3999519	1,4276215
17	18	1,2880203	1,3152536	1,3430281	1,3713540	1,4002414	1,4297009	1,4597429
18	19	1,3073406	1,3366265	1,3665311	1 3970669	1,4282462	1,4600820	1,4925872
19	20	1,3269507	1,3583466	1,3904454	1,4232619	1,4568112	1,4911088	1,5261704
20	21	1,3468550	1,3804198	1,4147782	1,4499480	1,4859474	1,5227948	1,5605092
21	22	1,3670578	1,4028516	1,4395368	1,4771346	1,5156663	1,5551542	1,5956207
22	23	1,3875637	1,4256479	1,4647287	1,5048308	1,5459797	1,5882012	1,6315221
23	24	1,4083772	1,4488147	1,4903615	1,5330464	1,5768993	1,6219505	1,6682314
24	25	1,4295028	1,4723580	1,5164428	1,5617910	1,6084372	1,6564170	1,7057666
25	26	1,4509454	1,4962838	1,5429805	1,5910746	1,6406060	1,6916158	1,7441463
26	27	1,4727095	1,5205984	1,5699827	1,6209073	1,6734181	1,7275627	1,7833896
27	28	1,4948002	1,5453081	1,5974574	1,6512993	1,7068865	1,7642734	1,8235159
28	29	1,5172222	1,5704494	1,6254129	1,6822611	1,7410242	1,8017642	1,8645450
29	30	1,5399805	1,5959387	1,6538576	1,7138035	1,7758447	1,8400517	1,9064973
30	31	1,5630802	1,6218727	1,6828001	1,7459373	1,8113616	1,8791528	1,9493934
31	32	1,5865264	1,6482281	1,7122491	1,7786737	1,8475888	1,9190848	1,9932548
32	33	1,6103243	1,6750118	1,7422135	1,8120238	1,8845406	1,9598653	2,0381030
33	34	1,6344792	1,7022308	1,7727022	1,8459992	1,9222314	2,0015124	2,0839603
34	35	1,6589964	1,7298920	1,8037245	1,8806117	1,9606760	2,0440446	2,1308495
35	36	1,6838813	1,7580028	1,8352897	1,9158732	1,9998896	2,0874805	2,1787936
36	37	1,7091395	1,7865703	1,8674073	1,9517958	2,0398873	2,1318395	2,2278164
37	38	1,7347766	1,8156021	1,9000869	1,9883920	2,0806851	2,1771411	2,2779423
38	39	1,7607983	1,8451056	1,9333384	2,0256743	2,1222988	2,2234053	2,3291960
39	40	1,7872103	1,8750886	1,9671718	2,0636557	2,1647448	2,2706527	2,3846029
40	41	1,8140184	1,9055558	2,0015973	2,1023493	2,2080397	2,3189041	2,4351890
41	42	1,8412287	1,9365241	2,0366253	2,1417683	2,2522005	2,3681808	2,4899807
42	43	1,8688471	1,9679926	2,0722662	2,1819265	2,2972445	2,4185046	2,5460053
43	44	1,8968798	1,9999725	2,1085309	2,2228376	2,3431894	2,4698978	2,6032904
44	45	1,9253330	2,0324720	2,1454302	2,2645158	2,3900531	2,5223832	2,6618644
45	46	1,9542130	2,0654997	2,1829752	2,3069755	2,4378542	2,5759838	2,7217564
46	47	1,9835262	2,0990644	2,2211773	2,3502313	2,4866113	2,6307235	2,7829959
47	48	2,0132791	2,1331739	2,2600479	2,3942981	2,5363435	2,6866263	2,8456133
48	49	2,0434783	2,1678379	2,2995987	2,4391912	2,5870704	2,7437172	2,9096396
49	50	2,0741305	2,2030653	2,3398417	2,4849260	2,6388118	2,8020211	2,9751065
50	51	2,1052424	2,2388651	2,3807889	2,5315184	2,6915880	2,8615641	3,0420464

N DES TABLES		TAUX ANNUELS OU SEMESTRIELS, SELON LE MODE.						
N°s 1 et 2	N°s 4 et 5	2 3/8.	2 1/2.	2 3/4.	3.	3 1/4.	3 1/2.	3 3/4.
0	1	1,0000000	1,0000000	1,0000000	1,0000000	1,0000000	1,0000000	1,0000000
1	2	1,0237500	1,0250000	1,0275000	1,0300000	1,0325000	1,0350000	1,0375000
2	3	1,0480641	1,0506250	1,0557563	1,0609000	1,0660563	1,0712250	1,0764063
3	4	1,0729556	1,0768906	1,0847895	1,0927270	1,1007031	1,1087179	1,1167715
4	5	1,0984383	1,1038129	1,1146213	1,1255088	1,1364759	1,1475230	1,1586504
5	6	1,1245262	1,1314082	1,1452733	1,1592741	1,1734114	1,1876863	1,2020998
6	7	1,1512337	1,1596934	1,1767684	1,1940523	1,2115473	1,2292553	1,2471785
7	8	1,1785755	1,1886858	1,2091295	1,2298739	1,2509226	1,2722793	1,2939477
8	9	1,2065667	1,2184029	1,2423806	1,2667701	1,2915775	1,3168090	1,3424708
9	10	1,2352226	1,2488630	1,2765460	1,3047732	1,3335538	1,3628974	1,3928134
10	11	1,2645591	1,2800845	1,3116510	1,3439164	1,3768943	1,4105988	1,4450439
11	12	1,2945924	1,3120867	1,3477214	1,3842339	1,4216434	1,4599697	1,4992331
12	13	1,3253390	1,3448888	1,3847838	1,4257609	1,4678468	1,5110687	1,5554543
13	14	1,3568158	1,3785110	1,4228653	1,4685337	1,5155518	1,5639561	1,6137839
14	15	1,3890402	1,4129738	1,4619941	1,5125897	1,5648072	1,6186945	1,6743008
15	16	1,4220299	1,4482982	1,5021990	1,5579674	1,6156635	1,6753488	1,7370870
16	17	1,4558031	1,4845056	1,5435094	1,6047064	1,6681725	1,7339860	1,8022278
17	18	1,4903784	1,5216183	1,5859559	1,6528476	1,7223881	1,7946736	1,8698113
18	19	1,5257749	1,5596587	1,6295697	1,7024334	1,7783658	1,8574892	1,9399293
19	20	1,5620121	1,5986502	1,6743829	1,7535061	1,8361626	1,9225013	2,0126766
20	21	1,5991098	1,6386164	1,7204284	1,8061112	1,8958379	1,9897889	2,0881520
21	22	1,6370887	1,6795819	1,7677402	1,8602946	1,9574527	2,0594315	2,1664577
22	23	1,6759696	1,7215714	1,8163531	1,9161034	2,0210699	2,1315116	2,2476999
23	24	1,7157738	1,7646107	1,8663028	1,9745865	2,0867546	2,2061145	2,3319886
24	25	1,7565235	1,8087259	1,9176261	2,0327941	2,1545742	2,2833285	2,4194382
25	26	1,7982409	1,8539441	1,9703608	2,0937779	2,2245978	2,3632450	2,5101671
26	27	1,8409491	1,9002927	2,0245457	2,1565913	2,2968973	2,4459586	2,6042984
27	28	1,8846717	1,9478000	2,0802208	2,2212890	2,3715464	2,5315671	2,7019596
28	29	1,9294326	1,9964950	2,1374268	2,2879277	2,4486217	2,6201720	2,8032830
29	30	1,9752566	2,0464074	2,1962061	2,3565655	2,5282019	2,7118780	2,9084062
30	31	2,0221690	2,0975676	2,2566017	2,4272625	2,6103684	2,8067937	3,0174714
31	32	2,0701955	2,1500068	2,3186583	2,5000803	2,6952054	2,9050315	3,1306266
32	33	2,1193626	2,2037569	2,3824214	2,5750828	2,7827996	3,0067076	3,2480251
33	34	2,1696975	2,2588509	2,4479380	2,6523352	2,8732406	3,1119424	3,3698260
34	35	2,2212278	2,3153221	2,5152563	2,7319053	2,9666209	3,2208603	3,4961945
35	36	2,2739820	2,3732052	2,5844258	2,8138625	3,0630361	3,3335904	3,6273018
36	37	2,3279890	2,4325353	2,6554975	2,8982783	3,1625847	3,4502661	3,7633256
37	38	2,3832788	2,4933487	2,7285237	2,9852267	3,2653687	3,5710254	3,9044503
38	39	2,4398817	2,5556824	2,8035581	3,0747835	3,3714932	3,6960113	4,0508072
39	40	2,4978288	2,6195745	2,8806559	3,1670270	3,4810668	3,8253717	4,2027747
40	41	2,5571523	2,6850638	2,9598740	3,2620378	3,5942014	3,9592597	4,3603788
41	42	2,6178846	2,7521904	3,0412705	3,3598989	3,7110130	4,0978338	4,5238930
42	43	2,6800594	2,8209952	3,1249055	3,4606959	3,8316209	4,2412580	4,6935389
43	44	2,7437108	2,8915201	3,2108404	3,5645168	3,9561486	4,3897020	4,8695467
44	45	2,8088739	2,9638081	3,2991385	3,6714523	4,0847234	4,5433416	5,0521547
45	46	2,8755847	3,0379033	3,3898648	3,7815958	4,2174769	4,7023586	5,2416105
46	47	2,9438798	3,1138509	3,4830861	3,8950437	4,3545449	4,8669411	5,4381709
47	48	3,0137970	3,1916971	3,5788709	4,0118950	4,4960676	5,0372840	5,6421023
48	49	3,0853747	3,2714896	3,6772899	4,1322519	4,6421898	5,2135890	5,8536811
49	50	3,1586523	3,3532768	3,7784153	4,2562194	4,7930610	5,3960646	6,0731941
50	51	3,2336703	3,4371087	3,8823218	4,3839060	4,9488755	5,5849269	6,3009389

N DES TABLES		TAUX ANNUELS OU SEMESTRIELS, SELON LE MODE.						
Nᵒˢ 1 et 2	Nᵒˢ 4 et 5	4.	4 1/4.	4 1/2.	4 3/4.	5.	5 1/2.	6.
0	1	1,0000000	1,0000000	1,0000000	1,0000000	1,0000000	1,0000000	1,0000000
1	2	1,0400000	1,0425000	1,0450000	1,0475000	1,0500000	1,0550000	1,0600000
2	3	1,0816000	1,0868063	1,0920250	1,0972563	1,1025000	1,1130250	1,1236000
3	4	1,1248640	1,1329955	1,1411661	1,1493759	1,1576250	1,1742414	1,1910160
4	5	1,1698586	1,1811478	1,1925186	1,2039713	1,2155063	1,2388247	1,2624770
5	6	1,2166529	1,2313466	1,2461819	1,2611599	1,2762816	1,3069600	1,3382256
6	7	1,2653190	1,2836788	1,3022601	1,3210650	1,3400956	1,3788428	1,4185191
7	8	1,3159318	1,3382352	1,3608618	1,3838156	1,4071004	1,4546792	1,5036303
8	9	1,3685691	1,3951102	1,4221006	1,4495468	1,4774554	1,5346865	1,5938481
9	10	1,4233118	1,4544024	1,4860951	1,5184003	1,5513282	1,6190943	1,6894790
10	11	1,4802443	1,5162145	1,5529946	1,5905243	1,6288946	1,7081445	1,7908477
11	12	1,5394541	1,5806536	1,6228530	1,6660742	1,7103394	1,8020924	1,8982986
12	13	1,6010322	1,6478314	1,6958844	1,7452128	1,7958563	1,9012075	2,0121965
13	14	1,6650735	1,7178642	1,7721961	1,8281404	1,8856491	2,0057739	2,1329283
14	15	1,7316764	1,7908734	1,8519449	1,9149456	1,9799316	2,1160915	2,2609040
15	16	1,8009435	1,8669855	1,9352824	2,0059055	2,0789282	2,2324765	2,3965582
16	17	1,8729812	1,9463324	2,0223702	2,1011860	2,1828746	2,3552627	2,5403517
17	18	1,9479005	2,0290516	2,1133768	2,2009924	2,2920183	2,4848021	2,6927728
18	19	2,0258165	2,1152862	2,2084788	2,3055395	2,4066192	2,6214663	2,8543392
19	20	2,1068492	2,2051859	2,3078603	2,4150526	2,5269502	2,7656469	3,0255995
20	21	2,1911231	2,2989063	2,4117140	2,5297676	2,6532977	2,9177575	3,2071355
21	22	2,2787681	2,3966098	2,5202412	2,6499316	2,7859626	3,0782342	3,3995636
22	23	2,3699188	2,4984657	2,6336520	2,7758034	2,9252607	3,2475370	3,6035374
23	24	2,4647155	2,6046505	2,7521663	2,9076540	3,0715238	3,4261516	3,8197497
24	25	2,5633042	2,7153482	2,8760138	3,0457676	3,2250999	3,6145899	4,0489346
25	26	2,6658363	2,8307505	3,0054345	3,1904415	3,3863549	3,8133923	4,2918707
26	27	2,7724698	2,9510574	3,1406790	3,3419875	3,5556727	4,0231289	4,5493830
27	28	2,8833664	3,0764773	3,2820096	3,5007319	3,7334563	4,2444010	4,8223459
28	29	2,9987033	3,2072276	3,4297000	3,6670167	3,9201291	4,4778431	5,1116867
29	30	3,1186515	3,3435348	3,5840365	3,8412000	4,1161356	4,7241244	5,4183879
30	31	3,2433975	3,4856350	3,7453181	4,0236570	4,3219424	4,9839513	5,7434912
31	32	3,3731334	3,6337745	3,9138575	4,2147807	4,5380395	5,2580686	6,0881006
32	33	3,5080587	3,7882099	4,0899810	4,4149828	4,7649415	5,5472624	6,4533867
33	34	3,6483811	3,9492088	4,2740302	4,6246944	5,0031885	5,8523618	6,8405899
34	35	3,7943163	4,1170502	4,4663615	4,8443674	5,2533480	6,1742417	7,2510233
35	36	3,9460890	4,2920248	4,6673478	5,0744749	5,5160154	6,5138250	7,6860868
36	37	4,1039326	4,4744359	4,8773785	5,3155124	5,7918161	6,8720854	8,1472520
37	38	4,2680899	4,6645994	5,0968605	5,5679993	6,0814069	7,2500501	8,6360871
38	39	4,4388135	4,8628449	5,3262192	5,8324792	6,3854773	7,6488028	9,1542523
39	40	4,6163660	5,0695158	5,5658991	6,1095220	6,7047512	8,0694870	9,7035075
40	41	4,8010206	5,2849702	5,8163645	6,3997243	7,0399887	8,5133088	10,2857179
41	42	4,9930615	5,5095815	6,0781009	6,7037112	7,3919881	8,9815406	10,9028610
42	43	5,1927839	5,7437387	6,3516455	7,0221375	7,7615876	9,4755255	11,5570327
43	44	5,4004953	5,9878476	6,6374382	7,3556890	8,1496669	9,9966794	12,2504546
44	45	5,6165151	6,2423311	6,9361229	7,7050843	8,5571503	10,5464968	12,9854819
45	46	5,8411757	6,5076302	7,2482484	8,0710758	8,9850078	11,1265541	13,7646108
46	47	6,0748227	6,7842045	7,5744196	8,4544519	9,4342582	11,7385146	14,5904875
47	48	6,3178156	7,0725331	7,9152685	8,8560383	9,9059711	12,3841329	15,4659167
48	49	6,5705282	7,3731498	8,2714556	9,2767001	10,4012696	13,0652602	16,3938717
49	50	6,8333492	7,6867732	8,6436711	9,7173434	10,9213331	13,7838495	17,3775040
50	51	7,1066833	8,0131483	9,0326363	10,1789172	11,4673998	14,5419612	18,4201543

N DES TABLES		TAUX ANNUELS OU SEMESTRIELS, SELON LE MODE.			
Nᵒˢ 1 et 2	Nᵒˢ 4 et 5	7.	8.	9.	10.
0	1	1,0000000	1,0000000	1,0000000	1,0000000
1	2	1,0700000	1,0800000	1,0900000	1,1000000
2	3	1,1449000	1,1664000	1,1881000	1,2100000
3	4	1,2250430	1,2597120	1,2950290	1,3310000
4	5	1,3107960	1,3604890	1,4115816	1,4641000
5	6	1,4025517	1,4693281	1,5386240	1,6105100
6	7	1,5007304	1,5868743	1,6771001	1,7715610
7	8	1,6057815	1,7138243	1,8280391	1,9487171
8	9	1,7181862	1,8509302	1,9925626	2,1435888
9	10	1,8384592	1,9990046	2,1718933	2,3579477
10	11	1,9671514	2,1589250	2,3673637	2,5937425
11	12	2,1048520	2,3316390	2,5804264	2,8531167
12	13	2,2521916	2,5181701	2,8126648	3,1384284
13	14	2,4098450	2,7196237	3,0658046	3,4522712
14	15	2,5785342	2,9371936	3,3417270	3,7974983
15	16	2,7590315	3,1721691	3,6424825	4,1772482
16	17	2,9521637	3,4259426	3,9703059	4,5949730
17	18	3,1588152	3,7000181	4,3276334	5,0544703
18	19	3,3799323	3,9960195	4,7171204	5,5599173
19	20	3,6165275	4,3157011	5,1416613	6,1159090
20	21	3,8696845	4,6609571	5,6044108	6,7274999
21	22	4,1405624	5,0338337	6,1088077	7,4002499
22	23	4,4304017	5,4365404	6,6586004	8,1402749
23	24	4,7405299	5,8714636	7,2578745	8,9543024
24	25	5,0723670	6,3411807	7,9110832	9,8497327
25	26	5,4274326	6,8484752	8,6230807	10,8347059
26	27	5,8073529	7,3963532	9,3991579	11,9181765
27	28	6,2138676	7,9880615	10,2450821	13,1099942
28	29	6,6488384	8,6271064	11,1671395	14,4209936
29	30	7,1143570	9,3172749	12,1721821	15,8630930
30	31	7,6122550	10,0626569	13,2676785	17,4494023
31	32	8,1451129	10,8676994	14,4617695	19,1943425
32	33	8,7152708	11,7370830	15,7633288	21,1137767
33	34	9,3253398	12,6760496	17,1820284	23,2251544
34	35	9,9781135	13,6901336	18,7284409	25,5476699
35	36	10,6765815	14,7853443	20,4139679	28,1024368
36	37	11,4239422	15,9681718	22,2512250	30,9126805
37	38	12,2236181	17,2456256	24,2538333	34,0039486
38	39	13,0792714	18,6252756	26,4366895	37,4043434
39	40	13,9948204	20,1152077	28,8159817	41,1447778
40	41	14,9744578	21,7245215	31,4094291	45,2592556
41	42	16,0226699	23,4624832	34,2362679	49,7851814
42	43	17,1442568	25,3394819	37,3175320	54,7636992
43	44	18,3443548	27,3666404	40,6761098	60,2400692
44	45	19,6284596	29,5559717	44,3369697	66,2640761
45	46	21,0024518	31,9204494	48,3272861	72,8904837
46	47	22,4726234	34,4740853	52,6767649	80,1795321
47	48	24,0457070	37,2320122	57,4176486	88,1974853
48	49	25,7288965	40,2105731	62,5852370	97,0172338
49	50	27,5293390	43,4274190	68,2179083	106,7189572
50	51	29,4570251	46,9016125	74,3575201	117,3908529

N DES TABLES		TAUX SEMESTRIELS.						
N° 3.	N° 6.	1 1/2.	1 5/8.	1 3/4.	1 7/8.	2.	2 1/8.	2 1/4.
0	1	1,0000000	1,0000000	1,0000000	1,0000000	1,0000000	1,0000000	1,0000000
1	2	1,0302250	1,0327641	1,0353063	1,0378516	1,0404000	1,0429516	1,0455063
2	3	1,0613636	1,0666016	1,0718590	1,0771359	1,0824322	1,0877480	1,0930833
3	4	1,0934433	1,1015478	1,1097024	1,1179071	1,1261624	1,1344684	1,1428254
4	5	1,1264926	1,1376390	1,1488818	1,1602217	1,1716594	1,1831956	1,1948311
5	6	1,1605408	1,1749127	1,1894445	1,2041379	1,2189944	1,2340157	1,2492034
6	7	1,1956182	1,2134076	1,2314393	1,2497464	1,2682418	1,2870186	1,3060500
7	8	1,2317557	1,2531637	1,2749168	1,2970201	1,3194788	1,3422981	1,3654834
8	9	1,2689855	1,2942225	1,3199294	1,3461143	1,3727857	1,3999519	1,4276215
9	10	1,3073406	1,3366265	1,3665311	1,3970669	1,4282462	1,4600820	1,4925872
10	11	1,3468550	1,3804198	1,4147782	1,4499480	1,4859474	1,5227948	1,5605092
11	12	1,3875637	1,4256479	1,4647287	1,5048308	1,5459797	1,5882012	1,6315221
12	13	1,4295028	1,4723580	1,5164428	1,5617910	1,6084372	1,6564170	1,7057666
13	14	1,4727095	1,5205984	1,5699827	1,6209073	1,6734181	1,7275627	1,7833896
14	15	1,5172222	1,5704494	1,6254129	1,6822611	1,7410242	1,8017642	1,8645450
15	16	1,5630802	1,6218727	1,6828001	1,7459373	1,8113616	1,8791528	1,9493934
16	17	1,6103243	1,6750118	1,7422435	1,8120238	1,8845406	1,9598653	2,0381030
17	18	1,6589964	1,7298920	1,8037245	1,8806117	1,9606760	2,0440446	2,1308495
18	19	1,7091305	1,7865703	1,8674073	1,9517958	2,0398873	2,1318395	2,2278164
19	20	1,7607983	1,8451056	1,9333384	2,0256743	2,1222988	2,2234053	2,3291960
20	21	1,8140184	1,9055588	2,0015973	2,1023493	2,2080397	2,3189041	2,4351890
21	22	1,8688471	1,9679926	2,0722662	2,1819265	2,2972445	2,4185046	2,5460053
22	23	1,9253330	2,0324720	2,1454302	2,2645158	2,3900531	2,5223832	2,6618644
23	24	1,9835262	2,0990641	2,2211773	2,3502313	2,4866113	2,6307235	2,7829959
24	25	2,0434783	2,1678379	2,2995987	2,4391912	2,5870704	2,7437172	2,9096396
25	26	2,1052424	2,2388651	2,3807889	2,5315184	2,6915880	2,8615641	3,0420464

N DES TABLES					
N° 3.	N° 6.	2 3/8.	2 1/2.	2 3/4.	3.
0	1	1,0000000	1,0000000	1,0000000	1,0000000
1	2	1,0480641	1,0506250	1,0557563	1,0609000
2	3	1,0984383	1,1038129	1,1146213	1,1255088
3	4	1,1512337	1,1596934	1,1767684	1,1940523
4	5	1,2065667	1,2184029	1,2423806	1,2667701
5	6	1,2645591	1,2800845	1,3116510	1,3439164
6	7	1,3253390	1,3448888	1,3847838	1,4257609
7	8	1,3890402	1,4129738	1,4619994	1,5125897
8	9	1,4558031	1,4845056	1,5435094	1,6047604
9	10	1,5257749	1,5596587	1,6295697	1,7024331
10	11	1,5991098	1,6386164	1,7204284	1,8061112
11	12	1,6759696	1,7215744	1,8163531	1,9161034
12	13	1,7565235	1,8087259	1,9176261	2,0327941
13	14	1,8409491	1,9002927	2,0245457	2,1565913
14	15	1,9294326	1,9964950	2,1374268	2,2879277
15	16	2,0221690	2,0975676	2,2566017	2,4272625
16	17	2,1193626	2,2037569	2,3824214	2,5750928
17	18	2,2212278	2,3153221	2,5152563	2,7319053
18	19	2,3279890	2,4325353	2,6554975	2,8982783
19	20	2,4398817	2,5556824	2,8035581	3,0747835
20	21	2,5571523	2,6850638	2,9598740	3,2620378
21	22	2,6800594	2,8209952	3,1249055	3,4606959
22	23	2,8088739	2,9638081	3,2991385	3,6714523
23	24	2,9438798	3,1138509	3,4830861	3,8950437
24	25	3,0853747	3,2714896	3,6772899	4,1322519
25	26	3,2336703	3,4371087	3,8823218	4,3839060

N DES TABLES		TAUX ANNUELS OU SEMESTRIELS, SELON LE MODE.						
Nᵒ 7.	Nᵒ 8.	1 1/2.	1 5/8.	1 3/4.	1 7/8.	2.	2 1/8.	2 1/4.
1	1	1,0000000	1,0000000	1,0000000	1,0000000	1,0000000	1,0000000	1,0000000
2	2	2,0150000	2,0162500	2,0175000	2,0187500	2,0200000	2,0212500	2,0225000
3	3	3,0452250	3,0490141	3,0528063	3,0566016	3,0604000	3,0642016	3,0680063
4	4	4,0909034	4,0985605	4,1062304	4,1139128	4,1216080	4,1293158	4,1370364
5	5	5,1522669	5,1651621	5,1780894	5,1910487	5,2040402	5,2170638	5,2301197
6	6	6,2295509	6,2490960	6,2687060	6,2883809	6,3081210	6,3279264	6,3477974
7	7	7,3229942	7,3506438	7,3784083	7,4062880	7,4342834	7,4623948	7,4906228
8	8	8,4328391	8,4700918	8,5075305	8,5451559	8,5829691	8,6209707	8,6591619
9	9	9,5593317	9,6077308	9,6564122	9,7053776	9,7546284	9,8041664	9,8539930
10	10	10,7027217	10,7638564	10,8253995	10,8873534	10,9497210	11,0125049	11,0757078
11	11	11,8632625	11,9387691	12,0148439	12,0914913	12,1687154	12,2465206	12,3249113
12	12	13,0412114	13,1327741	13,2251037	13,3182068	13,4120897	13,5067592	13,6022218
13	13	14,2368296	14,3461817	14,4565430	14,5679231	14,6803315	14,7937778	14,9082718
14	14	15,4503824	15,5793071	15,7095325	15,8410717	15,9739382	16,1081456	16,2437079
15	15	16,6821378	16,8324709	16,9844493	17,1380918	17,2934169	17,4504437	17,6091913
16	16	17,9323698	18,1059985	18,2816772	18,4594310	18,6392853	18,8212696	19,0053984
17	17	19,2013554	19,4002210	19,6016066	19,8055453	20,0120710	20,2212215	20,4330196
18	18	20,4893757	20,7154746	20,9446347	21,1768993	21,4123124	21,6509224	21,8927625
19	19	21,7967164	22,0521010	22,3111658	22,5739662	22,8405586	23,1110044	23,3853497
20	20	23,1236671	23,4104477	23,7016112	23,9972280	24,2973698	24,6021132	24,9115200
21	21	24,4705221	24,7908675	25,1163894	25,4471761	25,7833172	26,1249040	26,4720292
22	22	25,8375799	26,1937491	26,5559262	26,9243106	27,2989835	27,6800582	28,0676499
23	23	27,2251436	27,6193070	28,0206549	28,4291414	28,8449632	29,2682591	29,6991720
24	24	28,6335208	29,0681817	29,5110164	29,9621878	30,4218625	30,8902100	31,3675034
25	25	30,0630236	30,5405397	31,0274592	31,5239789	32,0302997	32,5466269	33,0731700
26	26	31,5139690	32,0368234	32,5704397	33,1150535	33,6709057	34,2382427	34,8173163
27	27	32,9866785	33,5574218	34,1404224	34,7359607	35,3443238	35,9658054	36,6007059
28	28	34,4814787	35,1027299	35,7378798	36,3872600	37,0512103	37,7300788	38,4242218
29	29	35,9987009	36,6731493	37,3632927	38,0695211	38,7922345	39,5318429	40,2887668
30	30	37,5386814	38,2690879	39,0171503	39,7833246	40,5680799	41,3748946	42,1952640
31	31	39,1017616	39,8909606	40,6999504	41,5292620	42,3794408	43,2510474	44,1446575
32	32	40,6882880	41,5391887	42,4121996	43,3079356	44,2270296	45,1701321	46,1379123
33	33	42,2985123	43,2142006	44,1544130	45,1199504	46,1115702	47,1299974	48,1760153
34	34	43,9330015	44,9164313	45,9271153	46,9659587	48,0338016	49,1345099	50,2599756
35	35	45,5920879	46,6463233	47,7308398	48,8465704	49,9944776	51,1755544	52,3908251
36	36	47,2759692	48,4043261	49,5664295	50,7624436	51,9943672	53,2630350	54,5696186
37	37	48,9851087	50,1908964	51,4335368	52,7142394	54,0342545	55,3948745	56,7974351
38	38	50,7198854	52,0064984	53,3336236	54,7026314	56,1140396	57,5720156	59,0753773
39	39	52,4806837	53,8516040	55,2669624	56,7283057	58,2372384	59,7954209	61,4045733
40	40	54,2678939	55,7266926	57,2341339	58,7919615	60,4019832	62,0660736	63,7861702
41	41	56,0819123	57,6322514	59,2357312	60,8943107	62,6100228	64,3840776	66,2213652
42	42	57,9231410	59,5687754	61,2723565	63,0360791	64,8622233	66,7531584	68,7413459
43	43	59,7919881	61,5367680	63,3446228	65,2180055	67,1594678	69,1716630	71,2573542
44	44	61,6888679	63,5367405	65,4531537	67,4408431	69,5026571	71,6415609	73,8606416
45	45	63,6142010	65,5692126	67,5985839	69,7053599	71,8927103	74,1639440	76,5225060
46	46	65,5684140	67,6347123	69,7815591	72,0123344	74,3305645	76,7399279	79,2442624
47	47	67,5519402	69,7337763	72,0027364	74,3625657	76,8174758	79,3706545	82,0272583
48	48	69,5652193	71,8669502	74,2627843	76,7568638	79,3535193	82,0572777	84,8728716
49	49	71,6086976	74,0347881	76,5623830	79,1960550	81,9405897	84,8009948	87,7825113
50	50	73,6828280	76,2378535	78,9022247	81,6809810	84,5794015	87,6030160	90,7576178

N DES TABLES		TAUX ANNUELS OU SEMESTRIELS, SELON LE MODE.						
N° 7.	N° 8.	2 3/8.	2 1/2.	2 3/4.	3.	3 1/4.	3 1/2.	3 3/4.
1	1	1,0000000	1,0000000	1,0000000	1,0000000	1,0000000	1,0000000	1,0000000
2	2	2,0237500	2,0250000	2,0275000	2,0300000	2,0325000	2,0350000	2,0375000
3	3	3,0718144	3,0756250	3,0832563	3,0909000	3,0985563	3,1062250	3,1139063
4	4	4,1447696	4,1525156	4,1680458	4,1836270	4,1992593	4,2149429	4,2306777
5	5	5,2432079	5,2563285	5,2826674	5,3091358	5,3357353	5,3624659	5,3893281
6	6	6,3677341	6,3877367	6,4279404	6,4684099	6,5091467	6,5501522	6,5914280
7	7	7,5189678	7,5474301	7,6047088	7,6624622	7,7206939	7,7794075	7,8386065
8	8	8,6975433	8,7361159	8,8135383	8,8923360	8,9716165	9,0516868	9,1325542
9	9	9,9041099	9,9545188	10,0562188	10,1591061	10,2631940	10,3684958	10,4750250
10	10	11,1393325	11,2033818	11,3327648	11,4638793	11,5967478	11,7313932	11,8678385
11	11	12,4038917	12,4834663	12,6444159	12,8077957	12,9736421	13,1419919	13,3128824
12	12	13,6984844	13,7955530	13,9921373	14,1920296	14,3952855	14,6019616	14,8121155
13	13	15,0238231	15,1404418	15,3769211	15,6177904	15,8631323	16,1130303	16,3675098
14	14	16,3806389	16,5189528	16,7997864	17,0863242	17,3786541	17,6769864	17,9813537
15	15	17,7696791	17,9319267	18,2617805	18,5989139	18,9434913	19,2956809	19,6556545
16	16	19,1917090	19,3802248	19,7639795	20,1568813	20,5591548	20,9710297	21,3927415
17	17	20,6475121	20,8647304	21,3074889	21,7615877	22,2273273	22,7050157	23,1949693
18	18	22,1378905	22,3863487	22,8934449	23,4144354	23,9497154	24,4996913	25,0647807
19	19	23,6636654	23,9460074	24,5230146	25,1168684	25,7280812	26,3571805	27,0047099
20	20	25,2256774	25,5446576	26,1973975	26,8703745	27,5642638	28,2796818	29,0173866
21	21	26,8247873	27,1832741	27,9178259	28.6764857	29,4600817	30,2694707	31,1055386
22	22	28,4618760	28,8628559	29,6855661	30,5367803	31,4175344	32,3289022	33,2719963
23	23	30,1378455	30,5844273	31,5019192	32,4528837	33,4386043	34,4604137	35,5196961
24	24	31,8536193	32,3490380	33,3682220	34,4264702	35,5258320	36,6665282	37,8516847
25	25	33,6101428	34,1577639	35,2858481	36,459663	37,6799331	38,9498567	40,2711229
26	26	35,4083837	36,0117080	37,2562089	38,5530423	39,9045309	41,3131017	42,7812900
27	27	37,2493328	37,9120007	39,2807547	40,7096335	42,2014281	43,7590602	45,3855884
28	28	39,1340045	39,8598008	41,3609754	42,9309225	44,5729746	46,2906273	48,0875479
29	29	41,0634371	41,8562958	43,4984022	45,2188502	47,0215962	48,9107993	50,8908310
30	30	43,0386937	43,9027032	45,6946083	47,5754157	49,5497981	51,6226773	53,7992372
31	31	45,0608627	46,0002707	47,9512100	50,0026782	52,1601665	54,4294710	56,8167085
32	32	47,1310582	48,1502775	50,2698683	52,5027585	54,8553720	57,3345025	59,9473351
33	33	49,2501208	50,3540344	52,6522897	55,0778413	57,6381716	60,3412101	63,1953602
34	34	51,4201183	52,6128853	55,1002277	57,7301765	60,5114121	63,4534524	66,5651862
35	35	53,6418461	54,9282074	57,6154839	60,4620818	63,4780330	66,6740127	70,0613807
36	36	55,9153281	57,3014426	60,1999097	63,2759443	66,5410691	70,0076032	73,6886525
37	37	58,2433171	59,7339479	62,8554072	66,1742226	69,7036538	73,4578693	77,4520080
38	38	60,6265959	62,2272966	65,5839309	69,1594493	72,9690226	77,0288947	81,3564583
39	39	63,0664775	64,7829791	68,3874890	72,2342328	76,3405158	80,7249060	85,4073255
40	40	65,5643064	67,4025535	71,2681450	75,4012597	79,8215826	84,5502777	89,6101002
41	41	68,1214587	70,0876174	74,2280190	78,6632975	83,4157840	88,5095375	93,9704700
42	42	70,7893433	72,8598078	77,2692895	82,0231965	87,1267970	92,6073713	98,4943720
43	43	73,4192020	75,6608030	80,3941950	85,4838923	90,9586179	96,8486293	103,1879109
44	44	76,1631135	78,5523231	83,6050353	89,0484091	94,9145665	101,2383313	108,0574576
45	45	78,9719875	81,5161312	86,9041738	92,7198614	98,9992899	105,7816729	113,1096122
46	46	81,8475722	84,5540344	90,2940386	96,5014572	103,2167668	110,4840314	118,3512227
47	47	84,7914520	87,6678853	93,7771246	100,3965009	107,5713117	115,3509725	123,7893935
48	48	87,8052490	90,8595824	97,3559956	104,4083960	112,0673794	120,3882566	129,4314958
49	49	90,8906237	94,1310720	101,0332854	108,5406479	116,7093692	125,6018456	135,2851769
50	50	94,0492760	97,4843488	104,8417008	112,7968673	121,5026302	130,9979102	141,3583710

N° 7.	N° 8.	4.	4 1/4.	4 1/2.	4 3/4.	5.	5 1/2.	6.
					TAUX ANNUELS OU SEMESTRIELS, SELON LE MODE.			
1	1	1,0000000	1,0000000	1,0000000	1,0000000	1,0000000	1,0000000	1,0000000
2	2	2,0400000	2,0425000	2,0450000	2,0475000	2,0500000	2,0550000	2,0600000
3	3	3,1216000	3,1293063	3,1370250	3,1447563	3,1525000	3,1680250	3,1836000
4	4	4,2464640	4,2623018	4,2781914	4,2941322	4,3101250	4,3422664	4,3746160
5	5	5,4163226	5,4434495	5,4707097	5,4981035	5,5256313	5,5810910	5,6370930
6	6	6,6329755	6,6747962	6,7168917	6,7592634	6,8019128	6,8880510	6,9753185
7	7	7,8982945	7,9584750	8,0191518	8,0803284	8,1420085	8,2668938	8,3938376
8	8	9,2142263	9,2967102	9,3800136	9,4641440	9,5491089	9,7215730	9,8974679
9	9	10,5827953	10,6918204	10,8021142	10,9136908	11,0265643	11,2562595	11,4913160
10	10	12,0061071	12,1462228	12,2882094	12,4320911	12,5778925	12,8753538	13,1807949
11	11	13,4863514	13,6624372	13,8411788	14,0226155	14,2067872	14,5834982	14,9716426
12	12	15,0258055	15,2430908	15,4640318	15,6886897	15,9171265	16,3855907	16,8699412
13	13	16,6268377	16,8909222	17,1599133	17,4339024	17,7129828	18,2867981	18,8821377
14	14	18,2919112	18,6087864	18,9321094	19,2620128	19,5986320	20,2925720	21,0150659
15	15	20,0235876	20,3996598	20,7840543	21,1769584	21,5785636	22,4086635	23,2759699
16	16	21,8245314	22,2666453	22,7193367	23,1828639	23,6575918	24,6411400	25,6725281
17	17	23,6975124	24,2129778	24,7417069	25,2840500	25,8403664	26,9964027	28,2128798
18	18	25,6454129	26,2420293	26,8550837	27,4850424	28,1323847	29,4812048	30,9056525
19	19	27,6742294	28,3573156	29,0635625	29,7905819	30,5390039	32,1026711	33,7599917
20	20	29,7780786	30,5625015	31,3714228	32,2056345	33,0659541	34,8683180	36,7855912
21	21	31,9692017	32,8614078	33,7831368	34,7354602	35,7192518	37,7860755	39,9927267
22	22	34,2479698	35,2580176	36,3033780	37,3853337	38,5052144	40,8643097	43,3922903
23	23	36,6178886	37,7564834	38,9370300	40,1611371	41,4304751	44,1118467	46,9958277
24	24	39,0826041	40,3611339	41,6891963	43,0687911	44,5019989	47,5379983	50,8155774
25	25	41,6459083	43,0764821	44,5652101	46,1145587	47,7270988	51,1525882	54,8645120
26	26	44,3117446	45,9072326	47,5706446	49,3050002	51,1134538	54,9659805	59,1563827
27	27	47,0842144	48,8582900	50,7113236	52,6469877	54,6691264	58,9891094	63,7057657
28	28	49,9675830	51,9347673	53,9933332	56,1477197	58,4025825	63,2335105	68,5281116
29	29	52,9662863	55,1419949	57,4230332	59,8147363	62,3227119	67,7113535	73,6397983
30	30	56,0849378	58,4855297	61,0070697	63,6559363	66,4388475	72,4354780	79,0581862
31	31	59,3283353	61,9711647	64,7523878	67,6795933	70,7607899	77,4194293	84,8016774
32	32	62,7014687	65,6049392	68,6662452	71,8943740	75,2988294	82,6717979	90,8897780
33	33	66,2095274	69,3931491	72,7562263	76,3093567	80,0637708	88,2247603	97,3431647
34	34	69,8579085	73,3423580	77,0302565	80,9340512	85,0669594	94,0717241	104,1837546
35	35	73,6522249	77,4594082	81,4966180	85,7784186	90,3203074	100,2513638	111,4347799
36	36	77,5983138	81,7544330	86,1639658	90,8528935	95,8363227	106,7651888	119,1208667
37	37	81,7022464	86,2258689	91,0413443	96,1684039	101,6281389	113,6372742	127,2681187
38	38	85,9703363	90,8904684	96,1382048	101,7364052	107,7095458	120,8873242	135,9042058
39	39	90,4091497	95,7533133	101,4644240	107,5688845	114,0950231	128,5361271	145,1584581
40	40	95,0255157	100,8228291	107,0303231	113,6784065	120,7997742	136,6056141	154,8619656
41	41	99,8265303	106,1077993	112,8466876	120,0781308	127,8397630	145,1189228	165,1476536
42	42	104,8195978	111,6173808	118,9247885	126,7818420	135,2317511	154,1005636	176,0505446
43	43	110,0123817	117,3611495	125,2764040	133,8639795	142,9933387	163,5759891	187,6075772
44	44	115,4128770	123,3489671	131,9138422	141,4596685	151,1430056	173,5726685	199,8580319
45	45	121,0293920	129,5912982	138,8499651	148,8647528	159,7001559	184,1191653	212,8435138
46	46	126,8705677	136,0989283	146,0982135	156,9358285	168,6851637	195,2457194	226,6081246
47	47	132,9453904	142,8831328	153,6726331	165,3902804	178,1194218	206,9842339	241,1986121
48	48	139,2632060	149,9556659	161,5579016	174,2463187	188,0253929	219,3683668	256,6665288
49	49	145,8337343	157,3287817	169,8593572	183,5230189	198,4266626	232,4336270	273,0584006
50	50	152,6670837	165,0152550	178,5030283	193,2403622	209,3479957	246,2174764	290,4359046

TABLE N° 9.

N de la TABLE.	TAUX SEMESTRIELS.						
	1 1/2.	1 5/8.	1 3/4.	1 7/8.	2.	2 1/8.	2 1/4.
1	1,0000000	1,0000000	1,0000000	1,0000000	1,0000000	1,0000000	1,0000000
2	2,0302250	2,0327644	2,0353063	2,0378516	2,0404000	2,0429516	2,0455063
3	3,0915886	3,0993657	3,1071653	3,1149874	3,1228322	3,1306995	3,1385896
4	4,1850318	4,2009135	4,2168676	4,2328946	4,2489946	4,2651680	4,2814150
5	5,3115244	5,3385525	5,3657494	5,3931162	5,4206540	5,4483636	5,4762462
6	6,4720652	6,5134651	6,5551939	6,5972541	6,6396484	6,6823793	6,7254496
7	7,6676834	7,7268727	7,7866332	7,8469705	7,9078902	7,9693980	8,0314996
8	8,8994391	8,9800365	9,0615500	9,1439906	9,2273689	9,3116960	9,3969830
9	10,1684247	10,2742589	10,3814794	10,4901049	10,6001546	10,7116479	10,8246045
10	11,4757653	11,6108854	11,7480105	11,8871718	12,0284009	12,1717306	12,3171916
11	12,8226203	12,9913052	13,1627887	13,3374198	13,5143483	13,6945248	13,8777008
12	14,2101840	14,4469531	14,6275174	14,8419506	15,0603280	15,2827260	15,5092229
13	15,6396868	15,8893111	16,1439602	16,4037617	16,6687652	16,9394430	17,2149895
14	17,1123064	17,4099094	17,7139729	18,0246489	18,3421833	18,6667056	18,9983791
15	18,6206185	18,9803288	19,3393558	19,7069100	20,0832075	20,4684698	20,8629241
16	20,1926088	20,6022015	21,0221559	21,4528474	21,8945691	22,3476226	22,8123176
17	21,8030231	22,2772133	22,7643694	23,2648712	23,7791097	24,3074879	24,8504206
18	23,4620195	24,0074053	24,5680939	25,1454829	25,7397857	26,3515325	26,9812790
19	25,1711590	25,7936756	26,4355012	27,0972787	27,7796731	28,4833720	29,2090865
20	26,9349573	27,6387812	28,3688396	29,1220530	29,9019719	30,7067773	31,5382824
21	28,7459207	29,5443400	30,3704369	31,2253023	32,1100115	33,0256813	33,9734744
22	30,6148228	31,5123316	32,4427032	33,4072288	34,4072560	35,4441860	36,5194767
23	32,5401558	33,5448046	34,5881334	35,6717446	36,7973091	37,9665691	39,1813441
24	34,5236820	35,6438687	36,8093107	38,0249759	39,2839204	40,5972926	41,9643370
25	36,5671603	37,8117066	39,1089094	40,4611671	41,8709008	43,3410007	44,8739766

N	2 3/8.	2 1/2.	2 3/4.	3.
1	1,0000000	1,0000000	1,0000000	1,0000000
2	2,0480614	2,0506250	2,0557563	2,0600000
3	3,1465023	3,1544379	3,1703775	3,1864088
4	4,2977360	4,3141313	4,3471459	4,3804611
5	5,5043027	5,5253342	5,5895264	5,6472312
6	6,7688618	6,8126488	6,9011775	6,9911476
7	8,0942008	8,1575076	8,2859612	8,4160085
8	9,4832410	9,5704814	9,7479554	9,9294982
9	10,9390441	11,0549870	11,2914648	11,5319046
10	12,4648190	12,6146457	12,9210345	13,2366377
11	14,0630288	14,2532622	14,6414630	15,0227689
12	15,7308084	15,9745836	16,4578160	16,9588523
13	17,4964218	17,7835595	18,3754421	18,9916464
14	19,3373710	19,6538522	20,3999879	21,1482379
15	21,2668036	21,6803472	22,5374147	23,4361654
16	23,2889725	23,7779148	24,7940464	25,8634278
17	25,4083352	25,9846718	27,1764378	28,4385106
18	27,6295630	28,2060939	29,6916941	31,1704159
19	29,9575520	30,7295292	32,3471916	34,0686942
20	32,3974337	33,2852116	35,1507497	37,1434777
21	34,9545859	35,9702755	38,1106237	40,4055155
22	37,6346453	38,7912707	41,2355291	43,8662114
23	40,4435193	41,7550787	44,5346676	47,5376637
24	43,3873991	44,8689296	48,0177537	51,4327074
25	46,4727738	48,1404192	51,6950435	55,5649593

N DES TABLES		TAUX ANNUELS OU SEMESTRIELS, SELON LE MODE.						
N° 10	N° 11	1 1/2.	1 5/8.	1 3/4.	1 7/8.	2.	2 1/8.	2 1/4.
1	1	0,9852217	0,9840098	0,9828010	0,9815951	0,9803922	0,9791922	0,9779951
2	2	1,9558834	1,9522852	1,9486988	1,9451240	1,9415609	1,9380095	1,9344695
3	3	2,9122004	2,9050777	2,8979840	2,8909193	2,8838833	2,8768759	2,8698969
4	4	3,8543846	3,8426349	3,8309425	3,8193073	3,8077287	3,7962065	3,7847402
5	5	4,7826450	4,7652004	4,7478551	4,7306084	4,7134595	4,6964078	4,6794525
6	6	5,6971872	5,6730139	5,6489976	5,6251370	5,6014309	5,5778779	5,5544768
7	7	6,5982140	6,5663113	6,5346414	6,5032020	6,4719911	6,4410065	6,4102463
8	8	7,4859251	7,4453248	7,4050530	7,3651063	7,3254814	7,2861753	7,2471846
9	9	8,3605173	8,3102827	8,2604943	8,2111473	8,1622367	8,1137579	8,0657062
10	10	9,2221846	9,1614098	9,1012229	9,0416169	8,9825850	8,9241204	8,8662463
11	11	10,0711178	9,9989272	9,9274918	9,8568019	9,7868480	9,7176209	9,6491113
12	12	10,9075052	10,8230526	10,7395497	10,6569835	10,5753412	10,4946105	10,4147788
13	13	11,7315322	11,6340001	11,5376410	11,4424378	11,3483737	11,2554325	11,1635979
14	14	12,5433815	12,4319804	12,3220059	12,2134358	12,1062488	12,0004235	11,8959392
15	15	13,3432330	13,2172009	13,0928805	12,9702438	12,8492635	12,7299129	12,6121655
16	16	14,1312640	13,9898656	13,8504968	13,7131227	13,5777093	13,4442231	13,3126313
17	17	14,9076493	14,7501753	14,5950828	14,4423290	14,2918719	14,1436701	13,9976683
18	18	15,6725609	15,4983274	15,3268627	15,1581144	14,9920313	14,8285682	14,6676611
19	19	16,4261684	16,2345166	16,0460567	15,8607258	15,6784620	15,4992051	15,3228959
20	20	17,1686388	16,9589339	16,7528813	16,5504057	16,3044333	16,1558923	15,9637424
21	21	17,9001367	17,6717677	17,4475492	17,2273921	17,0112092	16,7989154	16,5904277
22	22	18,6208244	18,3732031	18,1302695	17,8919186	17,6580482	17,4285585	17,2033923
23	23	19,3308644	19,0634225	18,8012476	18,5442146	18,2922041	18,0451001	17,8027896
24	24	20,0304054	19,7426052	19,4606856	19,1845051	18,9139256	18,6488129	18,3890362
25	25	20,7496112	20,4109276	20,1087820	19,8130112	19,5234565	19,2399636	18,9623826
26	26	21,3986317	21,0685634	20,7457317	20,4299496	20,1210358	19,8188138	19,5231126
27	27	22,0676175	21,7156836	21,3717264	21,0355333	20,7068978	20,3856194	20,0745038
28	28	22,7267167	22,3524562	21,9869547	21,6299714	21,2812724	20,9406310	20,6078276
29	29	23,3760756	22,9790466	22,5916017	22,2134688	21,8443847	21,4840940	21,1323498
30	30	24,0158380	23,5956179	23,1858493	22,7862271	22,3964556	22,0162487	21,6453298
31	31	24,6461458	24,2023300	23,7698765	23,3484438	23,9377015	22,5373305	22,1470219
32	32	25,2671387	24,7993407	24,3438590	23,9003129	23,4683368	23,0475696	22,6376742
33	33	25,8789544	25,3868051	24,9079695	24,4420249	23,9885636	23,5474918	23,1175298
34	34	26,4817285	25,9648759	25,4623779	24,9737668	24,4985917	24,0364179	23,5868262
35	35	27,0755946	26,5337032	26,0072510	25,4957220	24,9986193	24,5154643	24,0457958
36	36	27,6606843	27,0934349	26,5427528	26,0080707	25,4888425	24,9845428	24,4946658
37	37	28,2371274	27,6442164	27,0690445	26,5109896	25,9694534	25,4438607	24,9336585
38	38	28,8050516	28,1861908	27,5862846	27,0046524	26,4406406	25,8936233	25,3629912
39	39	29,3645829	28,7194989	28,0946286	27,4892394	26,9025888	26,3340233	25,7828765
40	40	29,9158452	29,2442794	28,5942295	27,9648977	27,3554792	26,7652615	26,1935222
41	41	30,4589608	29,7606685	29,0852379	28,4318016	27,7994895	27,1875265	26,5951317
42	42	30,9940500	30,2688005	29,5678014	28,8901122	28,2347936	27,6010052	26,9879039
43	43	31,5212316	30,7688074	30,0420652	29,3399876	28,6615623	28,0058802	27,3720332
44	44	32,0406222	31,2608191	30,5081722	29,7815831	29,0799631	28,4023307	27,7477097
45	45	32,5523372	31,7449634	30,9662626	30,2150511	29,4901599	28,7905349	28,1151195
46	46	33,0564898	32,2213662	31,4164743	30,6405411	29,8923136	29,1706555	28,4744445
47	47	33,5531920	32,6901513	31,8589428	31,0582001	30,2865820	29,5428695	28,8258626
48	48	34,0425536	33,1514404	32,2938013	31,4681720	30,6731196	29,9073385	29,1695478
49	49	34,5246834	33,6053534	32,7211806	31,8705985	31,0520780	30,2642238	29,5056702
50	50	34,9996881	34,0520082	33,1412095	32,2656183	31,4236059	30,6136830	29,8343963

Aa,

N DES TABLES		TAUX ANNUELS OU SEMESTRIELS, SELON LE MODE.						
N°10	N°11	2 3/8.	2 1/2.	2 3/4.	3.	3 1/4.	3 1/2.	3 3/4.
1	1	0,9768010	0,9756098	0,9732360	0,9708738	0,9685230	0,9661836	0,9638554
2	2	1,9309411	1,9274242	1,9204243	1,9134697	1,9065598	1,8996943	1,8928727
3	3	2,8629462	2,8560236	2,8422621	2,8286114	2,8150700	2,8016370	2,7883110
4	4	3,7733296	3,7619742	3,7394279	3,7170984	3,6949831	3,6730792	3,6513841
5	5	4,6625930	4,6458285	4,6125819	4,5797072	4,5471991	4,5150524	4,4832618
6	6	5,5312264	5,5081254	5,4623668	5,4171914	5,3725899	5,3285530	5,2850716
7	7	6,3797083	6,3493906	6,2894081	6,2302830	6,1719999	6,1145440	6,0579004
8	8	7,2085063	7,1701372	7,0933144	7,0196922	6,9462469	6,8739555	6,8027955
9	9	8,0180769	7,9708655	7,8766783	7,7861089	7,6961229	7,6076865	7,5207668
10	10	8,8085664	8,7520639	8,6390762	8,5302028	8,4223951	8,3166053	8,2127873
11	11	9,5813102	9,5142087	9,3810693	9,2526241	9,1258064	9,0015510	8,8797949
12	12	10,3358342	10,2577646	10,1032037	9,9540040	9,8070764	9,6633343	9,5226939
13	13	11,0728539	10,9831850	10,8060109	10,6349553	10,4669021	10,3027385	10,1423556
14	14	11,7927755	11,6909122	11,4900081	11,2960731	11,1059384	10,9205203	10,7396198
15	15	12,4959956	12,3813777	12,1566989	11,9379351	11,7248992	11,5174109	11,3152962
16	16	13,1829017	13,0550027	12,8045732	12,5611020	12,3243576	12,0941168	11,8701650
17	17	13,8538722	13,7421977	13,4351077	13,1661185	12,9049468	12,6513206	12,4049784
18	18	14,5092769	14,3533636	14,0487666	13,7535131	13,4672608	13,1896817	12,9204611
19	19	15,1494768	14,9788913	14,6460016	14,3237991	14,0118749	13,7098374	13,4173419
20	20	15,7748247	15,5891623	15,2272524	14,8774749	14,5393461	14,2124033	13,8962042
21	21	16,3856652	16,1845486	15,7929461	15,4150241	15,0502142	14,6979742	14,3577872
22	22	16,9823347	16,7654132	16,3434999	15,9369166	15,5450016	15,1674248	14,8026864
23	23	17,5651621	17,3321105	16,8793186	16,4436084	16,0242147	15,6204405	15,2315050
24	24	18,1344685	17,8849858	17,4007967	16,9355421	16,4883435	16,0583676	15,6448241
25	25	18,6905675	18,4243764	17,9083180	17,4131477	16,9378629	16,4815146	16,0432040
26	26	19,2337656	18,9506111	18,4022559	17.8768424	17,3732329	16,8903523	16,4271845
27	27	19,7643620	19,4640109	18,8829741	18,3270315	17,7948987	17,2853645	16,7972863
28	28	20,2826491	19,9648887	19,3508264	18,7641082	18,2032917	17,6670188	17,1540109
29	29	20,7889124	20,4535499	19,8061574	19,1884546	18,5988297	18,0357670	17,4978418
30	30	21,2834309	20,9302926	20,2493013	19,6004413	18,9819174	18,3920454	17,8292451
31	31	21,7664771	21,3950074	20,6805852	20,0004285	19,3529466	18,7362758	18,1486700
32	32	22,2383174	21,8491780	21,1003262	20,3887655	19,7122970	19,0688655	18,4565494
33	33	22,6992108	22,2918809	21,5088333	20,7657918	20,0603361	19,3902082	18,7533006
34	34	23,1494423	22,7237863	21,9064071	21,1318367	20,3974199	19,7006842	19,0393259
35	35	23,5891695	23,1451573	22,2933403	21,4872201	20,7238304	20,0006611	19,3150129
36	36	24,0187248	23,5562511	22,6699175	21,8322625	21,0400904	20,2904938	19,5807353
37	37	24,4383148	23,9573181	23,0364161	22,1672354	21,3463346	20,5705254	19,8368533
38	38	24,8481707	24,3486030	23,3931057	22,4924616	21,6429391	20,8410874	20,0837141
39	39	25,2485184	24,7303444	23,7402488	22,8082151	21.9302073	21,1024999	20,3216521
40	40	25,6395784	25,1027754	24,0781011	23,1147720	22,2084332	21,3550723	20,5509900
41	41	26,0215662	25,4661220	24,4079110	23,4124000	22,4779014	21,5991037	20,7720385
42	42	26,3946923	25,8206068	24,7279207	23,7013592	22,7388876	21,8348828	20,9850974
43	43	26,7591622	26,1664457	25,0393656	23,9819021	22,9916587	22,0626887	21,1904553
44	44	27,1151768	26,5038495	25,3424751	24,2542739	23,2364733	22,2827910	21,3883907
45	45	27,4629321	26,8330239	25,6374721	24,5187125	23,4735819	22,4954503	21,5791717
46	46	27,8026199	27,1541696	25,9245738	24,7754491	23,7032270	22,7009181	21,7630574
47	47	28,1344272	27,4674826	26,2039915	25.0247078	23,9256436	22,8994378	21,9402960
48	48	28,4585370	27,7731537	26,4759309	25,2667066	24,1410592	23,0912443	22,1111287
49	49	28,7751277	28,0713695	26,7405922	25,5016569	24,3496941	23,2765645	22,2757867
50	50	29,0843738	28,3623147	26,9981700	25,7297640	24,5517649	23,4556179	22,4344932

N°10	N°11	4.	4 1/4.	4 1/2.	4 3/4.	5.	5 1/2.	6.
			TAUX ANNUELS OU SEMESTRIELS, SELON LE MODE.					
1	1	0,9615385	0,9592326	0,9569378	0,9546539	0,9523810	0,9478673	0,9433962
2	2	1,8860947	1,8793598	1,8726678	1,8660181	1,8594104	1,8463397	1,8333927
3	3	2,7750910	2,7619758	2,7489644	2,7360554	2,7232480	2,6979334	2,6730119
4	4	3,6298952	3,6086099	3,5875257	3,5666400	3,5459505	3,5051501	3,4651056
5	5	4,4518223	4,4207289	4,3899767	4,3595609	4,3294767	4,2702845	4,2123638
6	6	5,2421369	5,1997400	5,1578725	5,1165259	5,0756921	4,9955303	4,9173243
7	7	6,0020547	5,9469928	5,8927009	5,8391656	5,7863734	5,6829674	5,5823844
8	8	6,7327449	6,6637821	6,5958861	6,5290363	6,4632128	6,3345660	6,2097938
9	9	7,4353816	7,3513497	7,2687905	7,1876242	7,1078217	6,9521952	6,8016923
10	10	8,1108958	8,0108870	7,9127182	7,8163477	7,7217349	7,5376258	7,3600871
11	11	8,7604767	8,6435367	8,5289169	8,4165610	8,3064142	8,0925363	7,8868746
12	12	9,3850738	9,2503949	9,1185808	8,9895574	8,8632516	8,6185178	8,3838439
13	13	9,9856478	9,8325131	9,6828524	9,5365700	9,3935730	9,1170785	8,8526830
14	14	10,5631229	10,3908999	10,2228253	10,0587780	9,8986409	9,5896479	9,2949839
15	15	11,1183874	11,0265226	10,7395457	10,5573060	10,3796580	10,0375809	9,7122490
16	16	11,6522956	11,4403095	11,2340150	11,0332277	10,8377696	10,4621620	10,1058953
17	17	12,1656689	11,9331506	11,7074914	11,4875682	11,2740662	10,8646086	10,4772597
18	18	12,6592970	12,4058998	12,1599918	11,9213061	11,6895869	11,2460745	10,8276035
19	19	13,1339394	12,8593764	12,5937936	12,3353758	12,0853209	11,6076535	11,1581165
20	20	13,5903263	13,2943658	13,0079365	12,7306690	12,4622103	11,9503825	11,4699212
21	21	14,0291599	13,7116219	13,4047239	13,1080372	12,8211527	12,2752441	11,7640766
22	22	14,4511153	14,1118675	13,7844248	13,4682933	13,1630026	12,5831697	12,0415817
23	23	14,8568417	14,4957962	14,1477749	13,8122132	13,4885739	12,8750624	12,3033790
24	24	15,2469631	14,8640731	14,4954784	14,1405377	13,7986418	13,1516990	12,5503575
25	25	15,6220799	15,2173363	14,8282090	14,4539739	14,0939446	13,4139327	12,7833562
26	26	15,9827692	15,5561979	15,1466114	14,7531970	14,3751853	13,6624954	13,0031662
27	27	16,3295857	15,8812450	15,4513028	15,0388516	14,6430336	13,8980999	13,2105341
28	28	16,6630632	16,1930407	15,7426735	15,3115528	14,8981273	14,1214217	13,4061643
29	29	16,9837146	16,4921254	16,0218885	15,5718881	15,1410736	14,3331012	13,5907210
30	30	17,2920333	16,7790172	16,2888885	15,8204183	15,3724510	14,5337452	13,7648312
31	31	17,5884936	17,0542131	16,5443910	16,0576785	15,5928105	14,7239291	13,9290860
32	32	17,8735515	17,3181900	16,7888909	16,2841800	15,8026767	14,9041982	14,0840434
33	33	18,1476457	17,5714053	17,0228621	16,5004105	16,0025492	15,0750694	14,2302296
34	34	18,4111978	17,8142977	17,2467580	16,7068358	16,1929040	15,2370326	14,3681411
35	35	18,6646132	18,0472879	17,4610124	16,9039005	16,3741943	15,3905522	14,4982464
36	36	19,9082820	18,2707798	17,6660406	17,0920291	16,5468517	15,5360684	14,6209874
37	37	19,1425788	18,4851605	17,8622398	17,2716269	16,7112873	15,6739985	14,7367803
38	38	19,3678642	18,6908014	18,0499902	17,4430805	16,8678927	15,8047379	14,8460192
39	39	19,5844848	18,8880389	18,2296557	17,6067895	17,0170407	15,9286615	14,9490747
40	40	19,7927739	19,0772747	18,4015844	17,7630162	17,1590864	16,0461247	15,0462969
41	41	19,9930518	19,2587767	18,5661095	17,9121873	17,2943680	16,1574642	15,1380159
42	42	20,1856267	19,4328793	18,7235498	18,0545941	17,4232076	16,2629992	15,2245433
43	43	20,3707949	19,5998843	18,8742103	18,1905633	17,5459120	16,3630324	15,3061729
44	44	20,5488413	19,7600808	19,0183831	18,3203277	17,6627733	16,4578506	15,3831820
45	45	20,7200397	19,9137466	19,1563474	18,4442269	17,7740698	16,5477257	15,4558321
46	46	20,8846536	20,0611478	19,2883707	18,5625078	17,8800665	16,6329154	15,5243699
47	47	21,0429361	20,2025399	19,4147088	18,6754251	17,9900157	16,7136639	15,5890282
48	48	21,1951309	20,3381677	19,5356065	18,7832221	18,0861578	16,7900207	15,6500266
49	49	21,3414720	20,4682664	19,6512981	18,8861308	18,1777217	16,8627514	15,7075723
50	50	21,4821846	20,5930613	19,7620078	18,9843731	18,2649255	16,9315179	15,7618606

N de la TABLE.	TAUX SEMESTRIELS.						
	1 1/2.	1 5/8.	1 3/4.	1 7/8.	2.	2 1/8.	2 1/4.
1	0.9706617	0,9682754	0,9658978	0,9635289	0,9611688	0,9588173	0,9564744
2	1,9128460	1,9058325	1,8988563	1,8919169	1,8850142	1,8781479	1,8713178
3	2,8273882	2,8136461	2,7999988	2,7864456	2,7729856	2,7596180	2,7463421
4	3,7150993	3,6926595	3,6704104	3,6483499	3,6264760	3,6047868	3,5832804
5	4,5767665	4,5437866	4,5111390	4,4788195	4,4468243	4,4151492	4,3837905
6	5,4131539	5,3679120	5,3231969	5,2790011	5,2353174	5,1921388	5,1494580
7	6,2250032	6,1658923	6,1075618	6,0499902	5,9931925	5,9371298	5,8817994
8	7,0130343	6,9385570	6,8651781	6,7928781	6,7216383	6,6514400	6,5822652
9	7,7779459	7,6867092	7,5969580	7,5086635	7,4217976	7,3363330	7,2522428
10	8,5204163	8,4111265	8,3037826	8,1983434	8,0947690	7,9930203	7,8930593
11	9,2411039	9,1125620	8,9865028	8,8628699	8,7416080	8,6226635	8,5059838
12	9,9406478	9,7917447	9,6459408	9,5031604	9,3733295	9,2263762	9,0922305
13	10,6196683	10,4493805	10,2828905	10,1200989	9,9609388	9,8052264	9,6529605
14	11,2787676	11,0861531	10,8961188	10,7145369	10,5352833	10,3602380	10,1892844
15	11,9185300	11,7027243	11,4923665	11,2872951	11,0873542	10,8943927	10,7022644
16	12,5395229	12,2997350	12,0663489	11,8391643	11,6179875	11,4026318	11,1929168
17	13,1422970	12,8778058	12,6207573	12,3709062	12,1280157	11,8918580	11,6622132
18	13,7273868	13,4375375	13,1562591	12,8832548	12,6182389	12,3609364	12,1110832
19	14,2953110	13,9795119	13,6734992	13,3769176	13,0894260	12,8106970	12,5404159
20	14,8465733	14,5042923	14,1731001	13,8525760	13,5423165	13,2419352	12,9510617
21	15,3816626	15,0124243	14,6556636	14,3108865	13,9776206	13,6554138	13,3438338
22	15,9010532	15,5044360	15,1217706	14,7524820	14,3960213	14,0518643	13,7195104
23	16,4052059	15,9805388	15,5719823	15,1779721	14,7981751	14,4319879	14,0788354
24	16,8945676	16,4421279	16,0068408	15,5879440	15,1847127	14,7964569	14,4225205
25	17,3695722	16,8887828	16,4268696	15,9829639	15,5562405	15,1459161	14,7512466

N	2 3/8.	2 1/2.	2 3/4.	3.
1	0,9541401	0,9518144	0,9471883	0,9425959
2	1,8645236	1,8577650	1,8443541	1,8310830
3	2,7331569	2,7200619	2,6941390	2,6685672
4	3,5619549	3,5408085	3,4990453	3,4579764
5	4,3527443	4,3220069	4,2614432	4,2020704
6	5,1072683	5,0655628	4,9835776	4,9034502
7	5,8271899	5,7732900	5,6675749	5,5645680
8	6,5140959	6,4469149	6,3154492	6,1877350
9	7,1695006	7,0880808	6,9291081	6,7751296
10	7,7948485	7,6983517	7,5103586	7,3288053
11	8,3915181	8,2792164	8,0609124	7,8506979
12	8,9608245	8,8320918	8,5823905	8,3426316
13	9,5040225	9,3583265	9,0763284	8,8063203
14	10,0223046	9,8592043	9,5441807	9,2434031
15	10,5168281	10,3359470	9,9873249	9,6553898
16	10,9886681	10,7897175	10,4070660	10,0437269
17	11,4388696	11,2216229	10,8046398	10,4097718
18	11,8684258	11,6327466	11,1812170	10,7548042
19	12,2782808	12,0240015	11,5379066	11,0800303
20	12,6693408	12,3964321	11,8757588	11,3865872
21	13,0424669	12,7509170	12,1937685	11,6755464
22	13,3984814	13,0883207	12,4988780	11,9479182
23	13,7381692	13,4094665	12,7859797	12,2046547
24	14,0622789	13,7151376	13,0579191	12,4466535
25	14,3715251	14,0060798	13,3154969	12,6747606

N°13	N°14	1 1/2.	1 5/8.	1 3/4.	1 7/8.	2.	2 1/8.	2 1/4.
1	1	1,0000000	1,0000000	1,0000000	1,0000000	1,0000000	1,0000000	1,0000000
2	2	1,9852217	1,9840098	1,9828010	1.9815951	1.9803922	1,9791922	1,9779951
3	3	2,9558834	2,9522852	2,9486988	2,9451240	.2,9415609	2,9380095	2,9344695
4	4	3,9122004	3,9050777	3,8979840	3,8909193	. 3,8838833	3,8768759	3,8698969
5	5	4,8543846	4,8426349	4,8309425	4,8193073	4,8077287	4,7962065	4,7847402
6	6	5,7826450	5,7652004	5,7478551	5,7306084	5,7134595	5,6964078	5,6794525
7	7	6,6974872	6,6730139	6,6489976	6,6251370	6,6014309	6,5778779	6,5544768
8	8	7,5982140	7,5663113	7,5346414	7,5032020	7,4719911	7,4410065	7,4102463
9	9	8,4859251	8,4453248	8,4050530	8,3651063	8,3254814	8,2861753	8,2471846
10	10	9,3605173	9,3102827	9,2604943	9,2111473	9,1622367	9,1137579	9,0657062
11	11	10,2221846	10,1614098	10,1012229	10,0416169	9,9825850	9,9242204	9,8662163
12	12	11,0711178	10,9989272	10,9274918	10,8568019	10,7868480	10,7176209	10,6491113
13	13	11,9075052	11,8230526	11,7395497	11,6569835	11,5753412	11,4946105	11,4147788
14	14	12,7315322	12,6340001	12,5376410	12,4424378	12,3483737	12,2554325	12,1635979
15	15	13,5433815	13,4319804	13,3220059	13,2134358	13,1062488	13,0004235	12,8959392
16	16	14,3432330	14,2172009	14,0928805	13,9702438	13,8492635	13,7299129	13,6121655
17	17	15,1312640	14,9898656	14,8504968	14,7131227	14,5777093	14,4442231	14,3126313
18	18	15,9076493	15,7501753	15,5950828	15,4423290	15,2918719	15,1436701	14,9976834
19	19	16,6725609	16,4983274	16,3268627	16,1581144	15,9920313	15,8285632	15,6676611
20	20	17,4261684	17,2345166	17,0460567	16,8607258	16,6784620	16,4992051	16,3228959
21	21	18,1686388	17,9589339	17,7528813	17,5504057	17,3514333	17,1558923	16,9637124
22	22	18,9001367	18,6717677	18,4475492	18,2273921	18,0112092	17,7989154	17,5904277
23	23	19,6208244	19,3732031	19,1302695	18,8919186	18,6580482	18,4285585	18,2033523
24	24	20,3308614	20,0634225	19,8012476	19,5442146	19,2922041	19,0451001	18,8027896
25	25	21,0304054	20,7426052	20,4606856	20,1845051	19,9139256	19,6488429	19,3890362
26	26	21,7196112	21,4109276	21,1087820	20,8130112	20,5234565	20,2399636	19,9623826
27	27	22,3986317	22,0685634	21,7457317	21,4290496	21,1210358	20,8488438	20 5231126
28	28	23,0676175	22,7156836	22,3717264	22,0355333	21,7068978	21,3856194	21,0715038
29	29	23,7267467	23,3524562	22,9869547	22,6299714	22,2812724	21,9406340	21,6078276
30	30	24,3760756	23,9790466	23,5916017	23,2134688	22,8443847	22,4840960	22,1323498
31	31	25,0158380	24,5956179	24,1858493	23,7862271	23,3964556	23,0162487	22,6453298
32	32	25,6464458	25,2023300	24,7698765	24,3484438	23,9377045	23,5373305	23,1470219
33	33	26,2671387	25,7993407	25,3438590	24,9003429	24,4683348	24,0475696	23 6376742
34	34	26,8789544	26,3868051	25,9079695	25,4420249	24,9885636	24,5474918	24,1175298
35	35	27,4817285	26,9648759	26,4623779	25,9737668	25,4985917	25,0364179	24,5868262
36	36	28,0755946	27,5337032	27,0072510	26,4957220	25,9986193	25,5154643	25,0457958
37	37	28,6606843	28,0934349	27,5427528	27,0080707	26,4888425	25,9845428	25,4946658
38	38	29,2371274	28,6442164	28,0690445	27,5109896	26,9694534	26,4438607	25,9336585
39	39	29,8050516	29,1861908	28,5862846	28,0046524	27,4406406	26,8936213	26,3629912
40	40	30,3645829	29,7194989	29,0946286	28,4892394	27,9025888	27,3340233	26,7828765
41	41	30,9158452	30,2442794	29,5942295	28,9648977	28,3554792	27,7652615	27,1935222
42	42	31,4589606	30,7606685	30,0852379	29,4318046	28,7994895	28,1875265	27,5951317
43	43	31,9940500	31,2688005	30,5678014	29,8901122	29,2347936	28,6010052	27,9879039
44	44	32,5212316	31,7688051	31,0420652	30,3399876	29,6615623	29,0058802	28,3720332
45	45	33,0406222	32,2608191	31,5081722	30,7815831	30,0799631	29,4023307	28,7477097
46	46	33,5523372	32,7449634	31,9662626	31,2150511	30,4901599	29,7905319	29,1151195
47	47	34,0564898	33,2213662	32,4164743	31,6405411	30,8923136	30,1706555	29,4744445
48	48	34,5531920	33,6901513	32,8589428	32,0582001	31,2865820	30,5428695	29,8258626
49	49	35,0425536	34,1514404	33,2938013	32,4681720	31,6731196	30,9073385	30,1695478
50	50	35,5246834	34,6053534	33,7211806	32,8705985	32,0520780	31,2642238	30,5056702

N DES TABLES		TAUX ANNUELS OU SEMESTRIELS, SELON LE MODE.						
N°13	N°14	2 3/8.	2 1/2.	2 3/4.	3.	3 1/4.	3 1/2.	3 3/4.
1	1	1,0000000	1,0000000	1,0000000	1,0000000	1,0000000	1,0000000	1,0000000
2	2	1,9768010	1,9756098	1,9732360	1,9708738	1,9685230	1,9661836	1,9638554
3	3	2,9309411	2,9274242	2,9204243	2,9134697	2,9065598	2,8996943	2,8928727
4	4	3,8629462	3,8560236	3,8422621	3,8286414	3,8150700	3,8016370	3,7883110
5	5	4,7733296	4,7619742	4,7394279	4,7170984	4,6949831	4,6730792	4,6513841
6	6	5,6625930	5,6458285	5,6125819	5,5797072	5,5471991	5,5150524	5,4832618
7	7	6,5312264	6,5081254	6,4623668	6,4171914	6,3725899	6,3285530	6,2850716
8	8	7,3797083	7,3493906	7,2894081	7,2302830	7,1719999	7,1145440	7,0579004
9	9	8,2085063	8,1701372	8,0933144	8,0196922	7,9462569	7,8739555	7,8027955
10	10	9,0180769	8,9708655	8,8766783	8,7861089	8,6961229	8,6076865	8,5207668
11	11	9,8088664	9,7520639	9,6390762	9,5302028	9,4223951	9,3166053	9,2127873
12	12	10,5813102	10,5142087	10,3810693	10,2526241	10,1258064	10,0015510	9,8797949
13	13	11,3358342	11,2577646	11,1032037	10,9540040	10,8070764	10,6633343	10,5226939
14	14	12,0728539	11,9831850	11,8060109	11,6349553	11,4669021	11,3027385	11,1423556
15	15	12,7927755	12,6909122	12,4900081	12,2960731	12,1059584	11,9205203	11,7396198
16	16	13,4959956	13,3813777	13,1566989	12,9379351	12,7248992	12,5174409	12,3152962
17	17	14,1829017	14,0550027	13,8045732	13,5611020	13,3243576	13,0944168	12,8701650
18	18	14,8538722	14,7121977	14,4354077	14,1661185	13,9049468	13,6513206	13,4049784
19	19	15,5092769	15,3533636	15,0487666	14,7535131	14,4672608	14,1896817	13,9204611
20	20	16,1494768	15,9788913	15,6460016	15,3237991	15,0118749	14,7098374	14,4173119
21	21	16,7748247	16,5891623	16,2272521	15,8774749	15,5393961	15,2124033	14,8962042
22	22	17,3856652	17,1855486	16,7929461	16,4150241	16,0502142	15,6970742	15,3577872
23	23	17,9823347	17,7654432	17,3634999	16,9369166	16,5450016	16,1674248	15,8026864
24	24	18,5651621	18,3321105	17,8793186	17,4436084	17,0242147	16,6204105	16,2315050
25	25	19,1344685	18,8849858	18,4007967	17,9355421	17,4883435	17,0583676	16,6448241
26	26	19,6905675	19,4243764	18,9083180	18,4131477	17,9378629	17,4815146	17,0432040
27	27	20,2337656	19,9506111	19,4022559	18,8768424	18,3732329	17,8903523	17,4274845
28	28	20 7643620	20,4640109	19,8829741	19,3270315	18,7948087	18,2853645	17,7972863
29	29	21,2826491	20,9648887	20,3508264	19,7641082	19,2032917	18,6670188	18,1540109
30	30	21,7880124	21,4535499	20,8061571	20,1884546	19,5988297	19,0357670	18,4978418
31	31	22,2834309	21,9302926	21,2493013	20,6004443	19,9819174	19,3920454	18,8292451
32	32	22,7664774	22,3954074	21,6805852	21,0004285	20,3529466	19,7362758	19,1486700
33	33	23,2383474	22,8491780	22,1003262	21,3887655	20,7122970	20,0688655	19,4565494
34	34	23,6992408	23,2918809	22,5088333	21,7657918	21,0603361	20,3902082	19,7533006
35	35	24,1494123	23,7237863	22,9064074	22,1318367	21,3974199	20,7006842	20,0393259
36	36	24,5891695	24,1451573	23,2933403	22,4872201	21,7238934	21,0006611	20,3150129
37	37	25,0187248	24,5562511	23,6699175	22,8322525	22,0400904	21,2904938	20,5807353
38	38	25,4383148	24,9573181	24,0364161	23,1672354	22,3463346	21,5705244	20,8368433
39	39	25,8481707	25,3486030	24,3931057	23,4924616	22,6423391	21,8410874	21,0837141
40	40	26,2485184	25,7303444	24,7402488	23,8082151	22,9302073	22,1024999	21,3216521
41	41	26,6395784	26,1027751	25,0781011	24,1147720	23,2084332	22,3550723	21,5509900
42	42	27,0215602	26,4661220	25,4079110	24,4124000	23,4779014	22,5991037	21,7720385
43	43	27,3946923	26,8206068	25,7279207	24,7013592	23,7388876	22,8348828	21,9850974
44	44	27,7591622	27,1664457	26,0393656	24,9819021	23,9916587	23,0626887	22,1904553
45	45	28,1151768	27,5038495	26,3424761	25,2542739	24,2364733	23,2827910	22,3883907
46	46	28,4629321	27,8330239	26,6374721	25,5187125	24,4735819	23,4954503	22,5791717
47	47	28,8026199	28,1541696	26,9245738	25,7754491	24,7032270	23,7009181	22,7630571
48	48	29,1344272	28,4674826	27,2039915	26,0247078	24,9256436	23,8994378	22,9402960
49	49	29,4585370	28,7731537	27,4759309	26,2667066	25,1410592	24,0912443	23,1111287
50	50	29,7751277	29,0743695	27,7405922	26,5016569	25,3496941	24,2765645	23,2757867

N DES TABLES		TAUX ANNUELS OU SEMESTRIELS, SELON LE MODE.						
N° 13	N° 14	4.	4 1/4.	4 1/2.	4 3/4.	5.	5 1/2.	6.
1	1	1,0000000	1,0000000	1,0000000	1,0000000	1,0000000	1,0000000	1,0000000
2	2	1,9615385	1,9592326	1,9569378	1,9546539	1,9523810	1,9478673	1,9433962
3	3	2,8860947	2,8793598	2,8726678	2,8660181	2,8594104	2,8463197	2,8333927
4	4	3,7750910	3,7619758	3,7489644	3,7360554	3,7232480	3,6979334	3,6730119
5	5	4,6298952	4,6086099	4,5875257	4,5666400	4,5459505	4,5051501	4,4651056
6	6	5,4518223	5,4207289	5,3899767	5,3595609	5,3294767	5,2702845	5,2123638
7	7	6,2421369	6,1997400	6,1578725	6,1165259	6,0756921	5,9955303	5,9173243
8	8	7,0020547	6,9469928	6,8927009	6,8391656	6,7863734	6,6829671	6,5823844
9	9	7,7327449	7,6637821	7,5958861	7,5290363	7,4632128	7,3345660	7,2097938
10	10	8,4353316	8,3513497	8,2687905	8,1876242	8,1078217	7,9521952	7,8016923
11	11	9,1108958	9,0108870	8,9127182	8,8163477	8,7217349	8,5376258	8,3600871
12	12	9,7604767	9,6435367	9,5289169	9,4165610	9,3064142	9,0925363	8,8868746
13	13	10,3850738	10,2503949	10,1185808	9,9895574	9,8632516	9,6185178	9,3838439
14	14	10,9856678	10,8325131	10,6828524	10,5365700	10,3935730	10,1170785	9,8526830
15	15	11,5631229	11,3908999	11,2228253	11,0587780	10,8986409	10,5896479	10,2949839
16	16	12,1183874	11,9265226	11,7395457	11,5573060	11,3796580	11,0375809	10,7122490
17	17	12,6522956	12,4403095	12,2340150	12,0332277	11,8377666	11,4621620	11,1058953
18	18	13,1656689	12,9331506	12,7074914	12,4875682	12,2740662	11,8646086	11,4772597
19	19	13,6592970	13,4058998	13,1599918	12,9213061	12,6895869	12,2460745	11,8276035
20	20	14,1339394	13,8593764	13,5932936	13,3353758	13,0853209	12,6076535	12,1581165
21	21	14,5903263	14,2943658	14,0079365	13,7306690	13,4622103	12,9503825	12,4699212
22	22	15,0291599	14,7116219	14,4047239	14,1080372	13,8211527	13,2752441	12,7640766
23	23	15,4511153	15,1118675	14,7844248	14,4689933	14,1630026	13,5831697	13,0415847
24	24	15,8568417	15,4957962	15,1477749	14,8122432	14,4885739	13,8750424	13,3033790
25	25	16,2469631	15,8640731	15,4954784	15,1403377	14,7986418	14,1516990	13,5503375
26	26	16,6220799	16,2173363	15,8282090	15,4539739	15,0939446	14,4139327	13,7833562
27	27	16,9827692	16,5561979	16,1466114	15,7531970	15,3751853	14,6624954	14,0031662
28	28	17,3295857	16,8812450	16,4513028	16,0388516	15,6430336	14,8980999	14,2105341
29	29	17,6630632	17,1930407	16,7428735	16,3115528	15,8981273	15,1214217	14,4061643
30	30	17,9837146	17,4921254	17,0218885	16,5718881	16,1410736	15,3331012	14,5907210
31	31	18,2920333	17,7790172	17,2888885	16,8204183	16,3724510	15,5337452	14,7648312
32	32	18,5884936	18,0542131	17,5443910	17,0576785	16,5928105	15,7239291	14,9290860
33	33	18,8735515	18,3181900	17,7888909	17,2841800	16,8026767	15,9041982	15,0840434
34	34	19,1476457	18,5714053	18,0228621	17,5006105	17,0025492	16,0750694	15,2302296
35	35	19,4111978	18,8142977	18,2467580	17,7068358	17,1929040	16,2370326	15,3681411
36	36	19,6646132	19,0472879	18,4610124	17,9039005	17,3741943	16,3905522	15,4982464
37	37	19,9082820	19,2707798	18,6660406	18,0920291	17,5468517	16,5360684	15,6209871
38	38	20,1423788	19,4851605	18,8622398	18,2716269	17,7112873	16,6739985	15,7367803
39	39	20,3678642	19,6908014	19,0499902	18,4430805	17,8678927	16,8047379	15,8460192
40	40	20,5844848	19,8880389	19,2296557	18,6067595	18,0170407	16,9286615	15,9490747
41	41	20,7927730	20,0772747	19,4015844	18,7630162	18,1590864	17,0461247	16,0462969
42	42	20,9930518	20,2587767	19,5661095	18,9121873	18,2943680	17,1574642	16,1380159
43	43	21,1856267	20,4328793	19,7235498	19,0545941	18,4232076	17,2629992	16,2245433
44	44	21,3707949	20,5998843	19,8742103	19,1905433	18,5459120	17,3630321	16,3061729
45	45	21,5488413	20,7600808	20,0183831	19,3203277	18,6627733	17,4578506	16,3831820
46	46	21,7200397	20,9137466	20,1563474	19,4442269	18,7740698	17,5477257	16,4558321
47	47	21,8846536	21,0611478	20,2883707	19,5625078	18,8800665	17,6329154	16,5243699
48	48	22,0429361	21,2025399	20,4147088	19,6754251	18,9900157	17,7136639	16,5890282
49	49	22,1951309	21,3381677	20,5356065	19,7832221	19,0861578	17,7902027	16,6500266
50	50	22,3414720	21,4682664	20,6512981	19,8861308	19,1777217	17,8627514	16,7075723

TABLE N° 15.

N de la TABLE.	TAUX SEMESTRIELS.						
	1 1/2.	1 5/8.	1 3/4.	1 7/8.	2.	2 1/8.	2 1/4.
1	1,0000000	1,0000000	1,0000000	1,0000000	1,0000000	1,0000000	1,0000000
2	1,9706017	1,9682754	1,9658978	1,9635289	1,9611688	1,9588173	1,9564744
3	2,9128460	2,9058325	2,8988563	2,8919169	2,8850142	2,8781479	2,8713178
4	3,8273882	3,8136461	3,7999988	3,7864456	3,7729856	3,7596180	3,7463421
5	4,7150993	4,6926595	4,6704404	4,6483499	4,6264760	4,6047868	4,5832804
6	5,5767665	5,5437866	5,5111390	5,4788195	5,4468243	5,4151492	5,3837905
7	6,4131539	6,3679120	6,3231969	6,2790011	6,2353174	6,1921388	6,1494580
8	7,2250032	7,1658923	7,1075618	7,0499992	6,9931925	6,9371298	6,8817994
9	8,0130343	7,9385570	7,8651781	7,7928781	7,7216383	7,6514400	7,5822652
10	8,7779459	8,6867092	8,5969580	8,5086635	8,4217976	8,3363330	8,2522428
11	9,5204163	9,4111265	9,3037826	9,1983434	9,0947690	8,9930203	8,8930593
12	10,2411039	10,1125620	9,9865028	9,8628099	9,7416080	9,6226635	9,5059838
13	10,9406478	10,7917447	10,6459408	10,5031604	10,3733295	10,2263762	10,0922305
14	11,6196683	11,4493805	11,2828905	11,1200989	10,9609088	10,8052264	10,6529605
15	12,2787676	12,0861531	11,8981188	11,7145369	11,5352833	11,3602380	11,1892644
16	12,9185300	12,7027243	12,4923665	12,2872951	12,0873542	11,8943927	11,7022644
17	13,5395229	13,2997350	13,0663489	12,8391643	12,6179875	12,4026318	12,1929168
18	14,1422970	13,8778058	13,6207573	13,3709062	13,1280157	12,8918580	12,6622132
19	14,7273868	14,4375375	14,1562591	13,8832548	13,6182389	13,3609364	13,1110832
20	15,2953110	14,9795119	14,6734992	14,3769176	14,0894260	13,8106970	13,5404159
21	15,8465733	15,5042923	15,1731001	14,8525760	14,5423165	14,2419352	13,9510617
22	16,3816626	16,0124243	15,6556636	15,3108865	14,9776206	14,6554138	14,3438338
23	16,9010532	16,5044360	16,1217706	15,7524820	15,3960213	15,0518643	14,7195104
24	17,4052059	16,9808388	16,5719823	16,1779721	15,7981751	15,4319879	15,0788354
25	17,8945676	17,4421279	17,0068408	16,5879440	16,1847127	15,7964569	15,4225205

	2 3/8.	2 1/2.	2 3/4.	3.
1	1,0000000	1,0000000	1,0000000	1,0000000
2	1,9541401	1,9518144	1,9471883	1,9425959
3	2,8645236	2,8577650	2,8443541	2,8310830
4	3,7331569	3,7200819	3,6941390	3,6685672
5	4,5619549	4,5408085	4,4990453	4,4579764
6	5,3527443	5,3220069	5,2614432	5,2020704
7	6,1072683	6,0655628	5,9835776	5,9034502
8	6,8271899	6,7732900	6,6675749	6,5645680
9	7,5140959	7,4469149	7,3154492	7,1877350
10	8,1695006	8,0880808	7,9291081	7,7751296
11	8,7948485	8,6983517	8,5103586	8,3288053
12	9,3915181	9,2792464	9,0609124	8,8506979
13	9,9608245	9,8320918	9,5823905	9,3426316
14	10,5040225	10,3583265	10,0763284	9,8063263
15	11,0223096	10,8592043	10,5441807	10,2434031
16	11,5168281	11,3359470	10,9873249	10,6553898
17	11,9886681	11,7897475	11,4070660	11,0437269
18	12,4388696	12,2216229	11,8046398	11,4097718
19	12,8684248	12,6327466	12,1812170	11,7548042
20	13,2782808	13,0240015	12,5379066	12,0800303
21	13,6693408	13,3964321	12,8757588	12,3865872
22	14,0424669	13,7509170	13,1937685	12,6755464
23	14,3984814	14,0883207	13,4988780	12,9479182
24	14,7381692	14,4094665	13,7859797	13,2046547
25	15,0622789	14,7151376	14,0579191	13,4466535

N DES TABLES		TAUX ANNUELS OU SEMESTRIELS, SELON LE MODE.						
N°16	N°17	1 1/2.	1 5/8.	1 3/4.	1 7/8.	2.	2 1/8.	2 1/4.
1	1	1,0150000	1,0162500	1,0175000	1,0187500	1,0200000	1,0212500	1,0225000
2	2	2,0452250	2,0490141	2,0528063	2,0566016	2,0604000	2,0642016	2,0680063
3	3	3,0909034	3,0985605	3,1062304	3,1139128	3,1216080	3,1293158	3,1370364
4	4	4,1522669	4,1651621	4,1780894	4,1910487	4,2040402	4,2170638	4,2301197
5	5	5,2295509	5,2490960	5,2687060	5,2883809	5,3081210	5,3279264	5,3477974
6	6	6,3229942	6,3506438	6,3784083	6,4062880	6,4342834	6,4623948	6,4906228
7	7	7,4328391	7,4700918	7,5075305	7,5451559	7,5829691	7,6209707	7,6591619
8	8	8,5593317	8,6077308	8,6564122	8,7053776	8,7546284	8,8041664	8,8539930
9	9	9,7027217	9,7638564	9,8253995	9,8873534	9,9497210	10,0125049	10,0757078
10	10	10,8632625	10,9387691	11,0148439	11,0914913	11,1687154	11,2465206	11,3249113
11	11	12,0412114	12,1327741	12,2251037	12,3182068	12,4120897	12,5067592	12,6022218
12	12	13,2368296	13,3461817	13,4565430	13,5679231	13,6803315	13,7937778	13,9082718
13	13	14,4503821	14,5793071	14,7095325	14,8410717	14,9739382	15,1081456	15,2437079
14	14	15,6821378	15,8324709	15,9844493	16,1380918	16,2934169	16,4504437	16,6091913
15	15	16,9323698	17,1059985	17,2816772	17,4594310	17,6392853	17,8212696	18,0053981
16	16	18,2013554	18,4002210	18,6016066	18,8055453	19,0120710	19,2212215	19,4330196
17	17	19,4893757	19,7154746	19,9446347	20,1768993	20,4123124	20,6509224	20,8927625
18	18	20,7967164	21,0521010	21,3111658	21,5739662	21,8405586	22,1110044	22,3853497
19	19	22,1236671	22,4104477	22,7016112	22,9972280	23,2973698	23,6021432	23,9115200
20	20	23,4705221	23,7908675	24,1163894	24,4471761	24,7833172	25,1249040	25,4720292
21	21	24,8375799	25,1937191	25,5559262	25,9243106	26,2989835	26,6800582	27,0676499
22	22	26,2251436	26,6193670	27,0206549	27,4291414	27,8449632	28,2682594	28,6991720
23	23	27,6335208	28,0681817	28,5110164	28,9621878	29,4218625	29,8902100	30,3674034
24	24	29,0630236	29,5405397	30,0274592	30,5239789	31,0302997	31,5466269	32,0731700
25	25	30,5139690	31,0368234	31,5704397	32,1150535	32,6709057	33,2382427	33,8173163
26	26	31,9866785	32,5574218	33,1404224	33,7359607	34,3443238	34,9658054	35,6007059
27	27	33,4814787	34,1027299	34,7378798	35,3872600	36,0512103	36,7300788	37,4242218
28	28	34,9987009	35,6731493	36,3632927	37,0695241	37,7922345	38,5318429	39,2887668
29	29	36,5386844	37,2690879	38,0171503	38,7833246	39,5680792	40,3718946	41,1952640
30	30	38,1017616	38,8909606	39,6999504	40,5292620	41,3794408	42,2510474	43,1446575
31	31	39,6882880	40,5391887	41,4121996	42,3079356	43,2270296	44,1701321	45,1379123
32	32	41,2986123	42,2142006	43,1544130	44,1199594	45,1115702	46,1299974	47,1760153
33	33	42,9330915	43,9166313	44,9271153	45,9659587	47,0338016	48,1315099	49,2509756
34	34	44,5920879	45,6463233	46,7308398	47,8465704	48,9944776	50,4755544	51,3908251
35	35	46,2759692	47,4043261	48,5661295	49,7624436	50,9943672	52,2630350	53,5696186
36	36	47,9851087	49,1908964	50,4335368	51,7142394	53,0342545	54,3948745	55,7974351
37	37	49,7198854	51,0064984	52,3336236	53,7026314	55,1149396	56,5720156	58,0753773
38	38	51,4806837	52,8516040	54,2669621	55,7283057	57,2372384	58,7954209	60,4045733
39	39	53,2678939	54,7266926	56,2341339	57,7919645	59,4019832	61,0660736	62,7861762
40	40	55,0819123	56,6322514	58,2357312	59,8943107	61,6100228	63,3849776	65,2213652
41	41	56,9231410	58,5687754	60,2723565	62,0360791	63,8622233	65,7531584	67,7413459
42	42	58,7919881	60,5367680	62,3446228	64,2180055	66,1594678	68,1716630	70,2573512
43	43	60,6888679	62,5367405	64,4531537	66,4408431	68,5026571	70,6415609	72,8606416
44	44	62,6142010	64,5692426	66,5985839	68,7053590	70,8927103	73,1639440	75,5225060
45	45	64,5684140	66,6347123	68,7815591	71,0123344	73,3305645	75,7399279	78,2442624
46	46	66,5519402	68,7337763	71,0027364	73,3625657	75,8171758	78,3706513	81,0272583
47	47	68,5652193	70,8669502	73,2627843	75,7568638	78,3535193	81,0572777	83,8728746
48	48	70,6086976	73,0347881	75,5623830	77,9960550	80,9405897	83,8009948	86,7825413
49	49	72,6828280	75,2378535	77,9022247	80,6809810	83,5794015	86,6030160	89,7576178
50	50	74,7880705	77,4767186	80,2830136	83,2124994	86,2709895	89,4645800	92,7996642

N°16	N°17	2 3/8	2 1/2	2 3/4	3.	3 1/4	3 1/2	3 3/4
1	1	1,0237500	1,0250000	1,0275000	1,0300000	1,0325000	1,0350000	1,0375000
2	2	2,0748141	2,0756250	2,0832563	2,0909000	2,0985563	2,1062250	2,1139063
3	3	3,1447696	3,1525156	3,1680458	3,1836270	3,1992593	3,2149429	3,2306777
4	4	4,2432079	4,2563285	4,2826671	4,3091358	4,3357353	4,3624659	4,3893281
5	5	5,3677341	5,3877367	5,4279404	5,4684099	5,5091467	5,5501522	5,5914280
6	6	6,5189678	6,5474301	6,6047088	6,6624622	6,7206939	6,7794075	6,8386065
7	7	7,6975433	7,7361159	7,8138383	7,8923360	7,9716165	8,0516868	8,1325542
8	8	8,9041099	8,9545188	9,0562188	9,1591061	9,2631940	9,3684958	9,4750250
9	9	10,1393325	10,2033818	10,3327648	10,4638793	10,5967478	10,7313932	10,8678385
10	10	11,4038917	11,4834663	11,6444159	11,8077957	11,9736421	12,1419919	12,3128824
11	11	12,6984841	12,7955530	12,9921373	13,1920296	13,3952855	13,6019616	13,8121155
12	12	14,0238231	14,1404418	14,3769211	14,6177904	14,8631323	15,1130303	15,3675698
13	13	15,3806389	15,5189528	15,7997864	16,0863242	16,3786841	16,6769864	16,9813537
14	14	16,7696791	16,9319267	17,2617805	17,5989139	17,9454913	18,2956809	18,6555545
15	15	18,1917090	18,3802248	18,7639795	19,1568813	19,5591548	19,9710297	20,3927415
16	16	19,6475121	19,8647304	20,3074889	20,7615877	21,2273273	21,7050157	22,1949693
17	17	21,1378905	21,3863487	21,8934449	22,4144354	22,9497154	23,4996913	24,0647807
18	18	22,6636654	22,9460074	23,5230146	23,4264702	24,7280812	25,3571805	26,0047099
19	19	24,2256774	24,5446576	25,1973975	25,8703745	26,5642438	27,2796818	28,0173866
20	20	25,8247873	26,1832741	26,9178259	27,6764857	28,4600817	29,2694707	30,1055386
21	21	27,4618760	27,8628559	28,6855661	29,5367803	30,4175344	31,3289022	32,2719963
22	22	29,1378455	29,5844273	30,5019192	31,4528837	32,4386043	33,4604137	34,5196961
23	23	30,8536193	31,3490380	32,368220	33,4264702	34,5253589	34,6665282	36,8516847
24	24	32,6101428	33,1577639	34,2858481	35,4591643	36,6799331	37,9498567	39,2741229
25	25	34,4083837	35,0117080	36,2562089	37,5530423	38,9045309	40,3131017	41,7812900
26	26	36,2293328	36,9120007	38,2807547	39,7096335	41,2015281	42,7590602	44,3855884
27	27	38,1340045	38,8598008	40,3609754	41,9309225	43,5729746	45,2906273	47,0875479
28	28	40,0634371	40,8562958	42,4984022	44,2188502	46,0215962	47,9107993	49,8908310
29	29	42,0386937	42,9027032	44,6946083	46,5754157	48,5497981	50,6226773	52,7992372
30	30	44,0608627	45,0002707	46,9512100	49,0026782	51,1601665	53,4294710	55,8167085
31	31	46,1310582	47,1502775	49,2698683	51,5027585	53,8553720	56,3345025	58,9473351
32	32	48,2504208	49,3540344	51,6522897	54,0778413	56,6381716	59,3412201	62,1953602
33	33	50,4201183	51,6128853	54,1002277	56,7301765	59,5117421	62,4531524	65,5651862
34	34	52,6413461	53,9282074	56,6154839	59,4620818	62,4780330	65,6740127	69,0613807
35	35	54,9153281	56,3014126	59,1999097	62,2759443	65,5410691	69,0076032	72,6886825
36	36	57,2433171	58,7339479	61,8554072	65,1742226	68,7036538	72,4578693	76,4520080
37	37	59,6265959	61,2272966	64,5859309	68,1594493	71,9690226	76,0288947	80,3564583
38	38	62,0664775	63,7829791	67,3874890	71,2342328	75,3405158	79,7249060	84,4073255
39	39	64,5643064	66,4025535	70,2681450	74,4012597	78,8215826	83,5502777	88,6401002
40	40	67,1214587	69,0876174	73,2280190	77,6632975	82,4157840	87,5695375	92,9704790
41	41	69,7393433	71,8398078	76,2692895	81,0231965	86,1267970	91,6073713	97,4943720
42	42	72,4194027	74,6608030	79,3941950	84,4838923	89,9584179	95,8486293	102,1859109
43	43	75,1634135	77,5523231	82,6050353	88,0484091	93,9149665	100,2383313	107,0574576
44	44	77,9719875	80,5161312	85,9041738	91,7498614	97,9992899	104,7816729	112,1096122
45	45	80,8275722	83,5540344	89,2940386	95,5014572	102,2167668	109,4840314	117,3512227
46	46	83,7914520	86,6678853	92,7771246	99,3965009	106,5713117	114,3509725	122,7893935
47	47	86,8052490	89,8595824	96,3559956	103,4083960	111,0673794	119,3882566	128,4314958
48	48	89,8906237	93,1310720	100,0332854	107,5406479	115,7095692	124,6018456	134,2851769
49	49	93,0492760	96,4843488	103,8117008	111,7968673	120,5026302	129,9979102	140,3583710
50	50	96,2829463	99,9214575	107,6940226	116,1807733	125,4514657	135,5828370	146,6593099

N DES TABLES		TAUX ANNUELS OU SEMESTRIELS, SELON LE MODE.						
N°16	N°17	4.	4 1/4.	4 1/2.	4 3/4.	5.	5 1/2.	6.
1	1	1,0400000	1,0425000	1,0450000	1,0475000	1,0500000	1,0550000	1,0600000
2	2	2,1216000	2,1293063	2,1370250	2,1447563	2,1525000	2,1680250	2,1836000
3	3	3,2464640	3,2623018	3,2781911	3,2941322	3,3101250	3,3422664	3,3746160
4	4	4,4163226	4,4434496	4,4707097	4,4981035	4,5256313	4,5810910	4,6370930
5	5	5,6329755	5,6747962	5,7168917	5,7592634	5,8019128	5,8880510	5,9753185
6	6	6,8982945	6,9584750	7,0191518	7,0803284	7,1420085	7,2668938	7,3938376
7	7	8,2142263	8,2967102	8,3800136	8,4641440	8,5491089	8,7215730	8,8974679
8	8	9,5827953	9,6918204	9,8021142	9,9136908	10,0265643	10,2562595	10,4913160
9	9	11,0061071	11,1462228	11,2882094	11,4320911	11,5778925	11,8753538	12,1807949
10	10	12,4863514	12,6624372	12,8411788	13,0226155	13,2067872	13,5834982	13,9716426
11	11	14,0258055	14,2430908	14,4640318	14,6886897	14,9171265	15,3855907	15,8699412
12	12	15,6268377	15,8909222	16,1599133	16,4339024	16,7129828	17,2867981	17,8824377
13	13	17,2919112	17,6087864	17,9321094	18,2620128	18,5986320	19,2925720	20,0150659
14	14	19,0235876	19,3996598	19,7840543	20,1769584	20,5785636	21,4086635	22,2759699
15	15	20,8245311	21,2666453	21,7193367	22,1828639	22,6574918	23,6414400	24,6725281
16	16	22,6975124	23,2129778	23,7417069	24,2840500	24,8403664	25,9964027	27,2128798
17	17	24,6454129	25,2420293	25,8550837	26,4850424	27,1323847	28,4812048	29,9056925
18	18	26,6712294	27,3573156	28,0635625	28,7905819	29,5390039	31,1026741	32,7599917
19	19	28,7780786	29,5625045	30,3714228	31,2056345	32,0659541	33,8683180	35,7855912
20	20	30,9692017	31,8614078	32,7831368	33,7354021	34,7192518	36,7860755	38,9927267
21	21	33,2479698	34,2580176	35,3033780	36,3853337	37,5052144	39,8643097	42,3922903
22	22	35,6178886	36,7564834	37,9370300	39,1611374	40,4304751	43,1418467	45,9958277
23	23	38,0826041	39,3611339	40,6891963	42,0687911	43,5019989	46,5379983	49,8155774
24	24	40,6459083	42,0764821	43,5652101	45,1145587	46,7270988	50,1525882	53,8645120
25	25	43,3417446	44,9072326	46,5706446	48,3050002	50,1134538	53,9659805	58,1563827
26	26	46,0842144	47,8582900	49,7413236	51,6469877	53,6691264	57,9891094	62,7057657
27	27	48,9675830	50,9347673	52,9933332	55,1477197	57,4025828	62,2335105	67,5281116
28	28	51,9662863	54,1419949	56,4230332	58,8147363	61,3227119	66,7113535	72,6397983
29	29	55,0849378	57,4855297	60,0070697	62,6559363	65,4388475	71,4354780	78,0581862
30	30	58,3283353	60,9711647	63,7523878	66,6795933	69,7607899	76,4194293	83,8016774
31	31	61,7014687	64,6049392	67,6662452	70,8943740	74,2988294	81,6774979	89,8897780
32	32	65,2095274	68,3931491	71,7562263	75,3193567	79,0637708	87,2247603	96,3431647
33	33	68,8579085	72,3423580	76,0302565	79,9340512	84,0669594	93,0771221	103,1837946
34	34	72,6522249	76,4594082	80,4966180	84,7784186	89,3203074	99,2513638	110,4347799
35	35	76,5983138	80,7514330	85,1639658	89,8528935	94,8363227	105,7651888	118,1208067
36	36	80,7022464	85,2258689	90,0413443	95,1684059	100,6281389	112,6372742	126,2681187
37	37	84,9703363	89,8004684	95,1382048	100,7364052	106,7095458	119,8873242	134,9042058
38	38	89,4091497	94,7533133	100,4644240	106,5688845	113,0950231	127,5361271	144,1584581
39	39	94,0255157	99,8289291	106,0303231	112,6785065	119,7997742	135,6056141	153,8619656
40	40	98,8265363	105,1077993	111,8466876	119,0781308	126,8397630	144,1189228	164,1476836
41	41	103,8195978	110,6173808	117,9247885	125,7818420	134,2317511	153,1004636	175,0505446
42	42	109,0123817	116,3611195	124,2764040	132,8039795	141,9933387	162,5759891	186,6075772
43	43	114,4128770	122,3489671	130,9138422	140,1596685	150,1430056	172,5726685	198,8580319
44	44	120,0293920	128,5912982	137,8499651	147,8647528	158,7001559	183,1191653	211,8435138
45	45	125,8705677	135,0989283	145,0982135	155,9358285	167,6851637	194,2457194	225,6081246
46	46	131,9453904	141,8831328	152,6726331	164,3903804	177,1194218	205,9842339	240,1986121
47	47	138,2632060	148,9556659	160,5879016	173,2463187	187,0253929	218,3683668	255,6665288
48	48	144,8337343	156,3287847	168,8593572	182,5230189	197,4266626	231,4336270	272,0584006
49	49	151,6670837	164,0152550	177,5030283	192,2403622	208,3479057	245,2174764	289,4359046
50	50	158,7737670	172,0284033	186,5356646	202,4192795	219,8153955	259,7594377	307,8560589

TABLE N° 18.

N de la TABLE	TAUX SEMESTRIELS.						
	1 1/2.	1 5/8.	1 3/4.	1 7/8.	2.	2 1/8.	2 1/4.
1	1,0302250	1,0327641	1,0353063	1,0378516	1,0404000	1,0429516	1,0455063
2	2,0915886	2,0993657	2,1071653	2,1149874	2,1228322	2,1306995	2,1385896
3	3,1850318	3,2009135	3,2168676	3,2328946	3,2489946	3,2651680	3,2814450
4	4,3115244	4,3385525	4,3657494	4,3931162	4,4206540	4,4483636	4,4762462
5	5,4720652	5,5134651	5,5551939	5,5972541	5,6396484	5,6823793	5,7254496
6	6,6676834	6,7268727	6,7866332	6,8469705	6,9078902	6,9693980	7,0314996
7	7,8994391	7,9800365	8,0615500	8,1439906	8,2273689	8,3116960	8,3969830
8	9,1684247	9,2742589	9,3814794	9,4901049	9,6001546	9,7116479	9,8246045
9	10,4757653	10,6108854	10,7480105	10,8871718	11,0284009	11,1717300	11,3171916
10	11,8226203	11,9913052	12,1627887	12,3371198	12,5143483	12,6945248	12,8777008
11	13,2101840	13,4169531	13,6275174	13,8419506	14,0603280	14,2827260	14,5092229
12	14,6396868	14,8893111	15,1439602	15,4037417	15,6687652	15,9391430	16,2149895
13	16,1123964	16,4099094	16,7139429	17,0246489	17,3421833	17,6667056	17,9983791
14	17,6296185	17,9803288	18,3393558	18,7069100	19,0832075	19,4684698	19,8629241
15	19,1920988	19,6022015	20,0221559	20,4528474	20,8945691	21,3476226	21,8123176
16	20,8030231	21,2772133	21,7643694	22,2648712	22,7791097	23,3074879	23,8504206
17	22,4620195	23,0074053	23,5680939	24,1454829	24,7397857	25,3515325	25,9812700
18	24,1714590	24,7936756	25,4355012	26,0972787	26,7796731	27,4833720	28,2090865
19	25,9319573	26,6387812	27,3688396	28,1229530	28,9019719	29,7067773	30,5382824
20	27,7459757	28,5443400	29,3704369	30,2253023	31,1100115	32,0256813	32,9734744
21	29,6148228	30,5123326	31,4427032	32,4072288	33,4072560	34,4441860	35,5194767
22	31,5401558	32,5448046	33,5881334	34,6717446	35,7973091	36,9665691	38,1813411
23	33,5236820	34,6538687	35,8093107	37,0219759	38,2839204	39,5972926	40,9643370
24	35,5674603	36,8417066	38,1089094	39,4611671	40,8709908	42,3410097	43,8739766
25	37,6724027	39,0505717	40,4896983	41,9926855	43,5625788	45,2025738	46,9160230

	2 3/8.	2 1/2.	2 3/4.	3.
1	1,0480641	1,0506250	1,0557563	1,0609000
2	2,1465023	2,1544379	2,1703775	2,1864088
3	3,2977360	3,3141313	3,3471459	3,3804611
4	4,5043027	4,5325342	4,5895264	4,6472312
5	5,7688618	5,8126188	5,9011775	5,9911476
6	7,0942008	7,1575076	7,2859612	7,4169085
7	8,4832410	8,5704814	8,7479554	8,9294982
8	9,9390441	10,0549870	10,2914648	10,5342046
9	11,4648190	11,6146457	11,9210345	12,2366377
10	13,0639288	13,2532622	13,6414630	14,0427489
11	14,7398984	14,9748336	15,4578160	15,9588523
12	16,4964218	16,7835595	17,3754421	17,9916464
13	18,3373710	18,6838522	19,3999879	20,1482377
14	20,2668036	20,6803472	21,5374147	22,4361654
15	22,2889725	22,7779148	23,7940164	24,8634278
16	24,4083352	24,9816718	26,1764378	27,4385106
17	26,6295630	27,2969939	28,6916941	30,1704159
18	28,9575520	29,7295292	31,3471916	33,0686942
19	31,3974337	32,2852116	34,1507497	36,1434777
20	33,9545859	34,9702755	37,1106237	39,4055155
21	36,6346453	37,7912707	40,2355291	42,8662414
22	39,4435193	40,7550787	43,5346676	46,5376637
23	42,3873991	43,8689296	47,0177537	50,4327074
24	45,4727738	47,1404192	50,6950435	54,5649593
25	48,7064441	50,5775279	54,5773653	58,9488653

AU BOUT		TAUX ANNUELS OU SEMESTRIELS.							
de années.	de semestres.	2.	2 1/2.	3.	3 1/2.	4.	4 1/2.	5.	6.
1	1	102,000	102,500	103,000	103,500	104,000	104.500	105,000	106,000
2	2	51,505	51,883	52,261	52,640	53,020	53,400	53,781	54,544
3	3	34,676	35,014	35,353	35,693	36,035	36,377	36,721	37,411
4	4	26,262	26,582	26,903	27,225	27,549	27,874	28,201	28,859
5	5	21,216	21,525	21,836	22,148	22,463	22,779	23,098	23,740
6	6	17,853	18,155	18,460	18,767	19,076	19,388	19,702	20,336
7	7	15,451	15,750	16,051	16,354	16,661	16,970	17,282	17,914
8	8	13,651	13,947	14,246	14,548	14,853	15,161	15,472	16,104
9	9	12,252	12,546	12,843	13,145	13,449	13,757	14,069	14,702
10	10	11,133	11,426	11,723	12,024	12,329	12,638	12,951	13,587
11	11	10,218	10,511	10,808	11,109	11,415	11,725	12,039	12,679
12	12	9,456	9,749	10,046	10,348	10,656	10,967	11,283	11,928
13	13	8,812	9,105	9,403	9,706	10,014	10,328	10,646	11,296
14	14	8,260	8,554	8,853	9,157	9,467	9,782	10,102	10,759
15	15	7,783	8,077	8,377	8,683	8,994	9,311	9,634	10,296
16	16	7,365	7,660	7,961	8,269	8,582	8,902	9,227	9,895
17	17	6,997	7,293	7,595	7,904	8,220	8,542	8,870	9,545
18	18	6,670	6,967	7,271	7,582	7,899	8,224	8,555	9,236
19	19	6,378	6,676	6,981	7,294	7,614	7,941	8,275	8,962
20	20	6,116	6,415	6,722	7,036	7,358	7,688	8,024	8,719
21	21	5,879	6,179	6,487	6,804	7,128	7,460	7,800	8,501
22	22	5,663	5,965	6,275	6,593	6,920	7,255	7,597	8,305
23	23	5,467	5,770	6,081	6,402	6,731	7,068	7,414	8,128
24	24	5,287	5,591	5,905	6,227	6,559	6,899	7,247	7,968
25	25	5,122	5,428	5,743	6,067	6,401	6,744	7,095	7,823
26	26	4,970	5,277	5,594	5,921	6,257	6,602	6,956	7,690
27	27	4,829	5,138	5,456	5,785	6,124	6,472	6,829	7,570
28	28	4,699	5,009	5,329	5,660	6,001	6,352	6,712	7,459
29	29	4,578	4,889	5,212	5,545	5,888	6,242	6,605	7,358
30	30	4,465	4,778	5,102	5,437	5,783	6,139	6,505	7,265
31	31	4,360	4,674	5,000	5,337	5,686	6,044	6,413	7,179
32	32	4,261	4,577	4,905	5,244	5,595	5,956	6,328	7,100
33	33	4,169	4,486	4,816	5,157	5,510	5,875	6,249	7,027
34	34	4,082	4,401	4,732	5,076	5,432	5,798	6,176	6,960
35	35	4,000	4,321	4,654	5,000	5,358	5,727	6,107	6,897
36	36	3,923	4,245	4,580	4,928	5,289	5,661	6,043	6,840
37	37	3,851	4,174	4,511	4,861	5,224	5,598	5,984	6,786
38	38	3,782	4,107	4,446	4,798	5,163	5,540	5,928	6,736
39	39	3,717	4,044	4,384	4,739	5,106	5,486	5,877	6,689
40	40	3,656	3,984	4,326	4,683	5,052	5,434	5,828	6,646
41	41	3,597	3,927	4,271	4,630	5,002	5,386	5,782	6,606
42	42	3,542	3,873	4,219	4,580	4,954	5,341	5,740	6,568
43	43	3,489	3,822	4,170	4,533	4,909	5,298	5,699	6,533
44	44	3,439	3,773	4,123	4,488	4,867	5,258	5,662	6,501
45	45	3,391	3,727	4,079	4,445	4,826	5,220	5,626	6,470
46	46	3,345	3,683	4,036	4,405	4,788	5,185	5,593	6,442
47	47	3,302	3,641	3,996	4,367	4,752	5,151	5,561	6,415
48	48	3,260	3,601	3,958	4,331	4,718	5,119	5,532	6,390
49	49	3,220	3,562	3,921	4,296	4,686	5,089	5,504	6,366
50	50	3,182	3,526	3,887	4,263	4,655	5,060	5,478	6,344

Dd.

NOTES

RELATIVES A LA TABLE N° 19.

———

Les taux qui sont en tête de la table N° 19 sont annuels, si le paiement des annuités a lieu à la fin d'année (première partie); au contraire ils sont semestriels, si l'annuité devait être payée à la fin de semestre (ce qui constitue la deuxième partie de la table). Par exemple, pour amortir un capital quelconque en neuf annuités payées à la fin d'année et au taux annuel de 3 p. 0/0, il faudrait consacrer 12 fr. 843 p. 0/0, en d'autres termes l'annuité serait de 12 fr. 843.

Et, si l'amortissement devait être effectué en dix-huit annuités payées à la fin de semestre et au taux de 3 p. 0/0 par semestre, l'annuité serait de 7 fr. 271 p. 0/0. (*Voir page* 90).

En divisant l'unité par tous les nombres de la table N° 12, on obtiendra une table d'amortissement de l'espèce de celle N° 19 pour le cas où l'annuité est payée à la fin d'année, intérêts capitalisés tous les six mois. (*Page* 180).

§ 6.

TABLES

RELATIVES AUX INTÉRÊTS SIMPLES ET AUX COMPTES-COURANTS.

TABLE A des FACTORITHMES GÉNÉRAUX (1 p. 0/0 par an),

Au moyen desquels on détermine l'intérêt simple que produit une somme quelconque, pour un temps donné et à un taux annuel d'intérêt quel qu'il soit.

JOURS.	UNITÉ DE TEMPS			JOURS.	UNITÉ DE TEMPS			JOURS.	UNITÉ DE TEMPS		
	de 360 jours.	de 365 jours.	de 366 jours.		de 360 jours.	de 365 jours.	de 366 jours.		de 360 jours.	de 365 jours.	de 366 jours.
1	278	274	273	38	10556	10411	10382	75	20833	20548	20492
2	556	548	546	39	10833	10685	10656	76	21111	20822	20765
3	833	822	820	40	11111	10959	10929	77	21389	21096	21038
4	1111	1096	1093	41	11389	11233	11202	78	21667	21370	21311
5	1389	1370	1366	42	11667	11507	11475	79	21944	21644	21585
6	1667	1644	1639	43	11944	11781	11749	80	22222	21918	21858
7	1944	1918	1913	44	12222	12055	12022	81	22500	22192	22131
8	2222	2192	2186	45	12500	12329	12295	82	22778	22466	22404
9	2500	2466	2459	46	12778	12603	12568	83	23056	22740	22678
10	2778	2740	2732	47	13056	12877	12842	84	23333	23014	22951
11	3056	3014	3005	48	13333	13151	13115	85	23611	23288	23224
12	3333	3288	3279	49	13611	13425	13388	86	23889	23562	23497
13	3611	3562	3552	50	13889	13699	13661	87	24167	23836	23770
14	3889	3836	3825	51	14167	13973	13934	88	24444	24110	24044
15	4167	4110	4098	52	14444	14247	14208	89	24722	24384	24317
16	4444	4384	4372	53	14722	14521	14481	90	25000	24657	24590
17	4722	4658	4645	54	15000	14795	14754	91	25278	24931	24863
18	5000	4931	4918	55	15278	15068	15027	92	25556	25205	25137
19	5278	5205	5191	56	15556	15342	15301	93	25833	25479	25410
20	5556	5479	5464	57	15833	15616	15574	94	26111	25753	25683
21	5833	5753	5738	58	16111	15890	15847	95	26389	26027	25956
22	6111	6027	6011	59	16389	16164	16120	96	26667	26301	26229
23	6389	6301	6284	60	16667	16438	16393	97	26944	26575	26503
24	6667	6575	6557	61	16944	16712	16667	98	27222	26849	26776
25	6944	6849	6831	62	17222	16986	16940	99	27500	27123	27049
26	7222	7123	7104	63	17500	17260	17213	100	27778	27397	27322
27	7500	7397	7377	64	17778	17534	17486	200	55556	54794	54645
28	7778	7671	7650	65	18056	17808	17760	300	83333	82192	81967
29	8056	7945	7923	66	18333	18082	18033	400	111111	109589	109290
30	8333	8219	8197	67	18611	18356	18306	500	138889	136986	136612
31	8611	8493	8470	68	18889	18630	18579	600	166667	164383	163934
32	8889	8767	8743	69	19167	18904	18852	700	194444	191780	191257
33	9167	9041	9016	70	19444	19178	19126	800	222222	219178	218579
34	9444	9315	9290	71	19722	19452	19399	900	250000	246575	245902
35	9722	9589	9563	72	20000	19726	19672	1000	277778	273972	273224
36	10000	9863	9836	73	20278	20000	19945				
37	10278	10137	10109	74	20556	20274	20219				

INSTRUCTION.

Pour déterminer l'intérêt simple d'une somme quelconque, pour un temps donné et à un taux annuel d'intérêt quel qu'il soit, en faisant usage des factorithmes généraux, il faut :

1° Multiplier la somme proposée par le factorithme qui répond au nombre de jours pour lequel l'intérêt est demandé;

2° Multiplier ce premier produit par le taux de l'intérêt;

3° Enfin, séparer dans ce second produit sept chiffres, en les comptant de la droite vers la gauche.

Le résultat de cette dernière opération satisfait à la question.

Si le nombre de jours pour lequel l'intérêt demandé, ne se trouve pas dans la table, il est facile de composer le factorithme qui lui correspond; par exemple : on demande quel est le factorithme qui répond à 237 jours, l'unité de temps étant de 360 jours?

Réponse. 65834

Je vois dans la table que le factorithme qui répond à 200 jours, est de. 55556

Que celui qui répond à 37 jours, est de. 10278

Total, qui exprime le factorithme de 237 jours. . . . 65834

On peut employer en supprimant un ou deux chiffres vers la droite, selon l'importance de la somme dont on demande l'intérêt; dans ce cas, on n'auroit que six ou cinq chiffres à séparer au second produit indiqué par la règle.

APPLICATION :

Quel est l'intérêt de 765 fr., pour 237 jours à 5 p. 0/0 par an, l'unité de temps étant de 360 jours?

Réponse.. . . . . 25 fr. 18 c.

J'ai donc suivant la règle :

1° 765 à multiplier par 65834 et pour premier produit. 50363010

2° 50363010 à multiplier par 5 et pour deuxième produit. 251815050

3° Enfin, après avoir séparé sept chiffres et supprimé ceux superflus, on a. . . . . 25 fr. 18 c.

CALENDRIER B, pour un COMPTE-COURANT arrêté :

Au 34 décembre qui précède (*nouvelle méthode*). | Au 31 décembre qui suit (*ancienne méthode*).

Ce Calendrier indique le nombre de jours qui existent, à partir du 31 décembre dernier jusqu'à une époque de l'année courante (2me colonne), ou à partir d'une époque de l'année courante jusqu'au 31 décembre de la même année (3me colonne).

JANVIER. DATES.	au 31 décemb. qui précède.	au 31 décemb. qui suit.	FÉVRIER. DATES.	au 31 décemb. qui précède.	au 31 décemb. qui suit.	MARS. DATES.	au 31 décemb. qui précède.	au 31 décemb. qui suit.	AVRIL. DATES.	au 31 décemb. qui précède.	au 31 décemb. qui suit.	MAI. DATES.	au 31 décemb. qui précède.	au 31 décemb. qui suit.	JUIN. DATES.	au 31 décemb. qui précède.	au 31 décemb. qui suit.
1	1	364	1	32	333	1	60	305	1	91	274	1	121	244	1	152	213
2	2	363	2	33	332	2	61	304	2	92	273	2	122	243	2	153	212
3	3	362	3	34	331	3	62	303	3	93	272	3	123	242	3	154	211
4	4	361	4	35	330	4	63	302	4	94	271	4	124	241	4	155	210
5	5	360	5	36	329	5	64	301	5	95	270	5	125	240	5	156	209
6	6	359	6	37	328	6	65	300	6	96	269	6	126	239	6	157	208
7	7	358	7	38	327	7	66	299	7	97	268	7	127	238	7	158	207
8	8	357	8	39	326	8	67	298	8	98	267	8	128	237	8	159	206
9	9	356	9	40	325	9	68	297	9	99	266	9	129	236	9	160	205
10	10	355	10	41	324	10	69	296	10	100	265	10	130	235	10	161	204
11	11	354	11	42	323	11	70	295	11	101	264	11	131	234	11	162	203
12	12	353	12	43	322	12	71	294	12	102	263	12	132	233	12	163	202
13	13	352	13	44	321	13	72	293	13	103	262	13	133	232	13	164	201
14	14	351	14	45	320	14	73	292	14	104	261	14	134	231	14	165	200
15	15	350	15	46	319	15	74	291	15	105	260	15	135	230	15	166	199
16	16	349	16	47	318	16	75	290	16	106	259	16	136	229	16	167	198
17	17	348	17	48	317	17	76	289	17	107	258	17	137	228	17	168	197
18	18	347	18	49	316	18	77	288	18	108	257	18	138	227	18	169	196
19	19	346	19	50	315	19	78	287	19	109	256	19	139	226	19	170	195
20	20	345	20	51	314	20	79	286	20	110	255	20	140	225	20	171	194
21	21	344	21	52	313	21	80	285	21	111	254	21	141	224	21	172	193
22	22	343	22	53	312	22	81	284	22	112	253	22	142	223	22	173	192
23	23	342	23	54	311	23	82	283	23	113	252	23	143	222	23	174	191
24	24	341	24	55	310	24	83	282	24	114	251	24	144	221	24	175	190
25	25	340	25	56	309	25	84	281	25	115	250	25	145	220	25	176	189
26	26	339	26	57	308	26	85	280	26	116	249	26	146	219	26	177	188
27	27	338	27	58	307	27	86	279	27	117	248	27	147	218	27	178	187
28	28	337	28	59	306	28	87	278	28	118	247	28	148	217	28	179	186
29	29	336				29	88	277	29	119	246	29	149	216	29	180	185
30	30	335				30	89	276	30	120	245	30	150	215	30	181	184
31	31	334				31	90	275				31	151	214			

Ee.

Suite du CALENDRIER B. — ANNÉE COMMUNE.

INSTRUCTION.

Je vois qu'au 9 août de l'année courante, il s'est écoulé 224 jours depuis le 31 décembre qui précède (2ᵐᵉ colonne), ou que du 9 août de l'année courante au 31 décembre de la même année, il y a 144 jours (3ᵐᵉ colonne).

JUILLET.			AOUT.			SEPTEMBRE.			OCTOBRE.			NOVEMBRE.			DÉCEMBRE.		
DATES.	au 31 décemb. qui précède.	au 31 décemb. qui suit.	DATES.	au 31 décemb. qui précède.	au 31 décemb. qui suit.	DATES.	au 31 décemb. qui précède.	au 31 décemb. qui suit.	DATES.	au 31 décemb. qui précède.	au 31 décemb. qui suit.	DATES.	au 31 décemb. qui précède.	au 31 décemb. qui suit.	DATES.	au 31 décemb. qui précède.	au 31 décemb. qui suit.
1.	2.	3.	1.	2.	3.	1.	2.	3.	1.	2.	3.	1.	2.	3.	1.	2.	3.
1	182	183	1	213	152	1	244	121	1	274	91	1	305	60	1	335	30
2	183	182	2	214	151	2	245	120	2	275	90	2	306	59	2	336	29
3	184	181	3	215	150	3	246	119	3	276	89	3	307	58	3	337	28
4	185	180	4	216	149	4	247	118	4	277	88	4	308	57	4	338	27
5	186	179	5	217	148	5	248	117	5	278	87	5	309	56	5	339	26
6	187	178	6	218	147	6	249	116	6	279	86	6	310	55	6	340	25
7	188	177	7	219	146	7	250	115	7	280	85	7	311	54	7	341	24
8	189	176	8	220	145	8	251	114	8	281	84	8	312	53	8	342	23
9	190	175	9	221	144	9	252	113	9	282	83	9	313	52	9	343	22
10	191	174	10	222	143	10	253	112	10	283	82	10	314	51	10	344	21
11	192	173	11	223	142	11	254	111	11	284	81	11	315	50	11	345	20
12	193	172	12	224	141	12	255	110	12	285	80	12	316	49	12	346	19
13	194	171	13	225	140	13	256	109	13	286	79	13	317	48	13	347	18
14	195	170	14	226	139	14	257	108	14	287	78	14	318	47	14	348	17
15	196	169	15	227	138	15	258	107	15	288	77	15	319	46	15	349	16
16	197	168	16	228	137	16	259	106	16	289	76	16	320	45	16	350	15
17	198	167	17	229	136	17	260	105	17	290	75	17	321	44	17	351	14
18	199	166	18	230	135	18	261	104	18	291	74	18	322	43	18	352	13
19	200	165	19	231	134	19	262	103	19	292	73	19	323	42	19	353	12
20	201	164	20	232	133	20	263	102	20	293	72	20	324	41	20	354	11
21	202	163	21	233	132	21	264	101	21	294	71	21	325	40	21	355	10
22	203	162	22	234	131	22	265	100	22	295	70	22	326	39	22	356	9
23	204	161	23	235	130	23	266	99	23	296	69	23	327	38	23	357	8
24	205	160	24	236	129	24	267	98	24	297	68	24	328	37	24	358	7
25	206	159	25	237	128	25	268	97	25	298	67	25	329	36	25	359	6
26	207	158	26	238	127	26	269	96	26	299	66	26	330	35	26	360	5
27	208	157	27	239	126	27	270	95	27	300	65	27	331	34	27	361	4
28	209	156	28	240	125	28	271	94	28	301	64	28	332	33	28	362	3
29	210	155	29	241	124	29	272	93	29	302	63	29	333	32	29	363	2
30	211	154	30	242	123	30	273	92	30	303	62	30	334	31	30	364	1
31	212	153	31	243	122				31	304	61				31	365	0

ANNÉE BISSEXTILE (366 jours).

CALENDRIER B *bis*, pour un COMPTE-COURANT arrêté :

Au 31 décembre qui précède (*nouvelle méthode*). | Au 31 décembre qui suit (*ancienne méthode*).

Ce Calendrier indique le nombre de jours qui existent à partir du 31 décembre dernier jusqu'à une époque de l'année courante (2ᵉ colonne), ou à partir d'une époque de l'année courante jusqu'au 31 décembre de la même année (3ᵉ colonne).

	JANVIER			FÉVRIER			MARS			AVRIL			MAI			JUIN	
DATES.	au 31 décemb. qui précède.	au 31 décemb. qui suit.	DATES.	au 31 décemb. qui précède.	au 31 décemb. qui suit.	DATES.	au 31 décemb. qui précède.	au 31 décemb. qui suit.	DATES.	au 31 décemb. qui précède.	au 31 décemb. qui suit.	DATES.	au 31 décemb. qui précède.	au 31 décemb. qui suit.	DATES.	au 31 décemb. qui précède.	au 31 décemb. qui suit.
1.	2.	3.	1.	2.	3.	1.	2.	3.	1.	2.	3.	1.	2.	3.	1.	2.	3.
1	1	365	1	32	334	1	61	305	1	92	274	1	122	244	1	153	213
2	2	364	2	33	333	2	62	304	2	93	273	2	123	243	2	154	212
3	3	363	3	34	332	3	63	303	3	94	272	3	124	242	3	155	211
4	4	362	4	35	331	4	64	302	4	95	271	4	125	241	4	156	210
5	5	361	5	36	330	5	65	301	5	96	270	5	126	240	5	157	209
6	6	360	6	37	329	6	66	300	6	97	269	6	127	239	6	158	208
7	7	359	7	38	328	7	67	299	7	98	268	7	128	238	7	159	207
8	8	358	8	39	327	8	68	298	8	99	267	8	129	237	8	160	206
9	9	357	9	40	326	9	69	297	9	100	266	9	130	236	9	161	205
10	10	356	10	41	325	10	70	296	10	101	265	10	131	235	10	162	204
11	11	355	11	42	324	11	71	295	11	102	264	11	132	234	11	163	203
12	12	354	12	43	323	12	72	294	12	103	263	12	133	233	12	164	202
13	13	353	13	44	322	13	73	293	13	104	262	13	134	232	13	165	201
14	14	352	14	45	321	14	74	292	14	105	261	14	135	231	14	166	200
15	15	351	15	46	320	15	75	291	15	106	260	15	136	230	15	167	199
16	16	350	16	47	319	16	76	290	16	107	259	16	137	229	16	168	198
17	17	349	17	48	318	17	77	289	17	108	258	17	138	228	17	169	197
18	18	348	18	49	317	18	78	288	18	109	257	18	139	227	18	170	196
19	19	347	19	50	316	19	79	287	19	110	256	19	140	226	19	171	195
20	20	346	20	51	315	20	80	286	20	111	255	20	141	225	20	172	194
21	21	345	21	52	314	21	81	285	21	112	254	21	142	224	21	173	193
22	22	344	22	53	313	22	82	284	22	113	253	22	143	223	22	174	192
23	23	343	23	54	312	23	83	283	23	114	252	23	144	222	23	175	191
24	24	342	24	55	311	24	84	282	24	115	251	24	145	221	24	176	190
25	25	341	25	56	310	25	85	281	25	116	250	25	146	220	25	177	189
26	26	340	26	57	309	26	86	280	26	117	249	26	147	219	26	178	188
27	27	339	27	58	308	27	87	279	27	118	248	27	148	218	27	179	187
28	28	338	28	59	307	28	88	278	28	119	247	28	149	217	28	180	186
29	29	337	29	60	306	29	89	277	29	120	246	29	150	216	29	181	185
30	30	336				30	90	276	30	121	245	30	151	215	30	182	184
31	31	335				31	91	275				31	152	214			

Suite du CALENDRIER B *bis*.—ANNÉE BISSEXTILE.

INSTRUCTION.

Je vois qu'au 9 août de l'année courante, il s'est écoulé 222 jours depuis le 31 décembre qui précède (2me colonne), ou que du 9 août de l'année courante au 31 décembre de la même année, il y a 144 jours (3me colonne).

JUILLET.			AOUT.			SEPTEMBRE.			OCTOBRE.			NOVEMBRE.			DÉCEMBRE.		
DATES.	au 31 décemb. qui précède.	au 31 décemb. qui suit.	DATES.	au 31 décemb. qui précède.	au 31 décemb. qui suit.	DATES.	au 31 décemb. qui précède.	au 31 décemb. qui suit.	DATES.	au 31 décemb. qui précède.	au 31 décemb. qui suit.	DATES.	au 31 décemb. qui précède.	au 31 décemb. qui suit.	DATES.	au 31 décemb. qui précède.	au 31 décemb. qui suit.
1	183	183	1	214	152	1	245	121	1	275	91	1	306	60	1	336	30
2	184	182	2	215	151	2	246	120	2	276	90	2	307	59	2	337	29
3	185	181	3	216	150	3	247	119	3	277	89	3	308	58	3	338	28
4	186	180	4	217	149	4	248	118	4	278	88	4	309	57	4	339	27
5	187	179	5	218	148	5	249	117	5	279	87	5	310	56	5	340	26
6	188	178	6	219	147	6	250	116	6	280	86	6	311	55	6	341	25
7	189	177	7	220	146	7	251	115	7	281	85	7	312	54	7	342	24
8	190	176	8	221	145	8	252	114	8	282	84	8	313	53	8	343	23
9	191	175	9	222	144	9	253	113	9	283	83	9	314	52	9	344	22
10	192	174	10	223	143	10	254	112	10	284	82	10	315	51	10	345	21
11	193	173	11	224	142	11	255	111	11	285	81	11	316	50	11	346	20
12	194	172	12	225	141	12	256	110	12	286	80	12	317	49	12	347	19
13	195	171	13	226	140	13	257	109	13	287	79	13	318	48	13	348	18
14	196	170	14	227	139	14	258	108	14	288	78	14	319	47	14	349	17
15	197	169	15	228	138	15	259	107	15	289	77	15	320	46	15	350	16
16	198	168	16	229	137	16	260	106	16	290	76	16	321	45	16	351	15
17	199	167	17	230	136	17	261	105	17	291	75	17	322	44	17	352	14
18	200	166	18	231	135	18	262	104	18	292	74	18	323	43	18	353	13
19	201	165	19	232	134	19	263	103	19	293	73	19	324	42	19	354	12
20	202	164	20	233	133	20	264	102	20	294	72	20	325	41	20	355	11
21	203	163	21	234	132	21	265	101	21	295	71	21	326	40	21	356	10
22	204	162	22	235	131	22	266	100	22	296	70	22	327	39	22	357	9
23	205	161	23	236	130	23	267	99	23	297	69	23	328	38	23	358	8
24	206	160	24	237	129	24	268	98	24	298	68	24	329	37	24	359	7
25	207	159	25	238	128	25	269	97	25	299	67	25	330	36	25	360	6
26	208	158	26	239	127	26	270	96	26	300	66	26	331	35	26	361	5
27	209	157	27	240	126	27	271	95	27	301	65	27	332	34	27	362	4
28	210	156	28	241	125	28	272	94	28	302	64	28	333	33	28	363	3
29	211	155	29	242	124	29	273	93	29	303	63	29	334	32	29	364	2
30	212	154	30	243	123	30	274	92	30	304	62	30	335	31	30	365	1
31	213	153	31	244	122				31	305	61				31	366	0

ANNÉE COMMUNE (365 JOURS).

CALENDRIER C, pour un COMPTE-COURANT arrêté :

Au 30 juin qui précède (*nouvelle méthode*). | Au 30 juin qui suit (*ancienne méthode*).

Le Calendrier indique le nombre de jours qui existent à partir du 30 juin dernier jusqu'à une époque du reste de l'année et des six premiers mois de l'année suivante (2me colonne), ou à partir d'une époque des six premiers mois de l'année courante et des six derniers mois de l'année précédente jusqu'au 30 juin de l'année courante (3me colonne).

DATES	JUILLET au 30 juin qui précède	JUILLET au 30 juin qui suit	AOUT au 30 juin qui précède	AOUT au 30 juin qui suit	SEPTEMBRE au 30 juin qui précède	SEPTEMBRE au 30 juin qui suit	OCTOBRE au 30 juin qui précède	OCTOBRE au 30 juin qui suit	NOVEMBRE au 30 juin qui précède	NOVEMBRE au 30 juin qui suit	DÉCEMBRE au 30 juin qui précède	DÉCEMBRE au 30 juin qui suit
1	1	364	32	333	63	302	93	272	124	241	154	211
2	2	363	33	332	64	301	94	271	125	240	155	210
3	3	362	34	331	65	300	95	270	126	239	156	209
4	4	361	35	330	66	299	96	269	127	238	157	208
5	5	360	36	329	67	298	97	268	128	237	158	207
6	6	359	37	328	68	297	98	267	129	236	159	206
7	7	358	38	327	69	296	99	266	130	235	160	205
8	8	357	39	326	70	295	100	265	131	234	161	204
9	9	356	40	325	71	294	101	264	132	233	162	203
10	10	355	41	324	72	293	102	263	133	232	163	202
11	11	354	42	323	73	292	103	262	134	231	164	201
12	12	353	43	322	74	291	104	261	135	230	165	200
13	13	352	44	321	75	290	105	260	136	229	166	199
14	14	351	45	320	76	289	106	259	137	228	167	198
15	15	350	46	319	77	288	107	258	138	227	168	197
16	16	349	47	318	78	287	108	257	139	226	169	196
17	17	348	48	317	79	286	109	256	140	225	170	195
18	18	347	49	316	80	285	110	255	141	224	171	194
19	19	346	50	315	81	284	111	254	142	223	172	193
20	20	345	51	314	82	283	112	253	143	222	173	192
21	21	344	52	313	83	282	113	252	144	221	174	191
22	22	343	53	312	84	281	114	251	145	220	175	190
23	23	342	54	311	85	280	115	250	146	219	176	189
24	24	341	55	310	86	279	116	249	147	218	177	188
25	25	340	56	309	87	278	117	248	148	217	178	187
26	26	339	57	308	88	277	118	247	149	216	179	186
27	27	338	58	307	89	276	119	246	150	215	180	185
28	28	337	59	306	90	275	120	245	151	214	181	184
29	29	336	60	305	91	274	121	244	152	213	182	183
30	30	335	61	304	92	273	122	243	153	212	183	182
31	31	334	62	303			123	242			184	181

F/.

Suite *du* CALENDRIER C. — ANNÉE COMMUNE.

INSTRUCTION.

Je vois qu'au 9 août de l'année courante, il s'est écoulé 40 jours depuis le 30 juin de la même année (2ᵉ colonne), ou que du 9 août de l'année précédente au 30 juin de l'année courante, il y a 325 jours (3ᵐᵉ colonne).

JANVIER.

1. DATES.	2. au 30 juin qui précède.	3. au 30 juin qui suit.
1	185	180
2	186	179
3	187	178
4	188	177
5	189	176
6	190	175
7	191	174
8	192	173
9	193	172
10	194	171
11	195	170
12	196	169
13	197	168
14	198	167
15	199	166
16	200	165
17	201	164
18	202	163
19	203	162
20	204	161
21	205	160
22	206	159
23	207	158
24	208	157
25	209	156
26	210	155
27	211	154
28	212	153
29	213	152
30	214	151
31	215	150

FÉVRIER.

1. DATES.	2. au 30 juin qui précède.	3. au 30 juin qui suit.
1	216	149
2	217	148
3	218	147
4	219	146
5	220	145
6	221	144
7	222	143
8	223	142
9	224	141
10	225	140
11	226	139
12	227	138
13	228	137
14	229	136
15	230	135
16	231	134
17	232	133
18	233	132
19	234	131
20	235	130
21	236	129
22	237	128
23	238	127
24	239	126
25	240	125
26	241	124
27	242	123
28	243	122

MARS.

1. DATES.	2. au 30 juin qui précède.	3. au 30 juin qui suit.
1	244	121
2	245	120
3	246	119
4	247	118
5	248	117
6	249	116
7	250	115
8	251	114
9	252	113
10	253	112
11	254	111
12	255	110
13	256	109
14	257	108
15	258	107
16	259	106
17	260	105
18	261	104
19	262	103
20	263	102
21	264	101
22	265	100
23	266	99
24	267	98
25	268	97
26	269	96
27	270	95
28	271	94
29	272	93
30	273	92
31	274	91

AVRIL.

1. DATES.	2. au 30 juin qui précède.	3. au 30 juin qui suit.
1	275	90
2	276	89
3	277	88
4	278	87
5	279	86
6	280	85
7	281	84
8	282	83
9	283	82
10	284	81
11	285	80
12	286	79
13	287	78
14	288	77
15	289	76
16	290	75
17	291	74
18	292	73
19	293	72
20	294	71
21	295	70
22	296	69
23	297	68
24	298	67
25	299	66
26	300	65
27	301	64
28	302	63
29	303	62
30	304	61

MAI.

1. DATES.	2. au 30 juin qui précède.	3. au 30 juin qui suit.
1	305	60
2	306	59
3	307	58
4	308	57
5	309	56
6	310	55
7	311	54
8	312	53
9	313	52
10	314	51
11	315	50
12	316	49
13	317	48
14	318	47
15	319	46
16	320	45
17	321	44
18	322	43
19	323	42
20	324	41
21	325	40
22	326	39
23	327	38
24	328	37
25	329	36
26	330	35
27	331	34
28	332	33
29	333	32
30	334	31
31	335	30

JUIN.

1. DATES.	2. au 30 juin qui précède.	3. au 30 juin qui suit.
1	336	29
2	337	28
3	338	27
4	339	26
5	340	25
6	341	24
7	342	23
8	343	22
9	344	21
10	345	20
11	346	19
12	347	18
13	348	17
14	349	16
15	350	15
16	351	14
17	352	13
18	353	12
19	354	11
20	355	10
21	356	9
22	357	8
23	358	7
24	359	6
25	360	5
26	361	4
27	362	3
28	363	2
29	364	1
30	365	0

ANNÉE BISSEXTILE (366 JOURS).

CALENDRIER C bis, pour un COMPTE-COURANT arrêté :

Au 30 juin qui précède (*nouvelle méthode*). | Au 30 juin qui suit (*ancienne méthode*).

Ce Calendrier indique le nombre de jours qui existent à partir du 30 juin dernier jusqu'à une époque du reste de l'année et des six premiers mois de l'année suivante (2me colonne), ou à partir d'une époque des six premiers mois de l'année courante et des six derniers mois de l'année précédente jusqu'au 30 juin de l'année courante (3me colonne).

	JUILLET		AOUT		SEPTEMBRE		OCTOBRE		NOVEMBRE		DÉCEMBRE	
DATES.	au 30 juin qui précède.	au 30 juin qui suit.	au 30 juin qui précède.	au 30 juin qui suit.	au 30 juin qui précède.	au 30 juin qui suit.	au 30 juin qui précède.	au 30 juin qui suit.	au 30 juin qui précède.	au 30 juin qui suit.	au 30 juin qui précède.	au 30 juin qui suit.
1.	2.	3.	2.	3.	2.	3.	2.	3.	2.	3.	2.	3.
1	1	365	32	334	63	303	93	273	124	242	154	212
2	2	364	33	333	64	302	94	272	125	241	155	211
3	3	363	34	332	65	301	95	271	126	240	156	210
4	4	362	35	331	66	300	96	270	127	239	157	209
5	5	361	36	330	67	299	97	269	128	238	158	208
6	6	360	37	329	68	298	98	268	129	237	159	207
7	7	359	38	328	69	297	99	267	130	236	160	206
8	8	358	39	327	70	296	100	266	131	235	161	205
9	9	357	40	326	71	295	101	265	132	234	162	204
10	10	356	41	325	72	294	102	264	133	233	163	203
11	11	355	42	324	73	293	103	263	134	232	164	202
12	12	354	43	323	74	292	104	262	135	231	165	201
13	13	353	44	322	75	291	105	261	136	230	166	200
14	14	352	45	321	76	290	106	260	137	229	167	199
15	15	351	46	320	77	289	107	259	138	228	168	198
16	16	350	47	319	78	288	108	258	139	227	169	197
17	17	349	48	318	79	287	109	257	140	226	170	196
18	18	348	49	317	80	286	110	256	141	225	171	195
19	19	347	50	316	81	285	111	255	142	224	172	194
20	20	346	51	315	82	284	112	254	143	223	173	193
21	21	345	52	314	83	283	113	253	144	222	174	192
22	22	344	53	313	84	282	114	252	145	221	175	191
23	23	343	54	312	85	281	115	251	146	220	176	190
24	24	342	55	311	86	280	116	250	147	219	177	189
25	25	341	56	310	87	279	117	249	148	218	178	188
26	26	340	57	309	88	278	118	248	149	217	179	187
27	27	339	58	308	89	277	119	247	150	216	180	186
28	28	338	59	307	90	276	120	246	151	215	181	185
29	29	337	60	306	91	275	121	245	152	214	182	184
30	30	336	61	305	92	274	122	244	153	213	183	183
31	31	335	62	304			123	243			184	182

Suite du CALENDRIER C bis. — ANNÉE BISSEXTILE.

INSTRUCTION.

Je vois que du 9 janvier de cette année, il s'est écoulé 193 jours depuis le 30 juin qui précède (2ᵐᵉ colonne), ou que du 9 janvier au 30 juin de la même année, il y a 173 jours, ou, enfin, du 17 septembre de l'année dernière au 30 juin de cette année, il y a 287 jours.

JANVIER. DATES. 1.	au 30 juin qui précède. 2.	au 30 juin qui suit. 3.	FÉVRIER. DATES. 1.	au 30 juin qui précède. 2.	au 30 juin qui suit. 3.	MARS. DATES. 1.	au 30 juin qui précède. 2.	au 30 juin qui suit. 3.	AVRIL. DATES. 1.	au 30 juin qui précède. 2.	au 30 juin qui suit. 3.	MAI. DATES. 1.	au 30 juin qui précède. 2.	au 30 juin qui suit. 3.	JUIN. DATES. 1.	au 30 juin qui précède. 2.	au 30 juin qui suit. 3.
1	185	181	1	216	150	1	245	121	1	276	90	1	306	60	1	337	29
2	186	180	2	217	149	2	246	120	2	277	89	2	307	59	2	338	28
3	187	179	3	218	148	3	247	119	3	278	88	3	308	58	3	339	27
4	188	178	4	219	147	4	248	118	4	279	87	4	309	57	4	340	26
5	189	177	5	220	146	5	249	117	5	280	86	5	310	56	5	341	25
6	190	176	6	221	145	6	250	116	6	281	85	6	311	55	6	342	24
7	191	175	7	222	144	7	251	115	7	282	84	7	312	54	7	343	23
8	192	174	8	223	143	8	252	114	8	283	83	8	313	53	8	344	22
9	193	173	9	224	142	9	253	113	9	284	82	9	314	52	9	345	21
10	194	172	10	225	141	10	254	112	10	285	81	10	315	51	10	346	20
11	195	171	11	226	140	11	255	111	11	286	80	11	316	50	11	347	19
12	196	170	12	227	139	12	256	110	12	287	79	12	317	49	12	348	18
13	197	169	13	228	138	13	257	109	13	288	78	13	318	48	13	349	17
14	198	168	14	229	137	14	258	108	14	289	77	14	319	47	14	350	16
15	199	167	15	230	136	15	259	107	15	290	76	15	320	46	15	351	15
16	200	166	16	231	135	16	260	106	16	291	75	16	321	45	16	352	14
17	201	165	17	232	134	17	261	105	17	292	74	17	322	44	17	353	13
18	202	164	18	233	133	18	262	104	18	293	73	18	323	43	18	354	12
19	203	163	19	234	132	19	263	103	19	294	72	19	324	42	19	355	11
20	204	162	20	235	131	20	264	102	20	295	71	20	325	41	20	356	10
21	205	161	21	236	130	21	265	101	21	296	70	21	326	40	21	357	9
22	206	160	22	237	129	22	266	100	22	297	69	22	327	39	22	358	8
23	207	159	23	238	128	23	267	99	23	298	68	23	328	38	23	359	7
24	208	158	24	239	127	24	268	98	24	299	67	24	329	37	24	360	6
25	209	157	25	240	126	25	269	97	25	300	66	25	330	36	25	361	5
26	210	156	26	241	125	26	270	96	26	301	65	26	331	35	26	362	4
27	211	155	27	242	124	27	271	95	27	302	64	27	332	34	27	363	3
28	212	154	28	243	123	28	272	94	28	303	63	28	333	33	28	364	2
29	213	153	29	244	122	29	273	93	29	304	62	29	334	32	29	365	1
30	214	152				30	274	92	30	305	61	30	335	31	30	366	0
31	215	151				31	275	91				31	336	30			

COMPTES-COURANTS.

TABLE D des factorithmes pour le taux annuel de 4 p. 0/0.

JOURS	de 360 jours	de 365 jours	de 366 jours	JOURS	de 360 jours	de 365 jours	de 366 jours	JOURS	de 360 jours	de 365 jours	de 366 jours	JOURS	de 360 jours	de 365 jours	de 366 jours	JOURS	de 360 jours	de 365 jours	de 366 jours	JOURS	de 360 jours	de 365 jours	de 366 jours
1	11	11	11	36	400	395	393	71	789	778	776	106	1178	1162	1158	141	1567	1545	1541	176	1956	1929	1923
2	22	22	22	37	411	405	404	72	800	789	787	107	1189	1173	1169	142	1578	1556	1552	177	1967	1940	1934
3	33	33	33	38	422	416	415	73	811	800	798	108	1200	1184	1180	143	1589	1567	1563	178	1978	1951	1945
4	44	44	44	39	433	427	426	74	822	811	809	109	1211	1195	1191	144	1600	1578	1574	179	1989	1962	1956
5	56	55	55	40	444	438	437	75	833	822	820	110	1222	1205	1202	145	1611	1589	1585	180	2000	1973	1967
6	67	66	66	41	456	449	448	76	844	833	831	111	1233	1216	1213	146	1622	1600	1596	181	2011	1984	1978
7	78	77	77	42	467	460	459	77	856	844	842	112	1244	1227	1224	147	1633	1611	1607	182	2022	1995	1989
8	89	88	87	43	478	471	470	78	867	855	852	113	1256	1238	1235	148	1644	1622	1617	183	2033	2005	2000
9	100	99	98	44	489	482	481	79	878	866	863	114	1267	1249	1246	149	1656	1633	1628	184	2044	2016	2011
10	111	110	109	45	500	493	492	80	889	877	874	115	1278	1260	1257	150	1667	1644	1639	185	2056	2027	2022
11	122	121	120	46	511	504	503	81	900	888	885	116	1289	1271	1268	151	1678	1655	1650	186	2067	2038	2033
12	133	132	131	47	522	515	514	82	911	899	896	117	1300	1282	1279	152	1689	1666	1661	187	2078	2049	2044
13	144	142	142	48	533	526	525	83	922	910	907	118	1311	1293	1290	153	1700	1677	1672	188	2089	2060	2055
14	156	153	153	49	544	537	536	84	933	921	918	119	1322	1304	1301	154	1711	1688	1683	189	2100	2071	2066
15	167	164	164	50	556	548	546	85	944	932	929	120	1333	1315	1311	155	1722	1699	1694	190	2111	2082	2077
16	178	175	175	51	567	559	557	86	956	942	940	121	1344	1326	1322	156	1733	1710	1705	191	2122	2093	2087
17	189	186	186	52	578	570	568	87	967	953	951	122	1356	1337	1333	157	1744	1721	1716	192	2133	2104	2098
18	200	197	197	53	589	581	579	88	978	964	962	123	1367	1348	1344	158	1756	1732	1727	193	2144	2115	2109
19	211	208	208	54	600	592	590	89	989	975	973	124	1378	1359	1355	159	1767	1742	1738	194	2156	2126	2120
20	222	219	219	55	611	603	601	90	1000	986	984	125	1389	1370	1366	160	1778	1753	1749	195	2167	2137	2131
21	233	230	230	56	622	614	612	91	1011	997	995	126	1400	1381	1377	161	1789	1764	1760	196	2178	2148	2142
22	244	241	240	57	633	625	623	92	1022	1008	1005	127	1411	1392	1388	162	1800	1775	1770	197	2189	2159	2153
23	256	252	251	58	644	636	634	93	1033	1019	1016	128	1422	1403	1399	163	1811	1786	1781	198	2200	2170	2164
24	267	263	262	59	656	647	645	94	1044	1030	1027	129	1433	1414	1410	164	1822	1797	1792	199	2211	2181	2175
25	278	274	273	60	667	658	656	95	1056	1041	1038	130	1444	1425	1421	165	1833	1808	1803	200	2222	2192	2186
26	289	285	284	61	678	668	667	96	1067	1052	1049	131	1456	1436	1432	166	1844	1819	1814	201	2233	2203	2197
27	300	296	295	62	689	679	678	97	1078	1063	1060	132	1467	1447	1443	167	1856	1830	1825	202	2244	2214	2208
28	311	307	306	63	700	690	689	98	1089	1074	1071	133	1478	1458	1454	168	1867	1841	1836	203	2256	2225	2219
29	322	318	317	64	711	701	699	99	1100	1085	1082	134	1489	1468	1464	169	1878	1852	1847	204	2267	2236	2230
30	333	329	328	65	722	712	710	100	1111	1096	1093	135	1500	1479	1475	170	1889	1863	1858	205	2278	2247	2240
31	344	340	339	66	733	723	721	101	1122	1107	1104	136	1511	1490	1486	171	1900	1874	1869	206	2289	2258	2251
32	356	351	350	67	744	734	732	102	1133	1118	1115	137	1522	1501	1497	172	1911	1885	1880	207	2300	2268	2262
33	367	362	361	68	756	745	743	103	1144	1129	1126	138	1533	1512	1508	173	1922	1896	1891	208	2311	2279	2273
34	378	373	372	69	767	756	754	104	1156	1140	1137	139	1544	1523	1519	174	1933	1907	1902	209	2322	2290	2284
35	389	384	383	70	778	767	765	105	1167	1151	1148	140	1556	1534	1530	175	1944	1918	1913	210	2333	2301	2295

COMPTES-COURANTS.

Suite de la TABLE D des factorithmes du taux de 4 p. 0/0.

JOURS.	UNITÉ DE TEMPS de 360 jours.	de 365 jours.	de 366 jours.
211	2364	2312	2306
212	2356	2323	2317
213	2367	2334	2328
214	2378	2345	2339
215	2389	2356	2350
216	2400	2367	2361
217	2411	2378	2372
218	2422	2389	2383
219	2433	2400	2393
220	2444	2411	2404
221	2456	2422	2415
222	2467	2433	2426
223	2478	2444	2437
224	2489	2455	2448
225	2500	2466	2459
226	2511	2477	2470
227	2522	2488	2481
228	2533	2499	2492
229	2544	2510	2503
230	2556	2521	2514
231	2567	2532	2525
232	2578	2542	2536
233	2589	2553	2547
234	2600	2564	2558
235	2611	2575	2568
236	2622	2586	2579
237	2633	2597	2590
238	2644	2608	2601
239	2656	2619	2612
240	2667	2630	2623

JOURS.	UNITÉ DE TEMPS de 360 jours.	de 365 jours.	de 366 jours.
241	2678	2641	2633
242	2689	2652	2644
243	2700	2663	2655
244	2711	2674	2666
245	2722	2685	2678
246	2733	2696	2689
247	2744	2707	2699
248	2756	2718	2710
249	2767	2729	2721
250	2778	2740	2732
256	2789	2751	2743
257	2800	2762	2754
258	2811	2773	2765
259	2822	2784	2776
260	2833	2795	2787
264	2900	2851	2796
265	2911	2862	2809
266	2922	2873	2820
267	2933	2883	2831
269	2989	2904	2849
270	3000	2959	2959

INSTRUCTION.

Après avoir multiplié la somme par le factorithme, on sépare cinq chiffres en les comptant de la droite vers la gauche; par exemple, si on multiplie 986 fr. par le factorithme 4863 qui répond à 170 jours, on aura pour produit 4836048 ou 48 fr. 37 c.; résultat qui exprime l'intérêt de 986 fr. pour 170 jours, à 4 p. 0/0 par an de 365 jours.

JOURS.	UNITÉ DE TEMPS de 360 jours.	de 365 jours.	de 366 jours.
271	3014	2970	2962
272	3022	2981	2973
273	3033	2992	2984
274	3044	3003	2995
275	3056	3014	3006
276	3067	3025	3017
277	3078	3036	3027
278	3089	3047	3038
279	3100	3058	3049
280	3111	3068	3060
289	3122	3079	3071
290	3133	3090	3082
291	3144	3101	3093
292	3156	3112	3104
293	3167	3123	3115
294	3178	3134	3126
295	3189	3145	3137
299	3200	3156	3148
300	3222	3178	3169

JOURS.	UNITÉ DE TEMPS de 360 jours.	de 365 jours.	de 366 jours.
301	3014	2970	2962
302	3022	2981	2973
303	3033	2992	2984
304	3044	3003	2995
305	3056	3014	3006
306	3067	3025	3017
307	3078	3036	3027
308	3089	3047	3038
309	3100	3058	3049
310	3111	3068	3060
311	3122	3079	3071
312	3133	3090	3082
313	3144	3101	3093
314	3156	3112	3104
315	3167	3123	3115
316	3178	3134	3126
317	3189	3145	3137
318	3200	3156	3148
319	3211	3167	3158
320	3222	3178	3169
324	3190	3678	3576
327	3833	3699	3596
328	3911	3640	3605

JOURS.	UNITÉ DE TEMPS de 360 jours.	de 365 jours.	de 366 jours.
331	3341	3299	3290
332	3352	3310	3302
333	3364	3321	3313
334	3375	3332	3324
335	3386	3343	3335
336	3397	3353	3345
341	3408	3364	3356
342	3419	3375	3366
343	3430	3386	3377
344	3441	3397	3388
345	3453	3408	3400
346	3463	3419	3410
347	3474	3430	3421
349	3489	3441	3432
356	3508	3463	3454
357	3519	3474	3465
358	3540	3485	3476
359	3551	3496	3487
360	3562	3507	3498

JOURS.	UNITÉ DE TEMPS de 360 jours.	de 365 jours.	de 366 jours.
361	3687	3627	3856
362	3698	3638	3867
363	3709	3649	3978
364	3711	3660	3989
365	3722	3690	4000
366	3733	3705	4011
400	4444	4386	4372
500	5556	5479	5464
600	6667	6575	6557
700	7778	7671	7650
800	8889	8767	8743
900	10000	9863	9836
1000	11114	10959	10929

COMPTES-COURANTS.

TABLE E des factorithmes pour le taux annuel de 5 p. 0/0.

JOURS	UNITÉ DE TEMPS de 360 jours.	de 365 jours.	de 366 jours.
1	14	14	14
2	28	27	27
3	42	41	41
4	56	55	55
5	69	68	68
6	83	82	82
7	97	96	96
8	111	110	109
9	125	123	123
10	139	137	137
11	153	151	150
12	167	164	164
13	181	178	178
14	194	192	191
15	208	205	205
16	222	219	219
17	236	233	232
18	250	247	246
19	264	260	260
20	278	274	273
21	292	288	287
22	306	301	301
23	319	315	314
24	333	329	328
25	347	342	342
26	361	356	355
27	375	370	369
28	389	384	383
29	403	397	396
30	417	411	410
31	431	425	425
32	444	438	437
33	458	452	451
34	472	466	464
35	486	479	478

JOURS	UNITÉ DE TEMPS de 360 jours.	de 365 jours.	de 366 jours.
36	500	493	492
37	514	507	505
38	528	521	519
39	542	534	533
40	556	548	546
41	569	562	560
42	583	575	574
43	597	589	587
44	611	603	601
45	625	616	615
46	639	630	628
47	653	644	642
48	667	655	656
49	681	671	669
50	694	685	683
51	708	699	697
52	722	712	740
53	736	726	726
54	750	740	738
55	764	753	751
56	778	767	765
57	792	781	779
58	806	795	792
59	819	808	806
60	833	822	820
61	847	836	833
62	861	849	847
63	875	863	861
64	889	877	874
65	903	890	888
66	917	904	902
67	931	918	915
68	944	932	929
69	958	945	943
70	972	959	956

JOURS	UNITÉ DE TEMPS de 360 jours.	de 365 jours.	de 366 jours.
71	986	973	970
72	1000	986	984
73	1014	1000	997
74	1028	1014	1011
75	1042	1027	1025
76	1056	1041	1038
77	1069	1055	1052
78	1083	1068	1066
79	1097	1082	1079
80	1111	1095	1093
81	1125	1110	1107
82	1139	1123	1120
83	1153	1137	1134
84	1167	1151	1148
85	1181	1164	1161
86	1194	1178	1175
87	1208	1192	1189
88	1222	1205	1202
89	1236	1219	1216
90	1250	1233	1230
91	1264	1247	1243
92	1278	1260	1257
93	1292	1274	1270
94	1306	1288	1284
95	1319	1301	1298
96	1333	1315	1311
97	1347	1329	1325
98	1361	1342	1339
99	1375	1356	1352
100	1389	1370	1366
101	1403	1384	1380
102	1417	1397	1393
103	1431	1411	1407
104	1444	1425	1421
105	1458	1438	1434

JOURS	UNITÉ DE TEMPS de 360 jours.	de 365 jours.	de 366 jours.
106	1472	1452	1448
107	1486	1466	1462
108	1500	1479	1475
109	1514	1493	1489
110	1528	1507	1503
111	1542	1521	1516
112	1556	1534	1530
113	1569	1548	1544
114	1583	1562	1557
115	1597	1575	1571
116	1611	1589	1585
117	1625	1603	1598
118	1639	1616	1612
119	1653	1630	1626
120	1667	1644	1639
121	1681	1658	1653
122	1694	1671	1667
123	1708	1685	1680
124	1722	1699	1694
125	1736	1712	1708
126	1750	1726	1721
127	1764	1740	1735
128	1778	1753	1749
129	1792	1767	1762
130	1806	1781	1776
131	1819	1795	1790
132	1833	1808	1803
133	1847	1822	1817
134	1861	1836	1831
135	1875	1849	1844
136	1889	1863	1858
137	1903	1877	1872
138	1917	1890	1885
139	1931	1904	1899
140	1944	1918	1913

JOURS	UNITÉ DE TEMPS de 360 jours.	de 365 jours.	de 366 jours.
141	1958	1932	1926
142	1972	1945	1940
143	1986	1959	1954
144	2000	1973	1967
145	2014	1986	1981
146	2028	2000	1995
147	2042	2014	2008
148	2056	2027	2022
149	2069	2041	2036
150	2083	2055	2049
151	2097	2068	2063
152	2111	2082	2077
153	2125	2096	2090
154	2139	2110	2104
155	2153	2123	2117
156	2167	2137	2131
157	2181	2151	2145
158	2194	2164	2158
159	2208	2178	2172
160	2222	2192	2186
161	2236	2205	2199
162	2250	2219	2213
163	2264	2233	2227
164	2278	2247	2240
165	2292	2260	2254
166	2306	2274	2268
167	2319	2288	2281
168	2333	2301	2295
169	2347	2315	2309
170	2361	2329	2322
171	2375	2342	2336
172	2389	2356	2350
173	2403	2370	2363
174	2417	2384	2377
175	2431	2397	2391

JOURS	UNITÉ DE TEMPS de 360 jours.	de 365 jours.	de 366 jours.
176	2444	2411	2404
177	2458	2425	2418
178	2472	2438	2432
179	2486	2452	2445
180	2500	2466	2459
181	2514	2479	2473
182	2528	2493	2486
183	2542	2507	2500
184	2556	2521	2514
185	2569	2534	2527
186	2583	2548	2541
187	2597	2562	2555
188	2611	2575	2568
189	2625	2589	2582
190	2639	2603	2596
191	2653	2616	2609
192	2667	2630	2623
193	2681	2644	2637
194	2694	2658	2650
195	2708	2671	2664
196	2722	2685	2678
197	2736	2699	2691
198	2750	2712	2705
199	2764	2726	2719
200	2778	2740	2732
201	2792	2753	2746
202	2806	2767	2760
203	2819	2781	2773
204	2833	2795	2787
205	2847	2808	2801
206	2861	2822	2814
207	2875	2836	2828
208	2889	2849	2842
209	2903	2863	2855
210	2917	2877	2869

COMPTES-COURANTS.

Suite de la TABLE E des factorithmes du taux de 5 p. 0/0.

JOURS.	UNITÉ DE TEMPS		
	de 360 jours.	de 365 jours.	de 366 jours.
211	2931	2890	2883
212	2944	2904	2896
213	2958	2918	2910
214	2972	2932	2923
215	2986	2945	2937
216	3000	2959	2951
217	3014	2973	2964
218	3028	2986	2978
219	3042	3000	2992
220	3056	3014	3005
221	3 69	3027	3019
222	3083	3041	3033
223	3097	3055	3046
224	3111	3069	3060
225	3125	3082	3074
226	3139	3096	3087
227	3153	3110	3101
228	3167	3123	3115
229	3181	3137	3128
230	3194	3151	3142
231	3208	3164	3156
232	3222	3178	3169
233	3236	3192	3183
234	3250	3205	3197
235	3264	3219	3210
236	3278	3233	3224
237	3292	3247	3238
238	3306	3260	3251
239	3319	3274	3265
240	3333	3288	3279

JOURS.	UNITÉ DE TEMPS		
	de 360 jours.	de 365 jours.	de 366 jours.
241	3347	3301	3292
242	3361	3315	3306
243	3375	3329	3320
244	3389	3342	3333
245	3403	3356	3347
246	3417	3370	3361
247	3431	3384	3374
248	3444	3397	3388
249	3458	3411	3402
250	3472	3425	3415
251	3486	3438	3429
252	3500	3452	3443
253	3514	3466	3456
254	3528	3479	3470
255	3542	3493	3484
256	3556	3507	3497
257	3569	3521	3511
258	3583	3534	3525
259	3597	3548	3538
260	3611	3562	3552
261	3625	3575	3566
262	3639	3589	3579
263	3653	3603	3593
264	3667	3616	3607
265	3681	3630	3620
266	3694	3644	3634
267	3708	3658	3648
268	3722	3671	3661
269	3736	3685	3675
270	3750	3699	3689

JOURS.	UNITÉ DE TEMPS		
	de 360 jours.	de 365 jours.	de 366 jours.
271	3764	3712	3702
272	3778	3726	3716
273	3792	3740	3730
274	3806	3753	3743
275	3819	3767	3757
276	3833	3781	3770
277	3847	3795	3784
278	3861	3808	3798
279	3875	3822	3811
280	3889	3836	3825
281	3903	3849	3839
282	3917	3863	3852
283	3931	3877	3866
284	3944	3890	3880
285	3958	3904	3893
286	3972	3918	3907
287	3986	3932	3921
288	4000	3945	3934
289	4014	3959	3948
290	4028	3973	3962
291	4042	3986	3975
292	4056	4000	3989
293	4069	4014	4003
294	4083	4027	4016
295	4097	4041	4030
296	4111	4055	4044
297	4125	4069	4057
298	4139	4082	4071
299	4153	4096	4085
300	4167	4110	4098

JOURS.	UNITÉ DE TEMPS		
	de 360 jours.	de 365 jours.	de 366 jours.
301	4181	4123	4112
302	4194	4137	4126
303	4208	4151	4139
304	4222	4164	4153
305	4236	4178	4167
306	4250	4192	4180
307	4264	4205	4194
308	4278	4219	4208
309	4292	4233	4221
310	4306	4247	4235
311	4319	4260	4249
312	4333	4274	4262
313	4347	4288	4276
314	4361	4301	4290
315	4375	4315	4303
316	4389	4329	4317
317	4403	4342	4331
318	4417	4356	4344
319	4431	4370	4358
320	4444	4384	4372
321	4458	4397	4385
322	4472	4411	4399
323	4486	4425	4413
324	4500	4438	4426
325	4514	4452	4440
326	4528	4466	4454
327	4542	4479	4467
328	4556	4493	4481
329	4569	4507	4495
330	4583	4521	4508

JOURS.	UNITÉ DE TEMPS		
	de 360 jours.	de 365 jours.	de 366 jours.
331	4597	4534	4522
332	4611	4548	4536
333	4625	4562	4549
334	4639	4575	4563
335	4653	4589	4577
336	4667	4603	4590
337	4681	4616	4604
338	4694	4630	4617
339	4708	4644	4631
340	4722	4658	4645
341	4736	4671	4658
342	4750	4685	4672
343	4764	4699	4686
344	4778	4712	4699
345	4792	4726	4713
346	4806	4740	4727
347	4819	4753	4740
348	4833	4767	4754
349	4847	4781	4768
350	4861	4795	4781
351	4875	4808	4795
352	4889	4822	4809
353	4903	4836	4822
354	4917	4849	4836
355	4931	4863	4850
356	4944	4877	4863
357	4958	4890	4877
358	4972	4904	4891
359	4986	4918	4904
360	5000	4932	4918

JOURS.	UNITÉ DE TEMPS		
	de 360 jours.	de 365 jours.	de 366 jours.
361	5014	4945	4932
362	5028	4959	4945
363	5042	4973	4959
364	5056	4986	4973
365	5069	5000	4986
366	5083	5014	5000
400	5556	5479	5464
500	6944	6849	6831
600	8333	8219	8197
700	9722	9589	9563
800	11111	10959	10929
900	12500	12329	12295
1000	13889	13699	13661

INSTRUCTION.

Après avoir multiplié la somme par le factorithme, on sépare cinq chiffres en les comptant de la droite vers la gauche; par exemple, si on multiplie 959 fr. par le factorithme 4792 qui répond à 129 jours, on aura pour produit 4718328 ou 47 fr. 29 c.; résultat qui exprime l'intérêt de 959 fr. pour 129 jours, à 5 p. 0/0 par an de 360 jours.

TABLE F des factorithmes pour le taux annuel de 6 p. 0/0.

JOURS	UNITÉ DE TEMPS de 360 jours	de 365 jours	de 366 jours
1	17	16	16
2	33	33	33
3	50	49	49
4	67	66	66
5	83	82	82
6	100	99	98
7	117	115	115
8	133	132	131
9	150	148	148
10	167	164	164
11	183	181	180
12	200	197	197
13	217	214	213
14	233	230	230
15	250	247	246
16	267	263	262
17	283	279	279
18	300	296	295
19	317	312	311
20	333	329	328
21	350	345	344
22	367	362	361
23	383	378	377
24	400	395	393
25	417	411	410
26	433	427	426
27	450	444	443
28	467	460	459
29	483	477	475
30	500	493	492
31	517	510	508
32	533	526	525
33	550	542	541
34	567	559	557
35	583	575	574
36	600	592	590
37	617	608	607
38	633	625	623
39	650	641	639
40	667	658	656
41	683	674	672
42	700	690	689
43	717	707	705
44	733	723	721
45	750	740	738
46	767	756	754
47	783	773	770
48	800	789	787
49	817	805	803
50	833	822	820
51	850	838	836
52	867	855	852
53	883	871	869
54	900	888	885
55	917	904	902
56	933	921	918
57	950	937	934
58	967	953	951
59	983	970	967
60	1000	986	984
61	1017	1003	1000
62	1033	1019	1016
63	1050	1036	1033
64	1067	1052	1049
65	1083	1068	1066
66	1100	1085	1082
67	1117	1101	1098
68	1133	1118	1115
69	1150	1134	1131
70	1167	1151	1148
71	1183	1167	1164
72	1200	1184	1180
73	1217	1200	1197
74	1233	1216	1213
75	1250	1233	1230
76	1267	1249	1246
77	1283	1266	1262
78	1300	1282	1279
79	1317	1299	1295
80	1333	1315	1311
81	1350	1332	1328
82	1367	1348	1344
83	1383	1364	1361
84	1400	1381	1377
85	1417	1397	1393
86	1433	1414	1410
87	1450	1430	1426
88	1467	1447	1443
89	1483	1463	1459
90	1500	1479	1475
91	1517	1496	1492
92	1533	1512	1508
93	1550	1529	1525
94	1567	1545	1541
95	1583	1562	1557
96	1600	1578	1574
97	1617	1595	1590
98	1633	1611	1607
99	1650	1627	1623
100	1667	1644	1639
101	1683	1660	1656
102	1700	1677	1672
103	1717	1693	1689
104	1733	1710	1705
105	1750	1726	1721
106	1767	1742	1738
107	1783	1759	1754
108	1800	1775	1770
109	1817	1792	1787
110	1833	1808	1803
111	1850	1825	1820
112	1867	1841	1836
113	1883	1858	1852
114	1900	1874	1869
115	1917	1890	1885
116	1933	1907	1902
117	1950	1923	1918
118	1967	1940	1934
119	1983	1956	1951
120	2000	1973	1967
121	2017	1989	1984
122	2033	2005	2000
123	2050	2022	2016
124	2067	2038	2033
125	2083	2055	2049
126	2100	2071	2066
127	2117	2088	2082
128	2133	2104	2098
129	2150	2121	2115
130	2167	2137	2131
131	2183	2153	2148
132	2200	2170	2164
133	2217	2186	2180
134	2233	2203	2197
135	2250	2219	2213
136	2267	2236	2230
137	2283	2252	2246
138	2300	2268	2262
139	2317	2285	2279
140	2333	2301	2295
141	2350	2318	2311
142	2367	2334	2328
143	2383	2351	2344
144	2400	2367	2361
145	2417	2384	2377
146	2433	2400	2393
147	2450	2416	2410
148	2467	2433	2426
149	2483	2449	2443
150	2500	2466	2459
151	2517	2482	2475
152	2533	2499	2492
153	2550	2515	2508
154	2567	2532	2525
155	2583	2548	2541
156	2600	2564	2557
157	2617	2581	2574
158	2633	2597	2590
159	2650	2614	2607
160	2667	2630	2623
161	2683	2647	2639
162	2700	2663	2656
163	2717	2679	2672
164	2733	2696	2689
165	2750	2712	2705
166	2767	2729	2721
167	2783	2745	2738
168	2800	2762	2754
169	2817	2778	2770
170	2833	2795	2787
171	2850	2811	2803
172	2867	2827	2820
173	2883	2844	2836
174	2900	2860	2852
175	2917	2877	2869
176	2933	2893	2885
177	2950	2910	2902
178	2967	2926	2918
179	2983	2942	2934
180	3000	2959	2951
181	3017	2975	2967
182	3033	2992	2984
183	3050	3008	3000
184	3067	3025	3016
185	3083	3041	3033
186	3100	3058	3049
187	3117	3074	3066
188	3133	3090	3082
189	3150	3107	3098
190	3167	3123	3115
191	3183	3140	3131
192	3200	3156	3148
193	3217	3173	3164
194	3233	3189	3180
195	3250	3205	3197
196	3267	3222	3213
197	3283	3238	3230
198	3300	3255	3246
199	3317	3271	3262
200	3333	3288	3279
201	3350	3304	3295
202	3367	3321	3311
203	3383	3337	3328
204	3400	3353	3344
205	3417	3370	3361
206	3433	3386	3377
207	3450	3403	3393
208	3467	3419	3410
209	3483	3436	3426
210	3500	3452	3443

COMPTES-COURANTS.

Suite de la TABLE F des factorithmes du taux de 6 p. 0/0.

JOURS.	de 360 jours.	de 365 jours.	de 366 jours.
211	3517	3468	3459
212	3533	3485	3475
213	3550	3501	3492
214	3567	3518	3508
215	3583	3534	3525
216	3600	3551	3541
217	3617	3567	3557
218	3633	3584	3574
219	3650	3600	3590
220	3667	3616	3607
221	3683	3633	3623
222	3700	3649	3639
223	3717	3666	3656
224	3733	3682	3672
225	3750	3699	3689
226	3767	3715	3705
227	3783	3732	3721
228	3800	3748	3738
229	3817	3764	3754
230	3833	3781	3770
231	3850	3797	3787
232	3867	3814	3803
233	3883	3830	3820
234	3900	3847	3836
235	3917	3863	3852
236	3933	3879	3869
237	3950	3896	3885
238	3967	3912	3902
239	3983	3929	3918
240	4000	3945	3934

JOURS.	de 360 jours.	de 365 jours.	de 366 jours.
241	4017	3962	3951
242	4033	3978	3967
243	4050	3995	3984
244	4067	4011	4000
245	4083	4027	4016
246	4100	4044	4033
247	4117	4060	4049
248	4133	4077	4066
249	4150	4093	4082
250	4167	4110	4098
251	4183	4126	4115
252	4200	4142	4131
253	4217	4159	4148
254	4233	4175	4164
255	4250	4192	4180
256	4267	4208	4197
257	4283	4225	4213
258	4300	4241	4230
259	4317	4258	4246
260	4333	4274	4262
261	4350	4290	4279
262	4367	4307	4295
263	4383	4323	4311
264	4400	4340	4328
265	4417	4356	4344
266	4433	4373	4361
267	4450	4389	4377
268	4467	4405	4393
269	4483	4422	4410
270	4500	4438	4426

JOURS.	de 360 jours.	de 365 jours.	de 366 jours.
271	4517	4455	4443
272	4533	4471	4459
273	4550	4488	4475
274	4567	4504	4492
275	4583	4521	4508
276	4600	4537	4525
277	4617	4553	4541
278	4633	4570	4557
279	4650	4586	4574
280	4667	4603	4590
281	4683	4619	4607
282	4700	4636	4623
283	4717	4652	4639
284	4733	4668	4656
285	4750	4685	4672
286	4767	4701	4689
287	4783	4718	4705
288	4800	4734	4721
289	4817	4751	4738
290	4833	4767	4754
291	4850	4784	4770
292	4867	4800	4787
293	4883	4816	4803
294	4900	4833	4820
295	4917	4849	4836
296	4933	4866	4852
297	4950	4882	4869
298	4967	4899	4885
299	4983	4915	4902
300	5000	4932	4918

JOURS.	de 360 jours.	de 365 jours.	de 366 jours.
301	5017	4948	4934
302	5033	4964	4951
303	5050	4981	4967
304	5067	4997	4984
305	5083	5014	5000
306	5100	5030	5016
307	5117	5047	5033
308	5133	5063	5049
309	5150	5079	5066
310	5167	5096	5082
311	5183	5112	5098
312	5200	5129	5115
313	5217	5145	5131
314	5233	5162	5148
315	5250	5178	5164
316	5267	5195	5180
317	5283	5211	5197
318	5300	5227	5213
319	5317	5244	5230
320	5333	5260	5246
321	5350	5277	5262
322	5367	5293	5279
323	5383	5310	5295
324	5400	5326	5311
325	5417	5342	5328
326	5433	5359	5344
327	5450	5375	5361
328	5467	5392	5377
329	5483	5408	5393
330	5500	5425	5410

JOURS.	de 360 jours.	de 365 jours.	de 366 jours.
331	5517	5441	5426
332	5533	5458	5443
333	5550	5474	5459
334	5567	5490	5475
335	5583	5507	5492
336	5600	5523	5508
337	5617	5540	5525
338	5633	5556	5541
339	5650	5573	5557
340	5667	5589	5574
341	5683	5605	5590
342	5700	5622	5607
343	5717	5638	5623
344	5733	5655	5639
345	5750	5671	5656
346	5767	5688	5672
347	5783	5704	5689
348	5800	5721	5705
349	5817	5737	5721
350	5833	5753	5738
351	5850	5770	5754
352	5867	5786	5770
353	5883	5803	5787
354	5900	5819	5803
355	5917	5836	5820
356	5933	5852	5836
357	5950	5868	5852
358	5967	5885	5869
359	5983	5901	5885
360	6000	5918	5902

JOURS.	de 360 jours.	de 365 jours.	de 366 jours.
361	6017	5934	5918
362	6033	5951	5934
363	6050	5967	5951
364	6067	5983	5967
365	6083	6000	5984
366	6100	6016	6000
360	6000	5918	5902
365	6083	6000	5984
366	6100	6016	6000
400	6667	6575	6557
500	8333	8219	8197
600	10000	9863	9836
700	11667	11507	11475
800	13333	13151	13115
900	15000	14795	14754
1000	16667	16438	16393

INSTRUCTION.

Après avoir multiplié la somme par le factorithme, on sépare cinq chiffres en la comptant de la droite vers la gauche; par exemple, si on multiplie 769 fr. par le factorithme 3067 qui répond à 184 jours, on aura pour produit 2358323 ou 23 fr. 59 c.; résultat qui exprime l'intérêt de 769 fr. pour 184 jours, à 6 p. 0/0 par an de 360 jours.

TABLE DES MATIÈRES.

FAUTES ESSENTIELLES A CORRIGER

Et qui n'existent que dans quelques exemplaires.

Page 61. — Application de la règle Nᵒ 28, *lisez :* (taux annuel), pour les deux modes.

Page 76. — *Lisez :* voici la traduction en langage ordinaire.

Page 88. — 5ᵉ ligne, *lisez :* 74 fr. 57.

Page 98. — 3ᵉ question . le diviseur est de 4000 au lieu de 400.

Page 102. — 9ᵉ ligne, au lieu de celles Nᵒˢ 2 et 3, *lisez :* celle Nᵒ 2.

Page 107. — 2ᵉ ligne, au lieu de tombent, *lisez :* tombe.

Page 142. — 2ᵉ ligne du renvoi, au lieu de aux taux, *lisez :* au taux.

Page 149. — 15ᵉ formule, *lisez :* $\left(\dfrac{s}{a}\right)$ au lieu de $\left(\dfrac{s}{n}\right)$

Page 164. — La 5ᵉ ligne en comptant la dernière comme première, l'avant-dernière comme deuxième et ainsi de suite, il y a pour les décédés $b(v_1 - v_2)$, *lisez :* $\dfrac{b(v_1 - v_1)}{2}$

Page 183. — Tables Nᵒˢ 10, 11, etc., 3ᵉ ligne, on amortit un capital, *lisez :* on amortit, au bout de neuf ans, un capital, etc.

Page 184. — 1ʳᵉ ligne, après 11 fr. 5778925, *ajoutez :* un an après le neuvième placement.

Id. — 2ᵉ ligne, *lisez :* placement annuel.

Page 186. — Pour la table cotée E, on voit ══ 1,0138888, *lisez :* ══ 0,0138888.

www.ingramcontent.com/pod-product-compliance
Lightning Source LLC
Chambersburg PA
CBHW071653200326
41519CB00012BA/2497